ÄLTERE
DEUTSCHE GRAMMATIKEN
IN NEUDRUCKEN

HERAUSGEGEBEN

VON

JOHN MEIER.

II.

DIE DEUTSCHE GRAMMATIK DES JOHANNES CLAJUS.

NACH DEM ÄLTESTEN DRUCK VON 1578 MIT DEN VARIANTEN DER ÜBRIGEN AUSGABEN

HERAUSGEGEBEN

FRIEDRICH WEIDLING.

STRASSBURG.
VERLAG VON KARL . TRÜBNER.
1894.

DIE
DEUTSCHE GRAMMATIK
DES
JOHANNES CLAJUS.

NACH DEM ÄLTESTEN DRUCK VON 1578 MIT DEN VARIANTEN DER ÜBRIGEN AUSGABEN

HERAUSGEGEBEN

VON

FRIEDRICH WEIDLING.

STRASSBURG.
VERLAG VON KARL J. TRÜBNER.
1894.

G. Otto's Hof-Buchdruckerei in Darmstadt.

HERRN

PROFESSOR DR. FRIEDRICH KLUGE

IN

VEREHRUNG UND DANKBARKEIT

GEWIDMET.

INHALT.

EINLEITUNG.

BIOGRAPHISCHES.[1]

Johannes Clay[2] wurde am 24. Juni 1535[3] in Hertzberg a. d. Schwarzen Elster geboren Seine Eltern waren arm, der Vater starb bald. Im Alter von 15 Jahren erhielt der Knabe eine Freistelle auf der Fürstenschule zu Grimma, wodurch ihm die Möglichkeit zu wissenschaftlicher Ausbildung gesichert wurde. 1555 bezog er die Universität Leipzig und lag unter Camerarius Leitung besonders dem Studium des Griechischen ob. 1557 trat er in seiner Vaterstadt eine Lehrerstelle an, die ihm Melanchthon verschafft hatte, und vermählte sich im folgenden Jahre mit Anna Starke, einer Landsmännin. Aber der Hochmut seiner Mitbürger, die den Mann von niedriger Herkunft verachteten, trieb ihn nach zwei Jahren von Hertzberg fort: es war ihm gelungen, in Goldberg in Schlesien eine Stelle als Cantor zu erhalten. Anfangs waren die Verhältnisse an der Schule für ihn ganz befriedigend; die Beziehungen zu den Collegen waren treffliche, nur die Schulzucht war mit dem Abgange Trotzendorfs, des berühmtesten

---

[1] Die Litteratur zu der Biographie des Clajus s. bei Goedeke, Grundriss [2] I, p. 100. Die Hauptschrift ist: Perschmann, Joh. Clajus des Älteren Leben und Schriften. Festschrift des Gymn. zu Nordhausen 1874. (Der Artikel Eckstein's in der ADB. Bd. IV bietet nichts neues). Ich führe hier nur die wichtigsten Data nach Perschmann an.

[2] So die Schreibung des Namens im Album der Fürstenschule zu Grimma.

[3] Dies Jahr wurde von P. aus zwei Gedichten des Cl. ermittelt, worin dieser chronostichisch dasselbe angiebt.

Rektors der Schule, sehr gesunken. Auch das Gehalt, das Cl. bezog, war recht gering. Dazu kam, dass sich in ihm die Neigung zur Theologie immer stärker entwickelte. Er leitete daher in Sachsen Verhandlungen ein, zunächst zwar behufs Erlangung einer neuen Lehrerstelle; aber in der Hoffnung, in diesem Lande leichter zur Theologie übergehen zu können. Ehe es jedoch hier zu einer Entscheidung kam, verliess Cl., durch einen Akt der Rohheit seitens einiger Schüler vollends erbittert, Goldberg, und wir sehen ihn 1569 als Rektor in Frankenstein i. Schl. Über seinen Aufenthalt daselbst fliessen die Quellen nur dürftig; die Zustände an der Schule mochten auch zerrüttete gewesen sein, und wieder war es die Unbildung der Einwohner der Stadt, die ihn wie von Hertzberg, so auch von hier vertrieb. Jetzt wandte er sich nach Wittenberg und ergriff im 35. Lebensjahre, dazu ohne Vermögen, das Studium der Theologie. Doch nur ein einjähriger Aufenthalt war ihm hier vergönnt, dann versiegten die Geldmittel, die er vielleicht von dem Kurfürsten, sicher von dem Grafen von Hardeck, dem derzeitigen Rektor der Universität, bezog. Aber es war ihm wenigstens gelungen, sich die Magisterwürde und damit die Vorbedingung zur Erlangung eines Pfarramtes zu erwerben. Da sich ein solches noch nicht bot, so nahm er wiederum, der Not gehorchend, eine Schulstelle an: von 1570—1572 ist Cl. Rektor in Nordhausen. Von hier aus gelang es ihm endlich, das ersehnte Pfarramt zu erhalten: in Bendeleben bei Sondershausen findet die unruhvolle Zeit in Cl.'s Leben ihren Abschluss. Zwanzig Jahre ungestörter Musse waren ihm hier beschieden[1], getrübt freilich durch die lange Krankheit und den 1576 erfolgten Tod seiner Gattin. Noch zweimal ging er eine Ehe ein; die dritte Frau überlebte ihn. Auch das schlimme Leben seiner Söhne störte sein häusliches Glück. Aber der wissenschaftliche Ertrag war in dieser Zeit sehr gross; hier vollendete er unter anderen das Werk, durch

---

[1] Er starb am 11. April 1592. Das Datum war inschriftlich bezeugt: es befand sich auf der von Cl. Schwiegersohn verfassten Grabschrift vor dem Altare der Bendelebener Kirche. Jetzt ist die Inschrift zum grössten Teile verwischt (Vgl. Perschm. p. 26).

das er im Gedächtnisse der Jahrhunderte fortlebte, seine Grammatica germanicae linguae, eine Arbeit zwanzigjährigen Fleisses (vgl. Praef. p. 4 Mitte). Seine übrigen, mit Ausnahme des unbedeutenden Gedichtes 'Altkumistica', alle lateinisch, griechisch oder hebräisch geschriebenen Werke können uns hier nicht interessieren —, ein vollständiges Verzeichnis s. bei Perschmann p. 30 ff. wir gehen daher jetzt zur Betrachtung der Grammatik über.

BIBLIOGRAPHIE.[1]

A. Grammatica | GERMANICÆ | LINGVÆ | M. Johannis Claij | Hirtzbergensis | EX BIBLIIS LVTHERI | GERMANICIS ET ALIIS | EIVS LIBRIS COL-|LECTA. — (Holzschnitt). M.D.LXXVIII. — Praefatio von 7 Bl. + 279 S. 8°. Am Schlusse der 279. Seite: LIPSIÆ | Johannes Rhamba excudebat 1578. — Exemplare[2] in *Berlin (Königl. Bibl.), Breslau, *München (Hof- u. Staatsbibl.), *Gotha (Herzogl. Bibl.), Leipzig (U.-B.), *Strassburg, Dresden, Marburg, Darmstadt (Grossherzogl. Bibl.)

B. Grammatica | GERMANICÆ | LINGVÆ EX OPTIMIS | quibusque Autoribus col- | lecta Opera & studio. M. Johannis Claij Hertzber. | HAC SECUNDA EDI-| tione ab ipso Autore Corre- | cta & multis in locis | emendata. — (Holzschnitt.) Lipsiae | M.D.LXXXVII. Praef. (wie in den fg. Ausg. in unverändertem Abdruck der ed. princ.) von 7 Bl. + 270 S. 8° (wobei 2 Seiten die Ziffer 184 tragen). Am Schlusse: LIPSIÆ | Impensis Henningi Grosij. | Anno 1587. — Exemplare in *Göttingen und Zwickau.

C Grammatica | GERMANICÆ | LINGVÆ EX OPTIMIS | quibusque Autoribus col- | lecta Opera & studio. | M. Johannis Claij Hertzber. | HAC EDITIONE AB | ipso Autore correcta & multis | in locis emendata. (Holzschnitt, zu bei-

---

[1] Die senkrechten Teilungsstriche, in den Drucken hier nicht vorhanden, bezeichnen den Zeilenschluss.

[2] Die mit * versehenen Exemplare habe ich eingesehen.

den Seiten die Jahreszahl) 1592. LIPSIÆ. Praef. von 7 Bl. + 270 S. 8° (wobei 2 Seiten die Ziffer 185 tragen). Am Schlusse: (Eine Vignette und) LIPSIÆ. | Impensis Henningi Grosij | Anno 1592 — Exemplar nur in *Berlin.[1]

D. Grammatica | GERMANICÆ | LINGVÆ EX OPTI-| MIS QVIBVSQVE AV-| toribus collecta opera & | studio. | M. Johannes Claij, | Hertzberg. | EDITIO QVARTA. — (Holzschnitt, zu beiden Seiten die Jahreszahl) 1604. ISLEBII. Sumtibus Henningi Grosii Bibliop. Lips. — Praef. von 8 Bl. + 295 S. 12°. (wobei p. 1 auf der Rückseite des letzten Blattes der Praef. Die Paginierung ist ungenau). Am Schlusse: Islebiae, Typis Grosianis. | excudebat Jacobus | Gubisius | Anno Christi M.D.C.IV. — Exemplare in *Berlin und Breslau.

E. Grammatica | GERMANICÆ | LINGVÆ EX OPTIMIS | quibusque Autoribus | collecta | Opera & studio | M. JOHANNIS CLAII | HERTZBERGENSIS. | Editio Quinta. — (Holzschnitt wie in C; zu beiden Seiten die Jahreszahl) 1610. LIPSIÆ, | Impensis Henningi Grosij Bibliop. — Praef. von 8 Bl. + 293 S. 12° (auf der Rückseite des letzten Blattes der Praef. schon Text, doch ist die Seite nicht mitgezählt). Am Schlusse: (Vignette) LIPSIÆ. Imprimebat Valentin. Am Ende. Anno 1610. Exempl. in *Berlin, *Göttingen, Wolfenbüttel, Hamburg.

F. (Randleiste) GRAMMATICA GERMANICÆ | LINGVÆ | Ex optimis quibusque Autoribus | collecta, | operâ & studio | M. JOHANNIS CLAII, | Hertzberg. EDITIO SEXTA. — (Holzschnitt, zu beiden Seiten die Jahreszahl) 1617 LIPSIÆ Typis Grosianis. — Die Praef. fehlt von jetzt ab. — 272 S. 12°. (wobei aber in der Paginierung von S. 166 ab 10 Seiten übersprungen werden; das gleiche in den beiden fg. Ausg.). Am Schlusse: LIPSIÆ | TYPIS GROSIANIS

---

[1] Nicht bei Perschmann und Goedeke, der sich an die Angaben des ersteren hält; die dort verzeichneten Ausg. von 1580, 1629, 1698 waren nicht zu ermitteln; dagegen fehlen daselbst die Ausg. von 1592, 1625, 1689, sodass sich ebenfalls im Ganzen 11 Ausg. ergeben. Übrigens sind sämtliche bis jetzt vorhandenen Nachrichten über die einzelnen Ausg. ungenau; vgl. auch p. LXXI ff.

Excudebat Justus Jansonius Dan. | Anno Christi MDCXVII. (Vignette). — Exempl. in *Gotha und Hamburg.

G. GRAMMATICA GERMANICÆ | LINGVÆ, | Ex optimis quibusque Auto ribus collecta, | operâ & studio | M. JOHANNIS CLAII, | Hertzberg. | EDITIO SEPTIMA. — (Vignette). — LIPSIÆ, | Apud Haeredes HENNINGI | GROSI junioris. | Excudebat Johannes Albertus Minzelius. | ANNO MDCXXV. — 272 S. 12⁰ (s. zu F). Am Schlusse: (Leiste) LIPSIÆ, | TYPIS GROSIANIS | Excudebat Johannes — Albertus | Mintzelius. | Anno Christi MDCXXV. — Exemplare in *München, Frankfurt a. M. (Stadtbibl.), Dresden, Tübingen.

H. GRAMMATICA | GERMANICÆ | LINGUÆ, | Ex optimis quibusque | Autoribus collecta, | opera & studio | M. JOHANNIS CLAII, | Hertzberg. | EDITIO OCTAVA. — (Vignette). — LIPSIÆ, | Apud Haeredes HENNINGI | GROSI junioris. | JENÆ, | Litteris SENGENWALDIANIS, | ANNO MDCLI. — 272 S. 12⁰ (s. zu F). Am Schlusse: (Leiste) JENÆ, | Lit. GEORGI SENGENWALDI. | Anno Christi MDCLI. (Vignette). Exemplare in *Berlin, Breslau, Göttingen, *Jena, Würzburg.

I. GRAMMATICA | GERMANICÆ | LINGVÆ, | Ex optimis quibusque | Autoribus collecta, | operâ et studio | M. JOHANNIS | CLAII, Hertzberg. | EDITIO NONA. — (Vignette). — LIPSIÆ, | Apud Haeredes HENNINGI | GROSI junioris. | MERSEBURGI, | Literis Caspari Forbergeri | ANNO MDCLXXVII. 308 S. 12⁰ (S. 94 - 98 ungenaue Paginierung). (Schlussvignette). — Exemplare in Göttingen, *Jena, *Weimar, Dresden, Hamburg, Tübingen, Darmstadt.

K. GRAMMATICA | GERMANICÆ | LINGUÆ, | Ex optimis quibusque | Autoribus collecta, | operâ & studio | JOHANNIS CLAII, | EDITIO DECIMA. | — (Monogramm [des Druckers?]). — Francofurti ad Moenum | Ex Officina Christiani Genschii, | Anno 1689. — 308 S. 12⁰ (Blattvertauschung innerhalb des Bogens E; Zusammenhang aber aus der richtigen Paginierung erkenntlich). (Schlussvignette). — Exemplare in *Breslau, Leipzig (Stadtbibl.), Dresden, Hamburg.

L. GRAMMATICA | GERMANICÆ | LINGUÆ, | Ex optimis quibus- | que Autoribus col- | lecta, | operâ & studio JOHANNIS CLAII, | EDITIO UNDECIMA. (Monogramm des Druckers). Norimbergæ & Pragae, | Apud, JOH. FRIDER. RÜDIGERUM. | Anno 1720. — 308 S. lang 12°. (Titelblatt mitgezählt). (Schlussvignette). Exemplare in Berlin, *Breslau, München, Leipzig (St.-B.).

X. 'Grammatica germanicae linguae Joh. Claii ex bibliis Lutheri Germanicis et aliis eius scriptis.' Ein von Al. Reifferscheid entdeckter (vgl. ADB. Bd. 24, p. 302), von N. Wyriot, Strassb. 1578 veranstalteter Nachdruck.[1]

Weitere Nachdrucke oder Umarbeitungen, auch solche in andere deutsche Dialekte, waren bis jetzt nicht zu ermitteln.

Von Übersetzungen in fremde Sprachen ist nur bekannt: „En Tydsk | GRAMMA- | TICA | Eller | Sprog-Konst/ | Samlet | Af de beste Tydske Scribentere/ | Paa Latinsk og Tydsk tilsammen- | skreven | Af | JOHANNE CLAJO. | Og siden | Til Foederne-Landets Tieniste paa | voris Danske Tunge-Maal | oversat. (Leiste). Kiøbenhavn/ | Tryckt og forlagt af Kongl. Majest. og | Universitets Bogtrycker | Johan Philip Bockenhoffer. (Rückseite:) Imprimat. C. Bartholin. — 304 S. 12°. — Die Vorrede, am 16. Nov. 1696 geschrieben, ergiebt als Verfasser: Friderik Anders Son Klyne. — Der lateinische Text ist in das Dänische übertragen; das Buch schliesst mit dem Abschnitt über die Metaplasmen. — Exemplar in *Jena.

---

[1] Ich habe die Ausg. nicht erlangen können. Eine diesbezügl. an Herrn Prof. R. gerichtete Anfrage hatte die Mitteilung zum Ergebnis, dass der Druck 201 Seiten umfasst, mithin stark gekürzt zu sein scheint.

A. SPRACHLICHER TEIL.

I. DARSTELLUNG DES LAUT- UND FORMENSTANDES.

Eine vollständige Laut- und Formenlehre des in Clajus' Grammatik verarbeiteten Sprachschatzes zu geben, dürfte nicht erforderlich sein. Im allgemeinen haben wir ein ziemlich vollendetes Bild des nhd. Laut- und Formenstandes. Es ist daher in der folgenden Darstellung nur auf zwei Punkte zu achten: 1) auf noch vorkommende vornhd. Formen und 2) auf das hierbei zu Tage tretende Verhältnis zu Luthers Schriftsprache, wobei nachzuweisen sein wird, inwiefern die Berufung des Cl. auf jene (Praef. p. 8 Mitte und Titel) als Muster für seine Festsetzungen zu dem thatsächlich gebotenen stimmt. Dieses Verhältnis betreffend sei hier gleich folgendes bemerkt: Es war vorauszusetzen, dass sich Cl. an die späteren Luthertexte anschloss; eine Vergleichung mit dem bei Franke, Grundzüge der Schriftsprache Luthers (Görlitz 1888) gebotenem Material, das ich zu diesem Zwecke dankbar benutzen konnte, bestätigt jene Annahme vollauf. Und zwar ist es besonders, man kann sagen fast ausschliesslich, die Bibel von 1545, die Cl. seiner Arbeit zu Grunde gelegt hat.[1]

Aus den direkten Bibelcitaten, die Cl. anführt — es sind gegen 40 — lässt sich nicht viel ermitteln, da dieselben alle keine Erscheinungen betreffen, in denen sich ein einschneidender Wandel in Luthers Laut- und Formengebung vollzogen hätte. Dazu kommt, dass Cl. den Wortlaut der Citate öfters umgemodelt hat. Eingesehen habe ich die Wittenberger Bibeln von 1534, 1541, 1556, 1558; eine Collation der Citate mit der Bib. von 1545 verdanke ich der Güte des Herrn Bibl. Dr. Mentz in Strassburg. Allerdings finden sich gerade

Eine Anzahl von Schreibungen und Formen finden sich nur oder wenigstens überwiegend in dieser. Wo dies der Fall ist, kennzeichne ich im Folgenden die Belege immer mit einem *. Für manches freilich, was in dieser Bibel geboten ist, lässt sich kein Analogon bei Cl. auffinden: es scheint, dass Cl. gewisse orthographische und grammatische Erscheinungen, die er dort fand, aber als nicht mehr gültig erkannte, einfach aus seiner Darstellung fortliess, um sich nicht in Widerspruch zu seinem Muster zu setzen.[1] Wo sich dennoch ein solcher findet, wird derselbe in der folg. grammat. Darstellung immer angegeben. Eine Benutzung sonstiger späterer Schriften Luthers ist natürlich nicht ausgeschlossen; die Streitschrift 'Wider Hans Worst' 1541 dürfte sicher hierher zu rechnen sein (s. u.).

Bevor ich nun zur Laut- und Formenlehre selbst übergehe, erscheint es angebracht, erst der Orthographie eine gesonderte Behandlung zu teil werden zu lassen.

ORTHOGRAPHIE.[2]

1. Die nhd. Dehnungszeichen.

a) Dehnungs-ђ. Im Gegensatz zu den späteren Ausgaben ist A[3] mit der Verwendung des Dehnungs-ђ noch sparsam; auszuscheiden sind hier von vornherein Wörter mit or-

---

unter den Citaten einige, die ebensowenig mit jenen wie mit dieser Bib. stimmen; so steht in allen an der Stelle 29, 11 kein statt keinen; 29, 15 gulden; 29, 16 wird st. soll; 29, 21 jren; 72, 4 ist das Endungs-e synkopiert; 129, 26 misshellig; 131, 26 sihe; 132, 11 leget; 157, 23. 25 jenseid; 162, 11 das gebeine Joseph. — Aber Cl. ist hier offenbar willkürlich verfahren; bei jenen Bsp. kam es weniger auf die Orthographie als auf die Illustration bestimmter Regeln an.

[1] Z. B. finden sich für folgende Wörter bei Cl. keine Belege: kele, kete, gibbel, lebber, jungkherr, laib, wegern, Besem. Im folg. wird dieses Moment noch öfters hervorgehoben. Es kann auf keinen Fall für die Auslassung ganz geläufiger Vocabeln nur der Zufall verantwortlich gemacht werden.

[2] Vgl. hierzu Franke p. 85—108.

[3] Über A als Grundlage dieser Darstellung vgl. unten S. XLII, Anm. 1.

ganischem ḫ, wie Gemahl (28, 13), Behmisch (57, 11), schlahen, sahen (102, 8), Stahl (34, 28). Gegen den späteren Gebrauch der Schriftsprache zeigt A das Dehnungs-h in Thon = tonus (36, 8); Luther: Ton (Dietz, Wörterb.). Sonst findet sich dasselbe 1) nach langem Vocal im Auslaut: Stroh (34, 6; 37, 5) [so erst in der Bib. von 1558], roh (37, 6)[1]. — 2) nach t und vor l, r, n in mhd. langer und kurzer Silbe, jedoch inconsequent; nach t in langer Silbe durchgängig nur: Athem (35, 31) [Bib. Adem], thun mit seinen Ableitungen (16, 19), That (40, 5), vberthewren (109, 20) [Luther 1542], Thron (36, 8), die Bildungssilbe -thum (58, 25) [L. 1545: Papstum; vgl. die Variante], Thier (28, 21); dagegen Rath (39, 15), Muth (39, 17), Gemüth (40, 31) neben der luth.[2] Schreibung ohne h (130, 20; 53, 5). So auch Verreter (58, 17). — In kurzer Silbe: Thurn (36, 13), Thal (35, 12) [wo L. auch tal], thar (71, 11 u. ö.), Thür (38, 7); schwankend Wirth (16, 2) und Wirt (39, 20; 78, 31).

Vor r: mehr (25, 10), Gefahr (38, 4; 56, 6), Rhor (38, 13; B Rohr!), Ruhr (38, 8; 55, 26) [wozu vgl. L. ruren und Auffrhur], Lahr (38, 3) [wo die Bib. Lere hat]. Schwankend ehre (122, 25) mit den Ableitungen (136, 21; 57, 27; 58, 21) neben Erbarkeit (40, 25; 59, 10) [Bib. ehr]; jhr und jr, wie auch jhm, jhn usf. [L. überwiegend ohne h], sehr (25, 3) neben Seersinreich (22, 2) [Bib. seer].

Vor l: *Wahl (35, 5), aber welen (105, 10) [vgl. Franke, p. 97 no. 3]; befehlen, befohlen (72, 8), nie, wie daneben bei L., mit organ. h.

Vor n: Ahnen = Subst. (56, 12) [L. an], Bahn (36, 21), Hohn (36, 9) wo bei L. auch ban und hon steht, Lohn (36, 8), Kahn = linter, Wahn (36, 8), wähnen (11, 24), wohnen (107, 21) [L. wonen]. Ausserdem rhümen (107, 11).

---

[1] In diesen Fällen könnte das h allerdings auch aus den inlautenden Formen, wo es Ersatz für w sein dürfte, übertragen worden sein.

[2] Wo bei Anführung luth. Formen nichts näheres angegeben wird, befinden sich die Belege immer auch in der Bibel von 1545. Auch werden solche Abweichungen von L., die nur frühere Schriften betreffen, nicht herausgehoben.

Zahlreich sind die Beispiele, wo A noch kein Dehnungs-h bietet, ebenfalls wieder in mhd. langer wie kurzer Silbe. Im Auslaut: *frue (122, 5), Früling (27, 1), Weirauch (55, 23) [Bib. Weyhrauch], Kue (41, 12), vgl. Lautl. Ebenso fehlt nhd. h in folgenden Verben, die ursprünglich j hatten: brüen (93, 29) [fehlt bei L. (Dz.)], dreen (93, 25) [L. drehen], glüen, sprüen (93, 29), wie bei L., dagegen aber bemühen (102, 30). Luth. blüen fehlt Cl.

Nach t: Rat (40, 5), teil (26, 2 u. ö.), Rot (40, 6), torheit (59, 10), Röte (55, 24), Flut, Glut (40, 7), wüten (112, 8).

Vor l in langer Silbe: Stral (34, 29), Mal = prandium, (35, 12; 153, 7), pralen (105, 10), pfelen, strelen (105, 11), Kol (35, 1; 55, 4), Buler, -in, bulen (24, 6; 38, 1; 105, 13), Stul [L. gewöhnl. Stuel], Pful (35, 2), wülen, külen, fülen (105, 12). — In kurzer Silbe: Zal (35, 5), bezalen (105, 8, 129, 4), zelen (105, 11), malen = molo (105, 10), stelen (105, 18; 157, 2; 19, 7), welen (105, 10), wol (25, 3).

Vor r in langer Silbe: Jar (11, 12 u. ö.), war mit seinen Ableitungen (124, 19; 122, 23; 58, 5), leren (25, 4; 70, 24), keren (119, 19; 133, 7), rüren (109, 18), verfüren (129, 30). In kurzer Silbe: narung (141, 2), bewaren (77, 24; 129, 1), faren, Fart (108, 27; 40, 20) [wo L. auch fahren, Fahrt], entberen (148, 26), begeren (169, 18), geweren, zeren (109, 14 f.) [so L. überwiegend neben zehren], gebüren, Gebür (109, 18; 38, 7).

Vor m in langer Silbe: remen (107, 8), doch vgl. zu der Bedeutung das Cap. über Wortschatz. In kurzer Silbe: verlamen (107, 7) [bei L. auch lahm], verlemen (107, 8), zemen (107, 9), ömen (107, 11; von mhd. *om* = Futter[1]?), nemen (17, 15; 18, 10).

Vor n in langer Silbe: Hun (36, 26; 49, 20), Künheit (40, 23; 59, 9), on, one (128, 8). In kurzer Silbe: manen (11, 13; 107, 18), Zan, Han (36, 6) [L. Zahn neben Zaan, zeene, zene], genen (107, 21) [L. bei Dz. nur gehnemeulen],

---

[1] v. Bahder, Grdl. des nhd. Lautsystems 1890, p. 164 ist für Cl. (nach) ohmen angeführt, was ich nicht habe finden können. Sollte ömen gemeint sein?

denen (107, 20) [L. dehnen], Son (43, 6 u. ö.), *Bonen (56, 16).

b) ie. Zunächst seien einige Beispiele mit organischem ie angeführt: Thier (20, 3 u. ö.), Stier (37, 16), Zier(d) (31, 14 u. ö.), Lied (31, 19), Liecht (41, 3), Betriegerey (42, 4), Verdriess (38, 19), liegen (69, 28 u. ö.), stieben (95, 15), genieten (112, 7), hieng (101, 28) fieng, gieng (102, 9. 17). Fremdwörter auf -ieren: jubilieren, regieren, agieren, disputieren (109, 21), — alles entsprechend dem späteren Gebrauche bei L.

Statt mhd. *i* findet sich ie in Glied, *Augenlied (31, 19), Vieh (34, 6), Spiel, Ziel (35, 13 u. ö.) [L. Hans Worst], Biesem (35, 30) [L. bei Dz. Bisam], sieben (137, 13 u. ö.), Friede (32, 10 u. ö.), aber Friderich (21, 28), wie bei L. (HW.), ebenso dieser (60, 15), aber bis (64, 13; 77, 6) [L. im HW.] und disseit (120, 25; 157, 24), viel (11, 14 u. ö.), vielleicht (124, 2), wo L. auch noch villeicht hat; L.s Gebrauch entsprechend auch Begierd (31, 14), während die Schreibungen Begirde (139, 1) und begirig (141, 3) vor die Bib. von 1545 fallen.

Mhd. Schreibung entsprechend findet sich i durchgehend in: Strigel (35, 8), *Risen(berg) (29, 26), Schmid, -in (24. 4; 26, 21), schmiden (96, 16), wider und nider mit ihren Compositis (18, 5; 133, 25; 18, 13; 54, 29), fideln (106, 17), fidern (110, 7); vgl. u. p. XVII. Zu widern (110, 7) vgl. den Wortsch. Ferner in der 2. 3. Ps. Sg. Ind. Praes. der Verba geben, sehen, geschehen, stelen, lesen und im Imper. gib (29, 12; 67, 18; 69, 27; 92, 28; 67, 15; 105, 18; 67, 30), sowie in ligen (100, 3; 131, 2) und gezimet (155, 28; doch vgl. Var.!). Auffällig ist Fiber (55, 25; 142, 21) [L. daneben Fieber], flihe (102, 23), zihe, zihen (70, 17; 102, 12) neben ziehe (102, 20): die Varianten zu 70, 17 u. 102, 23 weisen die Annahme eines Druckfehlers eher ab, als dass sie dieselbe forderten. Vgl. auch u. pag. XVII.

c) Doppelvocal. Wie bei L. findet sich hier nur aa und ee. In mhd. kurzer Silbe: *Saal (12, 11; 34, 28), neeren = nutrire (12, 10), *verheeren (109, 16), Beerin (119, 25), wo

L. ausserdem ber= schreibt. In langer: *Saat (12, 12), Seel (12, 8), Seer(sinreich) (22, 2).

Gegen den späteren Gebrauch der Schriftsprache finden sich noch die ursprünglich kurzsilbigen: Star (37, 15), *Schar (38, 3) und Mos (56, 7), sowie die langsilbigen: *Har, *Par (38, 11) und Los (56, 7).

2. e, eu — ei — y — aw, ew — v — j.

a) e und eu sind in Übereinstimmung mit L., der nur diese Schreibung kennt, die durchgehenden Zeichen des Umlauts von ă und ā, resp. au. 12, 14 bemerkt Cl. ausdrücklich, dass dies die gewöhnliche und übliche Weise sei. Den Formen Schămen, Răte (12, 14 ff.), Răder (15, 9) werden daher Schemen, Rete, Reder entgegengesetzt. Sonst findet sich im Text nur noch Wăhnen (11, 24), Grăffin (24, 2), doch vgl. die Var., Granatăpffel (134, 7). Die letzten 3 Formen können vom Setzer stammen.

b) Wie bei L. wird sowohl der alte wie der neue Diphthong *ei* durch ei wiedergegeben. Für mhd. *ei* ist ai bei Cl. nur in Waise (11, 23) [L. im HW.] belegt. Der Etymologie entsprechend *Hayn (11, 24). Von den in der Bib. sich ausserdem noch findenden Wörtern mit ai, ay, Laib und Aydex, hat Cl. ersteres überhaupt nicht, während er letzteres Eidex schreibt (41, 22).

c) Für den Gebrauch von y stellt Cl. die Regel auf, dass es nur 'am Ende' zu setzen sei (13, 8 ff.). Aus den an dieser Stelle angeführten Bsp. erhellt nun, dass nicht der Silbenauslaut, sondern nur der Wortauslaut für die Regel gelten soll. Vgl. ausserdem noch Schleier (37, 17) und Brey, Gen. Breies (45, 1). Inconsequent ist daher die Schreibung Dreyling (33, 10), dreymal (152, 12), beyfellig (124, 32); auch die der Composita 131, 1 ff. Für L. gilt die Regel auch im Silbenauslaut.

aw und ew für au und eu dagegen findet sich bei Cl. auch an der genannten Stelle, nie aber wie bei L. auch im Inlaut.

d) v als Zeichen für u und ü[1] findet sich durchgängig

---

[1] Gegen Franke pag. 35, Abs. 2 muss betont werden,

im Wortanlaut, nie im Inlaut: vnser (13, 4 u. ö.), vber (17, 21 u. ö.), vnter (128, 8): nur einmal übel (125, 7), aber hinunter (121, 4), fürüber (121, 10).

e) j mit vocalischer Geltung erscheint im Pron. 2. 3. Pers.: jhr, jhn usw., entsprechend dem Gebrauche bei L. Ebenso jsset (155, 6), jtzt (159, 7 u. ö.), jmerdar (171, 10). — i als Consonant allein in *veringen (17, 27).

Consonanten.

a) Doppelconsonanz[1] für mhd. einfache tritt ziemlich oft auf, obgleich die Häufung im Vergleich zu der in der Kanzlei und auch noch bei L. üblichen nicht unbeträchtlich abgenommen hat. ff[2] im In- und Auslaut nach langem wie kurzem Vocal, ck in absolutem Gegensatz zu anlautendem k, tz im Silbenauslaut ist auch bei Cl. das durchgängige. Im Widerspruch zu der Regel findet sich nur zwentzigste (137, 26). Gegen den jetzigen Gebrauch findet sich in kurzer Silbe ll in: Pallast (39, 22), Sallat (136, 7) neben Salat (39, 16), Aprill (26, 22). Vgl. Franke § 122, 2.

pp in Kappern (56, 17).

tt in Hertte (55, 25) [vgl. luth. harter], getten (112, 28), vgl. Wortsch. Über bottest, gebotten (112, 13), tretten usw. (113, 2) vgl. das Cap. über die Quantität.

dt in den praeteritalen Formen der Verba nennen, rennen, trennen, brennen, kennen (108, 8; 107, 30; 132, 16), [in melden, senden, wenden ist es aus den durch Synkope entstandenen Formen meldete usw. zu erklären, also nicht hierher zu ziehen], in getödtet, Todt (144, 27; 31, 2), dem Plur. stedte (47, 21 u. ö.), werdt (140, 18), doch vgl. Var. von B, die dem Gebrauche L.'s entspricht; im Dat. Sg. und im Plur. Schwerdte, Schwerdter (142, 18; 49, 27), woneben aber auch an mass-

---

dass v auch = umgelautetem u gilt; die Orthographie ist nur zurückgeblieben.

[1] Vgl. hierzu auch von Bahder p. 96, wo Belege für tt, mm, nn, ll, bb, dd, ff aus der Bib. von 1545 angeführt sind.

[2] Wo nhd. f für mhd. *v* constant geworden ist, ist dies auch schon bei Cl. der Fall.

gebender Stelle Schwert, Schwerter (15, 27 f.); Goldtberg (54, 20) neben Gold (31, 21) [L. überwiegend Gold; 1540 auch Goltberge].

dd in haddern (110, 5), hadder (147, 25), aber gegen L. fideln und fidern.

ß kennen entsprechend der Bib. die 3 ersten Ausg. der Gram. noch nicht; statt dessen findet sich ſſ im In-, ſs im Auslaut; s als Vertreter von ß findet im nächsten Abschnitte seine Besprechung. Gegen den jetzigen Gebrauch findet sich: Geiſſel = flagrum (35, 10), Glaſs (39, 1) [L. meist Glas], Eiſs [L. daneben Eis], Reiſs (39, 4), böſs (23, 20), Hauſs (25, 19) neben Haus, Heuſer (43, 7); zu loſſen, boſſen (110, 20) vgl. Wortsch. — chſſ und ſſch [noch HW.]: wichſſen (110, 19), haſſchen, naſſchen usw. (103, 30 ff.), woneben auch regulär ſch steht.

Im Gegensatz zu L. findet sich nicht mehr bb, gk, nn (d. h. gegen das Nhd.!), cz, anlautendes tz; letztere drei allerdings auch nicht in der Bib. vorhanden.

b) Einfache Consonanz meist wie im Mhd. Zunächst seien die Fälle angeführt, wo sich s für mhd. ʒ (ʒʒ) oder *s* gegen den nhd. Gebrauch findet: Strausberg (54, 20), Fleis (56, 5), Schweis (55, 19), ſchos = gremium (29, 18), grosmechtig (57, 16), die Conjunktion das (82, 35 u. i.), in des (122, 3), gewis (132, 15), neben gewiſs (140, 17), die Substantiva auf -nis (39, 7 ff.), ich weis (71, 10; 111, 5) neben weiſs (70, 9), ich lies, gos (111, 2. 29), der Imper. lis (78, 13) neben Liſs (73, 14); dem mhd. entsprechend muſte (110, 23), wuſte (111, 7), aber auch weiſte (111, 18), ſchweiſte (111, 20), geuſt (111, 28) [wo L. auch ſſ], laſt (56, 9). — Im allgemeinen entspricht das von Cl. hier verfolgte Princip dem Gebrauche Luthers (vgl. Franke p. 100).

l, m, n im Auslaut finden sich in ungefähr gleichem Verhältnis zu den entsprechenden doppelten Consonanten, jedoch so, dass l nur in wil (19, 5 u. ö.), ſol (29, 16 u. ö.), vol (11, 14) steht; daneben auch eben so oft will, ſoll (105, 29 u. ö.), voll (24, 25). — Mehr Bsp. lassen sich für m anführen: Grim (55, 20; 35, 30), Schwam, Tam, Kam, Schlam, Stam

(35, 25 f.), from (23, 2), auch inlautend; nim (18, 10).
n: Man (46, 30 u. ö.), kan (19, 4 u. ö.), Zin (55, 7) [Bib. Zihn].

t: Bret (41, 5), Bancket (41, 9) [vgl. L. bancketen], trit (162, 24). Interessant ist die Stelle 45, 20 f., wonach Cl. die Schreibung Got als die richtige vorgeschwebt zu haben scheint (doch vgl. 43, 12 f.); da er indessen überall Gott schreibt, so muss man annehmen, dass er sich hierin eben dem bei Luther überwiegenden Gebrauche angeschlossen hat.

Inlautend zeigen einfache Consonanz folgende Wörter: Geselschafft (59, 19), aber Gesellschafft (40, 11), gesellen (105, 15), geselt (132, 13; 155, 28)[1] [L. daneben gesellet], Jamer (37, 20), jamert (155, 25), samlen, stamlen (105, 17), Kemerer (58, 19), Kamer (153, 16) gegen Kammer (38, 6), imer, imerdar (122, 2), Schimel (56, 5), Himel (54, 25 u. s.) him=lisch (57, 3. 10), nur einmal in der Silbentrennung Him=mels (135, 24), kome usw. (106, 23), genomen (ebda), wo die andere Schreibung kommen, genommen erwähnt wird (so auch 77, 20), =kentnis in der Composition (39, 10. 12; 59, 26), sinreich (22, 2) neben sinn (119, 25), wapnen (107, 26), mitler (zeit) (122, 6). Einfaches l und n findet sich ausserdem in folgenden Verbalformen: stalte, gestalt (105, 27 f.), wilt, wilst, wolte, gewolt, solt, solst, solte, gesolt (106, 2 ff.), kandte, gekandt (107, 30), brandte, gebrandt, nandte, genandt, randte, gerandt, trandte, ge=trandt (108, 2 ff.), kanst, kundte, kondte, gekundt, gekondt (108, 16 ff.), tritst (113, 2). Im allgemeinen findet sich auch hier Übereinstimmung mit L. Wo dieser ausserdem einfache Consonanz gegen den späteren Gebrauch hat, findet diese sich eben nur in früheren Schriften. Erwähnt seien hier auch noch einige Fälle von Consonantenauslassung, die sich ebenfalls aus dem Bestreben, allzu grosse Häufungen zu vermeiden, erklären lassen: Keuschheit (40, 23; 59, 9), Magthum (59, 3), Bapsthum (59, 2; wol nicht durch mhd. *bâbes* zu erklären); auch flichst (113, 6) dürfte hierhin gehören.

[1] Entsprechend dem Princip, Häufungen beim Zusammentritt mehrerer Consonanten zu vermeiden. Allerdings auch fellt (159, 6).

c) c gebraucht Cl. für k nur in Lehnwörtern: Copey (42, 1), Cantzel (152, 26), Cantzley (42, 3), Crucifix (41, 22), Creatur (38, 9 Für die sonst noch bei L. vorkommenden Wörter mit c statt k lassen sich bei Cl. keine Belege finden. Im Auslaut wird c nur zugelassen in Habacuc, Isaac, Kuckuc, (13, 23). — Ch = K neben Christ auch in Chor (14, 2).

d) Gegen seine Regel (13, 1), aber in Anlehnung an L. schreibt Cl. u für v in dauon (144, 12), zuuor (18, 5), Geuatter [L. oft auch f], Jauater (28, 6. 8), missuerstand (129, 25); ausserdem Caluinisch (57, 13), Eruen (56, 16), *Eiuer (55, 20); f für v findet sich nur in *forne (121, 13).

LAUTLEHRE.

1. Vocalismus.

a) Zum quantitativen Lautwandel. Die Bemerkung v. Bahders p. 74: „Freilich geht das Vorgetragene weit mehr auf die geschriebene, als auf die gesprochene Sprache. Clajus wäre in Verlegenheit gekommen, wenn er überall die richtige Aussprache hätte angeben wollen" — trifft nicht am Wenigsten auch die Frage, in wieweit bei Cl. alte Kürze gewahrt, resp. die Verkürzung alter Länge noch nicht eingetreten ist. Von den wenigen Anmerkungen, die Cl. über Aussprache macht, ist hier (ausser der Differenzierung von ŏ und ō in Rost (39, 24)) kaum die eine verwendbar: [Part. praet.] gehaben a crasso tanquam gehoben (95, 28). Unter dem 'a crassum' könnte dumpfes, hier wol soviel wie gedehntes a verstanden werden. Zur Ermittelung irgendwelcher Thatsachen bleiben also nur zwei Hilfsmittel übrig: die Schreibung und die Vergleichung mit dem lebenden (nordostthür. und obersächs.) Dialekt. Was die Schreibung anlangt, so ist hier auf die Anwendung oder das Fehlen von Dehnungszeichen (h, ie) und der Consonantenverdoppelung zu achten. Durchgängige Sicherheit lässt sich aber auch dadurch nicht erzielen, weil sowohl der Gebrauch der Dehnungszeichen noch nicht allgemein geworden ist als auch die Consonantengemination teils nur orthographischer Schnörkel ist, teils aber aus rein äusserlichen Gründen vermieden wird (vgl. v. Bahder p. 90). Zuweilen findet sich auch ein und dasselbe Wort verschieden geschrieben. Was endlich den Dialekt angeht, so muss man den hieraus gezogenen Schlüssen bis zu einem gewissen Grade wenigstens skeptisch gegenüber treten; man vgl. z. B. das bei Franke § 17 über Erhaltung alter Kürze, resp. Dehnung im obersächs. Dialekt gesagte (*wider : nider !*).

Das zur Bestimmung der Quantität bei Cl. in Betracht kommende Material ist in der orthographischen Übersicht vollständig verzeichnet (p. IX—XI, XIII—XV); von Stellenangaben kann daher hier abgesehen werden.

Erhaltene Kürze nimmt Franke in Übereinstimmung mit dem Dialekt für L. an in: 1) den Praesensformen mit i der Verba geben und sehen. 2) Schmid und seinen Ableitungen. 3) wider. 4) wol. Auch für Cl. kann hier Kürze angenommen werden. Von den Wörtern, in denen Franke wegen durchgehender Schreibung ohne Dehnungszeichen ebenfalls Kürze annehmen möchte, fällt bei Cl. wohnen und Begierd weg; zweifelhaft bleibt die Annahme von Kürze in manen, stelen, nider, Son, wozu die nicht bei Fr. belegten Strigel, Rise(nberg), ligen, geschihet, liset kämen. Wenn sich nämlich Cl. durch die Schreibungen fideln, fidern (statt dd) L. entgegensetzt, so muss man wol für diese Worte Länge bei ihm annehmen. So wenig er aber hier nun Dehnungszeichen setzte, so war es auch dort nicht nötig, und das Fehlen des Dehnungszeichens beweist mithin nichts. Verdeutlicht wird dies auch noch durch die Schreibungen flihe, zihe, wo an Kürzung absolut nicht zu denken ist. Vgl. auch die doppelte Schreibung Begierd und begirig, Begirde, wo also Erhaltung von Kürze ausgeschlossen ist. Anders steht es bei dissеit (dis) neben dieser, wo die geschlossene Silbe die Dehnung nicht zuliess, und bei Friderich, wo die schwere Nebensilbe nach Synkope des e gewirkt hat. Wenn v. Bahder p. 95 öder, nider usw. für L. ansetzt, so ist das vielleicht doch nicht ganz sicher, bei Cl. aber ist kaum an diese Möglichkeit zu denken.[1] Wo jedoch ie steht, da ist selbst-

[1] Inwieweit übrigens Cl. während seines elfjährigen Aufenthaltes in Goldberg und Frankenstein den schles. Dialekt,

verständlich langer Vocal anzunehmen, auch in hieng, fieng, gieng, Liecht (nicht Diphthong): Es ist nicht glaubhaft, dass sich nur orthographisch das alte e gehalten habe, der Schwund desselben in flihe, zihe wäre sonst nicht begreiflich.

Dehnungs-h fehlt nach altem langem Vocal öfter als dass es steht; nach altem kurzem überwiegen zwar ebenfalls noch die Schreibungen ohne h, doch ist hier die Verlängerung des Stammvocals in offener Silbe, wie auch in geschlossener, wo Angleichung an Flexionsformen, die offene Stammsilbe haben, stattfand, durchaus vollzogen (Die Bsp., bei denen Zweifel obwalten könnte, sind oben genannt).

Anders freilich ist es teilweise da, wo doppelte oder einfache Consonanz gegen nhd. Gebrauch sich finden. Die Fälle betreffen t und m, d, p. Abzuziehen sind hier zunächst alle Fälle, in denen nhd. geminierter Consonant im Auslaut nach mhd. Gesetz nur einfach erscheint, wie in Grim, Schwam, Tam, Kam, Schlam, Stam, from, nim; Man, kan, — wo alte Kürze erhalten ist. Zweifelhaft ist dies in Zin, wo L. Zihn hat, und bei Cl. von C ab Zien eintritt; ferner bei Bancket, das wie Planēt, Komēt behandelt worden sein dürfte, Bret[1], wo der Dialekt noch Länge hat, bei bat, wo schon Angleichung an den Plur. eingetreten sein kann.

Kürze wird durch inl. tt bezeichnet in bottest, gebotten, in den Formen von tretten, was der mhd. Form mit Geminata entsprechen dürfte, wenn es auch v. Bahder p. 88 für das Md. abweist; getten ist zweifelhaft. Allerdings wird durch die Schreibung Hertte (wo tt überflüssig ist) die Annahme der Fähigkeit des inl. tt, in unserem Texte die Kürze zu bezeichnen, etwas erschüttert. — Haddern (im Gegensatz zu fidern, widern) und Kappern sind wol als Kürzen zu fassen.

Einfaches m im Inlaut ist kaum in allen Fällen als Kriterium für langen Vocal in Anspruch zu nehmen, das beweisen Doppelformen wie komen, kommen, Kemerer, Kammer; bei samlen, stamlen wirkte das Princip, Consonantenhäufungen

der auch *öder*, *nīder* hat, auf sich hat einwirken lassen, lässt sich leider gar nicht feststellen.

[1] tt findet sich bei Nominibus auslautend nur in Gott.

zu vermeiden. Schimel, Himel, jmer = mhd. *imer* wahren nach der Regel die alten Kürzen; Jamer ist nach derselben Regel wol schon verkürzt. — Auch für wapnen kann das über samlen gesagte gelten.

Es ergiebt sich mithin, dass im Grossen und Ganzen der quantitative Lautwandel des Nhd. für Cl. als vollzogen zu gelten hat.

b) Umlaut.[1] 1. Unterbleiben des Umlauts gegen den Gebrauch der Schriftsprache findet nur selten statt; der md. Charakter, wie er sich auf diesem Gebiete in den Lutherdrucken der späteren Zeit, besonders wieder in der Bibel von 1545 zeigt, findet sich auch bei Cl. — Belege für ā: nur spat (122, 6), wo die Angleichung an die Adj.-Form noch nicht vollzogen ist. ă: langst, vorlangst (gegen L.'s späteren Gebrauch), aber vnlengst (121, 23); Flache (56, 2) [nicht bei L.] neben Fleche (32, 4); event. ist noch hierher zu ziehen die Wasser (50, 3; 51, 18 ff.). waltzen und weltzen (113, 27), die Fr. noch hierherrechnet, zeigen wol schon die in der jetzigen Schriftsprache übliche Differenzierung der Bedeutung. Die übrigen bei Fr. angeführten Belege sind für Cl. nicht zu erweisen. — Dazu noch Fälle von 'Rückumlaut': entsatzten (149, 16), schanckte neben schenckte (104, 19), stalte, gestalt (105, 27; aber als vulgäre Formen bezeichnet), wie auch die praeteritalen Formen von bucken, drucken, jucken, rucken (105, 2 ff.) mit Umlaut bevorzugt werden. Ausser diesen Bsp. für Unterbleiben des Uml. von u findet sich noch: obberurt (132, 16) [gegen L.], funffzehen, funffzig (137, 1. 5. 24) [so auch die Bib.] neben fünffhundert, fünffte (137, 13. 22), Krumme neben Krümme (56, 2; 32, 4), rugen (99, 27) neben rügen (100, 21), das die Bib. bietet.

Für o lassen sich keine Bsp. anführen; Wolffe (156, 14) dürfte Druckfehler sein, vgl. Wölffin (24, 7). Für au nur solche, wo die schriftsprachliche Form daneben vorkommt: brawen : brewen (93, 27 f.) [so L.], lauten : leuten (112, 6); blawen : blewen (93, 26. 28) scheint schon die Bedeutungsdifferenzierung aufzuweisen.

[1] Vgl. Franke p. 28 ff.

2. Zahlreicher sind die Bsp., wo sich Uml. gegen den späteren Usus findet. Schriftsprachlich nicht mehr belegbare Wörter lasse ich hier aus (vgl. Wortsch.). — Uml. des a: Grem (35, 29) [L. bei Dz. u. s. nur Gram], außerbeiten (130, 25), vetern, wie auch müttern (110, 8) [vgl. Wortsch.], tennen (58, 11), flechsen, henffen (58, 12); anlenden (97, 21).

ā: Die 2. Sg. und der Plur. des Praet. von thun, woneben aber auch durchgängig a gebraucht wird; bemerkt sei hier auch 1. 3. Sg. tet = mhd. *tëte* (94, 10).

au: Geuckler (58, 17), Zeuberey (42, 3), Heubt (41, 2 u. ö.), aber gegen L. Haubtmann, -leute (56, 21), wozu jedoch Var. zu vgl., die Verba gleuben (95, 14), teuffen (99, 1), keuffen (11, 22 u. ö.) neben kauffte (70, 19), gekaufft (151, 5), reuffen (99, 1), seugen (100, 19) ohne die jetzige Bedeutungsdifferenzierung, dewen, kewen (93, 28), du heweſt, er hewet (93, 33). Ausserdem noch brewen neben brawen (93, 26. 29), wozu jedoch Wortsch. zu vgl. — Bei L. steht durchgehend nur erleuben und heubt.[1]

o: Börer (37, 18) gegen L.; wöllen und söllen (81, 17; 92, 33; 105, 16; 106, 3 u. ö.) neben wollen und sollen.

u: Vormündschafft (59, 22), Brüt (40, 6), küpffern (58, 13), schüldig (140, 20), beschüldiget (149, 2), rüchtbar (57, 27), wünderlich (57, 20) neben wunderbar (58, 1), drücken (105, 2) ohne die Bedeutungsdiff., dücken, jücken (104, 29), hüngern (110, 9; 117, 10), spünden (97, 33), du müſſest (110, 22), rüfft (98, 18) gegen die Bib.

c) Zur nhd. Diphthongierung und Contraktion. Die md. û und iu statt au und eu verwirft Cl. ebenso wie L. Wo sich Belege finden, sind sie ausdrücklich als dialektische Formen bezeichnet.[2] Sonst zeigt sich altes *û* nur in Clrupe (29, 2) und *î* in dem Diminutivsuffix -lin neben -lein: Menlin, Kneblin (49, 31 ff.; 60, 1 ff.). Anschluss an L.'s Gebrauch ist hier massgebend.

---

[1] Franke p. 31 f.

[2] Vgl. 11, 27 ff.; 15, 14 ff.; 16, 3 ff.; 22, 3; 22, 9 ff.; 76, 3; 105, 27; 106, 7; 131, 22; 140, 16.

Ebenso findet sich andererseits von den alten Diphthongen *uo*, *üe* bei Cl. nur noch eine Spur in *Kue und *frue. Doch ist dieser Erscheinung mit Fr. § 60 wol nur vom orthographischen Standpunkt aus Gewicht beizulegen, sodass also hier ebensowenig Diphthonge vorlägen, wie in ie (12, 27 ist i doch sicher als Consonant zu fassen; entgegen stünde dem nur die Schreibung Jglicher (61, 22) und jtzt, jtzund (121, 19) neben jetzt (77, 5) in Anlehnung an L.). – Über die Aussprache des alten Diphthongs *ie* s. o. p. XVII a. E. —

d) ō für mhd. nhd. *ā*: jo (122, 15), wo aber eine dialektisch allerdings belegbare Differenzierung mit ja beigebracht wird. — Md. ō für mhd. *uo* nhd. ū steht wie bei L. nur in Bosem (35, 30).

e) Mhd. *u* statt nhd. o findet sich in: frum (14, 28) [so auch noch die Bib.], Sun (14, 29), kummen (14, 29) neben überwiegenden from, Son, kommen; gespunnen (108, 11), auch zerunnen, gewunnen (108, 13), woneben aber die bei L. durchgedrungene Form mit o steht; kundte, gekundt (108, 17) neben kondte, gekondt. — Dementsprechend ü statt ö in: tügen, mügen neben mögen (100, 27), künnen neben können (15, 12), hültzern (58, 11). Dazu wüllen, gülden (29, 15; 58, 11).

f) Umgekehrt erscheint md. o für u in: wordest, worden, wordet (98, 6; 84, 31) neben wurdest, wurden, wurdet. — Und ö für ü: zörnen neben zürnen (15, 12), aber nur stürtzen (113, 29).

g) Md. u für i findet sich n u r in dem Suffix -nus neben -nis: erkentnus, wildnus (59, 27).

h) Mhd. *ü* statt nhd. i zeigen Küssen (36, 28) und sprützen (113, 26). — Dagegen steht i für ü in wirdig (140, 18), wie bei L.

i) Altes *ie* für nhd. ü in den durch Anlehnung an Lüge und Trug entstandenen Verben lügen und betrügen: liegen und betriegen, sowie in dem davon abgeleiteten Betriegerey (100, 8. 11; 59, 14).

k) Mhd. *e* statt nhd. ö zeigen folgende Wörter: scheppfen (99, 18), leschen (103, 32), ergetzen (113, 23), zwelff(e) (14, 15; 137, 10), hellisch (57, 10), Lewe, Lewin (24, 8), schweren (109, 1), und wol auch wehnen = gewöhnen (107, 20), was jedoch auch = wähnen sein könnte. Luth. Leffel und gewelbe fehlen.

l) Md. e für mhd. *ei* nur in zwenzig (137, 2 ff.); dagegen ist eilffe (137, 10) in der alten Form aufgeführt.

e in Nebensilben.

m) Die nhd. Entwicklung eines *r* nach altem *î û iu* im Silbenauslaut zu er ist noch nicht vollzogen in: zwir (122, 8), Bewrin neben Bawer (24, 3) [wo L. meist baur hat], bauren, lauren, mauren (109, 19), Fewr (54, 25), ewr neben ewer (63, 4), Thewrung (33, 15), scheuren, stewren, vberthewren (109, 20).

n) Abgeschwächter Vocal findet sich in folgenden, mhd. schon vorhandenen, Formen: Marmelstein (29, 27), *beseits (124, 9), *als denn (121, 27)[1]. — Dagegen voller Vocal gegen das Nhd. in Grummat (55, 5) [bei L. nur früher; B. Grummet (Dz.)], Sammat (55, 12); on gefehr (124, 31); *zubrechen (133, 32).

o) Das md. Endungs-e (sog. protestantisches) hat Cl. ausser in den Fällen, wo es schriftsprachlich geworden ist, noch in Verbalformen wie schreibe = Imperat. (79, 23), hewest, hewet (93, 33), schaffest, aber trifft (98, 13. 15), denckest, aber trinckst (104, 13 ff.), lessest, jssest (111, 2), weissest (111, 6), man gehet, stehet, trincket (116, 35 ff.) neben lacht, geschihet, sihet (67, 15), kómest, kómet, nimest neben den synkopierten Formen (106, 23 ff.); schlehest, fehest (102, 6) sind nicht streng hierherzuziehen. Ferner in: von forne (121, 13), ferne, nahe (120, 22), dicke = Adj. (142, 5), Frawe (22, 17) neben Fraw; Fürste, Graffe (24, 1), Kuntze (22, 10), Reiffe (54, 30), Bürgeschafft (59, 20); auch trawen (122, 16), zehen (133, 22 ff.) seien hier mit angeführt.

e = Synkope gegen den schriftsprachlichen Gebrauch haben wir in den conjunctiv. Formen von sein du seist, wir sie sein, jr seit neben denen mit e (115, 23), geschrien (94, 3),

[1] Nicht bloss temporale Partikel (= alsdann), sondern (dial.) Ausruf auf eine einlenkende Antwort im Wortwechsel.

den Pronominalformen meins, deins, seins; mein, dein, sein für Dat. und Accus. (65, 12 ff.), eins, eim = Gen. Dat. (21, 4), jens (123, 2), keins (weges) (123, 3), welchs (144, 7); ferner eh in der Komposition ehgestern, ehdenn (120, 11; 121, 21; 122, 5); hinzugefügt sei auch Ehbrecher (38, 1) [L. hat in letzteren Fällen die nicht synkopierte Form]; in der Vorsilbe ge=: gnugsam, gnügen (100, 21; 58, 3) [wie L. immer], Gleit (41, 1) [L. meist gelei(d)t]; zuletzt Augstmonat (26, 23) nach der infolge der Betonung abgeschwächten mhd. Form *ougest*. — Nicht streng hierhergehörig sind Verbindungen wie habs (19, 1), dus (in kanstus, vgl. Flexionsl.); ins (21, 6); ferner zum, zur, am, jm (21, 8 ff.), auffm (153, 18).

e = Apokope endlich zeigen die Verbalformen ich hab (18, 20 ff.), ich taug (70, 10; 71, 10), wolt, im Ausruf wolt Gott (81, 34 u. ö.), ich handel (106, 14), acker (110, 3); ferner Sonn (54, 25), Seel (12, 8; 122, 28), hülff (131, 32), Begierd, Zierd (31, 14), Herd (31, 13), Stut (40, 6), Birn (27, 12), End (31, 23), Sachß, Franck, Frantzoß (58, 22), Schwab (24, 4), Fried und Freud neben Friede, Freude (32, 10. 18), nütz (141, 21), ander (133, 15; 162, 23). Über Brot (50, 5) vgl. Flexionsl. Im allgemeinen ist die Apokope gering, wie sie auch in der Bib. abgenommen hat (Fr. § 174 A, 10); vgl. Cl. 31, 26 ff.

2. Consonantismus.

a) Die Gutturale. Zunächst sei bemerkt, dass sich k nach dem mhd. Auslautsgesetz für nhd. g kaum noch findet, wenigstens sind der Fälle weniger als sie noch die Bib. aufweist. Cl. hat nur *Sarck (34, 18) [doch ist dies Wort wegen des stammhaften *k* eigentlich nicht hierherzuziehen], während neben Rinck (34, 17) sich Ring (33, 9) findet; ja unter den 'Desinentia in ck' ist nur Quarg vel Zwarg (34, 18) aufgeführt. An einer Stelle polemisiert Cl. gegen ck statt g (15, 25), woraus aber gerade hervorzugehen scheint, dass zu seiner Zeit in seinem Dialekt nach n im Auslaut die Fortis gesprochen wurde, also zwank. Die Orthographie ist mithin hier der Aussprache vorausgeeilt.

Anlautend steht k gegen den späteren Gebrauch in klucken (104, 30), Kluckhenne [vgl. thür. *glukse*] (54, 26) [so nach

Dz. nur in den Schriften, deren Herausgabe L. nicht selbst besorgte], und in dem aus *entgegen* entstandenen kegen (131, 22), was aber als vulgär bezeichnet wird, obschon in der Bib.

Angereiht sei hier Rocken = olyra (36, 19), *Storck (34, 19) neben Storch (33, 27); ausserdem Blix (41, 21) [L. so noch 1543] neben Blitz (42, 12).

Mhd. *ch* statt nhd. k ist gewahrt in dem Praet. von backen: *buch, buchst (104, 12) und in Bloch (34, 1).

Für die Aussprache von *g* ist die Bemerkung 11, 11 interessant. Wenn danach j im Anlaut vor Vokalen wie g gesprochen werden soll, so ist wohl nicht die dialektisch allerdings vorhandene Aussprache *går* usw. dort gemeint, sondern es ist umgekehrt nur auf spirantische, unserm j nahekommende Aussprache des g zu schliessen. Und zwar dürfte g (natürlich nur vor e) anlautend tönende Spirans sein, wie sie auslautend tonlose ist. Letzteres wird auch verdeutlicht durch Gelach = symposium (33, 32) [bei Dz. für L. nicht verzeichnet]. Mit Rücksicht auf obige Feststellung wäre für geren (109, 4), Petersilge (55, 4), Schlesiger (58, 21) die Aussprache mit j festzustellen.

Organisches h im Auslaut = mhd. *h, ch* findet sich in ah (74, 8; 123, 10) neben ach (126, 1), sih (79, 24; ebda auch sihe) neben sich (131, 26), sah, *floh (102, 14. 24; ebda auch sahe, flohe). Statt nhd. h ausserdem ch in Schuch (33, 27). Bezüglich der Aussprache dürfte das Verhältnis sich so gestalten, dass Cl. wirklichen Reibelaut sicher nach kurzem Vocal im Auslaut sprach, Formen wie sich, ach, Schuch sprechen dafür, während in floh das h wol nur Dehnungszeichen ist, wie es in den dial. ostthür. jetzt noch vorhandenen Formen sahe, flohe bloss Hauchlaut ist. — Weiter hat sich organ. *ch* erhalten in der 2. 3. Pers. Sg. Praes. von ziehen und fliehen, wo noch nicht der nhd. Verlust des Spiranten eingetreten ist: zeuchst, zeucht, fleuchst (102, 21. 23).

Da die Fälle, in denen noch nicht Ausgleichung zu Ungunsten des grammatischen Wechsels eingetreten ist, sehr gering sind, so führe ich diese, soweit sie die Gutturalen betreffen, hier gleich an: schlahe, schlehest; andererseits geschlahen neben geschlagen (102, 6. 8), [sahe, sehest (102, 8)], ich zoch neben zog (102, 22). —

b) Die Dentale. Erhaltung von t nach dem mhd. Auslautsgesetz findet sich nur in Todt (31, 2); oder ist das t bloss graphischer Schnörkel? Vgl. die Stellung des Wortes unter den 'Desinentia in d'; L. 1545. Northausen (27, 23) ist wol sicher nur orthographisch, um die sonst ungewohnte Nebeneinanderstellung von dh zu vermeiden. Neben Goldtberg steht Gold (31, 21). — Ferner hat die nhd. Erweichung von t > d nach l oder n noch nicht statt in Gedult (40, 19); Gelt (41, 5) neben geld (160, 24); tausent (28, 23). Secundärem Einfluss, der die Erweichung beseitigt und t erneut, sind noch nicht erlegen: *Schulder (38, 5), hinder, hinden (62, 5; 128, 7; 120, 22), under in herunder neben hinunter (121, 4), vnterschiedlich (124, 9), vierde, siebende, neunde, zehnde (137, 21 ff.), tausende (138, 2) [hier hätte ebenso nhd. Ausgleichung stattfinden müssen, wie in siebente usf., wenn nicht die superlat. Bildung tausendste sich erhalten hätte]; so auch zehnden (97, 22). befreund, verwand, die Fortis haben sollten [Bib. dt oder t], gehören nicht hierher, und es ist entweder diese Schreibung ein orthographischer Mangel oder es liegt blosse Abwerfung von et in befreundet, verwendet vor (doch ist die Differenzierung der Bedeutung des letzteren Verbs sicher schon eingetreten). Im übrigen findet sich inlautend und auslautend in den praet. Formen der sw. Verba mit -nd im Stammauslaut die etymologische Schreibung dt: sandte, gesandt (97, 14) usw.

Im Inlaut steht noch mhd. *d* in Düringer (58, 21), und umgekehrt d statt mhd. nhd. *t* in drometen (112, 6), während mhd. *t* gegen nhd. d in Taus (39, 6) [L: Tischr.], Tam (35, 25), Tocht (41, 4) [L: Docht], *tichten (112, 23) sich findet.

Auslautend steht md. d in stad, während inl. im Plur. stets stedte erscheint (47, 20 f. u. ö.). — Wol nur orthographisch merkenswert ist die Erweichung von t > d vor d des folgenden Wortes in Sind der zeit und Seid dem mal (158, 9), während in gesonderter Stellung sint, seit (158, 7) geschrieben ist (Vgl. auch 122, 3. 4). Ausserdem findet sich noch md. Widwer, Widwe (28, 16), aber gegen L.'s später fast ausschliessliche Schreibung deudsch hier nur deutsch (150, 18).

Grammatischer Wechsel, noch nicht durch Ausgleichung gestört, zeigt sich in schneid, schnittest, geschnitten, sod, sottest, gesotten, auch in leid, liddest, *gelitten und gelidden, wo nur die Verschiebung von d > t noch nicht durchgeführt ist (96, 28. 31; 97, 10).

Ausfall von t nach md. Weise findet sich wie bei L. in achzehen, *achzig (137, 6. 25). — Abfall eines t-Suffixes in Marck (27, 26), aber Jarmarckt, Kornmarckt (29, 28). Andererseits steht kaumet neben kaum (125, 16).

Eingeschobenes oder angehängtes d, t gegen den mhd. Gebrauch findet sich in wündschen (104, 1; 149, 24), rüchtbar (57, 27), anderst (124, 9) neben anders (126, 22). — Der jetzt gebräuchlichen Form einst: einest (122, 8) steht einsmals (121, 24) = mhd. *eines* gegenüber. — Stets erscheint selbs (64, 4 u. ö.). — Erhalten ist der die Anfügung eines t bewirkende Nasal noch in Ihrent halben (63, 14).

Für den Lautwert von s, ss, ß lässt sich bei Cl. kaum etwas ermitteln; vgl. die Orthogr. p. XIV. — Das Suffix -s fehlt noch in disseit, jenseit (157, 24 f.).

z (Affricata) noch in Hirtz(berg); Hirs steht nicht bei Cl. Der Name der Stadt hat sich offenbar in jener Form nur durch die Anlehnung an Herz gehalten.

c) Die Labiale. Auslautend findet sich p nach dem mhd. Gesetz nicht mehr; anlautend gegen L.'s Gebrauch in Pech (33, 33; doch vgl. die Var.: das p kann auf Kosten des Druckers von A kommen; 55, 9 allerdings P durchgehend); zu pösen (110, 17) vgl. Wortsch. Die in der Bibel mit überwiegendem p vorhandenen Wörter fehlen bei Cl. — Inlautend steht p gegen L. in Bapsthum (59, 2).

b gegen nhd. p könnte anzunehmen sein in butzen (113, 25), vgl. Wortsch.; sonst nur in Bapsthum, aber Papistisch (57, 13). Die übrigen bei L. mit anl. p geschriebenen Wörter finden sich bei Cl. nicht. — Inlautend findet sich b statt nhd. f in Haber (55, 3), gegen nhd. p in Heubt (41, 2), Haubtman (56, 21), zabeln [L. zabbeln] neben zappeln (106, 19).

Altes *b* (*p*) nach *m*, das im Nhd. durch Assimilierung geschwunden ist, findet sich noch in Lamb (30, 22; 43, 16;

aber Lemmer), vmb, widerumb, warumb, vmbher, vmbgestossen (63, 11; 122, 13; 123, 20; 120, 26; 72, 2), Ampt, Amptman (41, 4; 56, 1). — Secundär entwickelt findet sich dasselbe in *frembd (141, 24), *sampt, semptlich (124, 5), kömpst, kömpt (106, 24; 135, 22), wofür jedoch Cl. die Formen köm(e)st, kömet vorzieht.

Unverschobenes (md.) p findet sich in Karpe (37, 9), plumpen (108, 24). pp in Fusstappe (37, 9), wo L. gewöhnlich pf.

lw hat den Übergang zu lb noch nicht mitgemacht in Salwey (42, 1; 55, 4).

d) Die übrigen Consonanten.

Mhd. *m* steht noch in Bosem (35, 30) [L. daneben Bosen], Wittemberg neben Wittenbergisch (135, 2; 57, 12).

Mhd. *n* in Thurn (36, 13) [L. auch Thurm], verdamnen [wie Luther meist] neben verdammen (107, 25 f.). — Nu (121, 19; 123, 17) noch ohne adverbial ableitendes n.

Für den durch Dissimilierung hervorgerufenen Übergang von r > l ist Marmelstein (s. o.) anzuführen. — Metathese von *r* in Born (36, 13). — Schwund des *r* in: fodern (110, 10).

Statt der im Nhd. üblichen Form hier findet sich die im Mhd. daneben stehende und bei L. überwiegende hie, sowohl im Simplex als auch im Compositum (120, 20. 29).

FLEXIONSLEHRE.

1. Nominalflexion.

a) Substantiva. In der st. Declination gebraucht Cl. als Endung im Gen. Sg. -es neben -s; er sucht zwar dieses Schwanken durch eine Regel zu normieren (44, 28), doch sieht er selbst (45, 2), dass sie nicht durchführbar ist. Nur folgt er in der Ausstossung des e in den Wörtern auf -el, -er, -em, -en dem mhd. nhd. Brauche. Auch bei L. ist dieser der überwiegende. Der Dat. Sg. wird entsprechend (45, 4 f.) mit oder ohne e gebildet. Ohne Endung bleibt auch der Dat. Sg. der Neutra auf *-nis (mhd. *-nisse*): zeugnis (51, 30 f.), und der Gen. zeigt Contraktion > -nis. Von den st. Neutra der *o*-Classe, die im Nom. Pl. die Endung -e im Nhd. angenommen haben, macht nur eine Ausnahme die Wort (49, 30), woneben aber nur Wörter, nicht Worte belegt ist, und die Brot (50, 5), jar (164, 10). Doch hält Cl. 136, 24) letztere Form für einen Singular. — Für den Gen.: Krafft seiner Wort (158, 4). – Die Pluralbildung auf -er bei den hierhergehörigen Masc. und sicher bei den Neutr. ist durchgeführt; Ausnahmen unter den vorhandenen Bsp. nur Würme (15, 12). Für Leib muss nach der Regel 45, 14 der Plur. Leibe angesetzt werden; aber gegen L. Theler nach 49, 22; Wald, furmund, Angesicht, die bei L. nur -e haben, sind nicht belegbar. Stark flektiert noch friede (52, 20).

Schwache Masc. (der nur belegten Nominativform nach) sind Flecke (27, 26) = Ort, Hopffe (55, 6), Weitze (55, 2); immerhin könnte sie Cl. auch nach Massgabe der ursprünglich sw. Masc. behandelt haben, die nach Annahme von n im Nomin. stark flektieren; vgl. 52, 22 ff. und Fr. § 195, 4. Nhd. apokopiertes e zeigt sich noch bei den sw. Masc. Graffe und Fürste (24, 1); Herre (52, 14). Daneben steht aber auch Herr, wie überhaupt im Nom. der sw. Masc. und Neutr. das e auch apokopiert wird (52, 13). Doch scheint sich Cl. hier ausser Herr nur noch auf Knab und Hertz zu beschränken. Zu letzterem lautet der Gen. hertzen (54, 5). Das mhd. st. ntr. *gelenke* zeigt das Endungs-e auch noch bei Cl. (52, 21), daneben aber auch die in der Bib. nur vorkommende apokopierte Form; flektiert wird das Wort wie im Nhd.

Der Ausgleich von Sing.: Plur. der *ô*-Stämme und der sw. Fem. ist noch nicht ganz vollzogen; es findet sich noch sw. Gen. Dat. Sg. in Laden (48, 14 f.), erden (133, 14), Stuben (153, 26), Kirchen (21, 10; 131, 28) neben Kirche (155, 16).

Die oberd. Form Eltere (56, 12) ist wol nur Druckfehler.

b) Adjektiva, Pronomina, Zahlwörter. Die unflektierte Form des Adj. findet sich bei Cl. in folgenden Fällen: Nom. Sg. Ntr.: ein fein gut hertze, ein lang weiß Kleid (139, 7). Acc. Sg. Masc.: in groß schaden (157, 11), doch ist hier wol nur der metrische Zwang massgebend gewesen; vgl. dazu Fr. § 202, 1.

Ein starker Gen. steht nach voll in: voll süsses Weins (140, 13).

Nach md. Weise finden sich in den Pronominaladjektiven unser, euer, ihr aus den verkürzten Stämmen *uns-*, *iuw-* folgende Formen gebildet: Gen. Dat. Sg. Fem. vnser (65, 26 f.); Gen. Plur. vnser (66, 8), doch nennt Cl. daneben die volle Form. Ebenso verhält es sich mit den entsprechenden Formen der 2. 3. Pers.

Für das pron. person. der 3. Pers. er, sie — in Verbindung mit einem Verbum — steht öfters das Demonstrativ der, die: der liset, die lesen (67, 30 f.); inconsequent neben der wird, der ist: sie werden, sie sind (68, 19. 31). In den Paradigmen aber steht regelmässig nur er, sie.

Die verlängerten Formen derer, denen = Gen. Dat. Plur. finden sich nur im Paradigma (20, 16 f.), nicht im Texte. L. selten derer, häufig denen.

Bei dem Zahlwort zwei sind noch die 3 Geschlechter geschieden: zween (162, 7), zwo (142, 7), zwey (28, 27).

2. Verbalflexion.

Was die Endungen betrifft, so findet sich auch bei Cl. der bei Franke § 223 ff. für L. gekennzeichnete Zustand wieder. Im allgemeinen fällt das e gegen den nhd. Gebrauch in den Endungen seltener aus, als dass es bleibt, resp. neu hinzugesetzt wird, vgl. p. XXII f. XXIV unten.

Mit der Endung der 2. Ps. Sing. Ind. wird öfter das Pron. du, wenn nachgestellt, verschmolzen. Kanstus, magstus (17, 17 f.), wiltu, bistu (160, 25), hórstu (123, 27. 31), hastu, fragestu (67, 20. 23). Die Schreibung folgt hierin einmal der Aussprache, und zeigt sodann das Bestreben, allzugrosse Consonantenhäufungen zu vermeiden (s. o.). Gewiss nicht ist hierin ein Rest alter Endung der 2. Pers. ohne t zu erblicken.

Contraktion der Endung der 3. Pers. mit dem Stammauslaut zeigt sich in es gelúst (117, 6).

Ohne das Praefix ge= findet sich durchgehend kommen (107, 1 u. ö.); worden (80, 16) neben geworden (98, 7). — Zu essen lautet das Part. Praet. gessen (111, 4).

Die Endung des Part. Praet. ist mit dem Stammauslaut verschmolzen in geacht (112, 21).

Die starken Verba. Zum Unterschied vom Nhd. findet sich in der

I. Ablautsreihe[1] der Sing. Praet. in 1. 3. Pers. noch durchweg ohne Angleichung an den Plur.: schreib (70, 20), streit (112, 17), reiss (111, 14), gleiss (111, 16) [L. hat nach Dz. gliess], nhd. gewöhnl. schwach, schein (108, 15), leih (102, 26), steig, schweig (100, 25), greiff (98, 24), scheid, schneid, leid (96, 23 ff.), schrey (94, 3).

II. Ablautsreihe die 2. und 3. Pers. Sing. Ind. Praes. ebenfalls noch ohne Angleichung an den Plural, aber natürlich mit Diphthongierung des mhd. *iu*: verdreust (155, 25), scheubest, scheubet (94, 32), seudst (97, 9), treuffst (98, 21), leugest (69, 29), zeuchst (69, 26; 102, 21), fleuchst (102, 23), reuchst (103, 26), verleurest (109, 7), geussest (111, 28); so auch Imper. geuss (73, 15), beutest (112, 12). Ferner seugest (100, 22) und scheubest (95, 30; zu schauben vgl. Wortsch.).

III. Ablautsreihe: 1) die 2. Pers. Sg. und der Plur. Ind. Praet. sowie der Conj. Praet. der Verba mit Nasal + Consonant noch ohne Angleichung an die 1. 3. Pers. Sg. des Indicativs: fundest, funden, fünde (74, 16; 97, 26), sungest (71, 2), trunckest (104, 15). Bei den Verben mit doppeltem Nasal kommt ausser den genannten Formen noch in Betracht das Part. Praet., welches bei schwimmen und spinnen (107, 2; 108, 10) u zeigt [gespunnen gegen die Bib.], während für zerrinnen und gewinnen (108, 11) die üblicheren Formen zerronnen und *gewonnen aufgestellt werden.

2) Die 2. Pers. Sg. und der Plur. Ind. Praet. der Verba mit *r* + Consonant mit u neben o: sturbest und storbest sturben und storben (96, 2), wurdest und wordest, wurden und worden, ausserdem ward (84, 31; 94, 21; 98, 6), wurffst und worfest (99, 6). Aber verbarg usf. mit a durch Sg. und Plur. [was für L. von Fr. § 240 als selten bezeichnet wird] (102, 2; das Simplex geht schwach).

---

[1] Ich folge der üblichen Anordnung der Klassen; vgl. Paul, Mhd. Gram.[3] § 158 ff.

3) Von der 1. und 2. Pers. Sg. Ind. Praet. der Verba mit *l* + Consonant, wo sich nhd. die doppelte Ausgleichung entweder zu durchgehendem a oder o vollzogen hat, die erste Gruppe betreffend die 1. Pers. zwar schalt, halff, aber die 2. Pers. scholtest, hulffest (112, 32; 99, 4), und die zweite Gruppe betreffend zwar schmoltzest, schwollest, aber schmaltz, schwall (113, 15; 105, 23). Wie schwellen auch bellen und quellen (105, 24). Der Grund für die Durchführung des o im Nhd. dürfte der in diesen Verben dem Stammvocal voraufgehende Bilabial sein; vgl. quoll, molk neben galt, schalt, befahl.

Zu verwirren setzt Cl. verworren 'in Praeterito' (109, 28) in Verbindung; wahrscheinlich ist aber damit nur das Verbaladjektiv gemeint.

IV. Ablautsreihe, wo ebenfalls jene Ausgleichung nach a oder o hin im Nhd. stattgefunden hat, zwar stal, barst, aber stolest, borstest (105, 19; 113, 8), zwar flochtest, fochtest, aber flacht, facht (113, 7). Letztere beiden Verben werden allerdings md. nach III flektiert.

Mhd. *swërn* setzt Cl. 109, 3 = mhd. *swern* schwören, also nach der VI. Klasse. — Nur im Part. flectiert bei Cl. stark das Verbum rechen : gerochen (103, 9).

Zur V. Ablautsreihe ist keine Abweichung vom Nhd. in der Conjugation anzuführen In die Reihe gehört aber das Verbaladj. wolgewegen (141, 18).

Zur VI. Ablautsreihe ist anzumerken male, mul, gemalen = molo (105, 20), hebe, *hub, gehaben (95, 27), geren, gur, gegoren (nach schweren 109, 4); stund zu stehen (102, 19).

VII. Von den hier in Betracht kommenden ehemals reduplicierenden Verben sind die vom Nhd. abweichenden Formen p. XI o. angeführt.

Zum Verbum substantivum ist anzumerken: wir, sie sein (Indic.), ich, er was, bis (Imper.), alle drei nur neben den übrigen Formen sind, war, sey (114, 7. 11. 25; 74, 5). Dazu das Part. Praes. wesend (116, 24), während das luth. Pt. Praet. gewest immer durch gewesen ersetzt ist. L. hat die abweichenden Formen nur bis 1530 (Fr. § 243).

Die schwachen Verba. 1) Nicht mehr übliche Formen mit Rückumlaut haben p. XIX Erwähnung gefunden. Neben den jetzt üblichen Formen mit a führt Cl. auch mit e an: erkennet (107, 31), nennete, rennete, trennete; dgl. die Partic. (108, 5 ff.).

2) Gegen den Gebrauch der Bib. flektiert Cl. schon schwach schaben (95, 9).

3) Mit L. gegen die Schriftsprache sind nur schwach: *dingen (101, 8), *vergleichen (103, 16), *preisen, weisen (110, 18).

4) Gegen die Schriftsprache und gegen L. sind schwach bergen (101, 20), binden (98, 3); geschunden (97, 31) gilt als vulgär.

Die Praeteritopraesentia und wollen. 1) taugen hat noch die alten Formen in taug, tügen (Plur. und Infin.), tochte [L. tuchte], daneben die neugebildeten taugest, getocht (100, 27 ff.). 2) mögen: mag, mügen, mochte (Conjunktiv möchst [75, 6]) neben magst, mögen, gemocht (70, 5; 100, 27 ff.). Dazu vermügen und vermögen (100, 31). — 3) Mhd. *tar*: thar, tharst, thüren neben thurste, thurstest, gethurst (109, 9 ff.). — 4) können: kan, kanst, kundte und kondte neben können, gekundt und gekondt (108, 16 ff.). — 5) sollen und wollen: du solt, wilt gelten als regulär, solst, wilst als Nebenformen (73, 32 u. ö. 106, 3). Part. Praet. gesolt, gewolt neben solt, wolt (106, 5 ff). Im übrigen vgl. die Bemerkungen über Umlaut und Orthographie.

II. WORTSCHATZ.

Es werden hier alle in der Schriftsprache ausgestorbenen oder wegen ihrer Bildung interessanten Wörter in alphabetischer Reihenfolge zusammengestellt. Belege gebe ich zunächst aus Philipp Dietz' Lutherwörterbuch (= Dz.), Leipzig 1870/72; wo dieses im Stiche lässt (= Dzf.), resp. von da an, wo es aufhört (mit 'Hals'), tritt das Grimm'sche Wb. (= DWb.) ein; wo auch dieses versagt, ist Sanders (= S.), Weigand (= Wg.), Campe (= C.) oder sonstige ältere Wb. zugezogen. Durchgehende Sicherheit bez. der Frage, ob die betr. Wörter bei Luther vorkommen oder nicht, soll damit natürlich nicht beansprucht werden: die Belege sollen nur ungefähr orientieren.

Abbrümen (107, 12)	Dzf. — Ostthür. vom weibl. Schwein gesagt, nachdem es besprungen worden; jägerisch: rauschen.
Altarman (56, 22)	= aedituus, diaconus. DWb. — Stieler: Altarist.
anlenden (97, 21)	richtige, alte intr. Form. DWb. — Frisch: appellare navem.
Befleissen (111, 16) stv.	Dz.: Bib. u. 1545 sonst.
begnaden (96, 15)	Dz.: bis 1539 u. Briefe.
behen (102, 29) mhd *bœn*	= fovere. Dzf. — Stieler.
beiten (112, 7)	Dz.: bis 1537.
bekleiben (94, 26) radices agere	Dz.: bis 1542.
bencken (104, 32) = mhd.	Dzf. — DWb.: das Erdreich in erhöhte Bänke legen.
berüchtigen (99, 29)	Dz.: Bib.
beuchen (103, 15), mhd. *biuchen*	DWb. bauchen = lixivia macerare, in Lauge waschen; oder: implere ventrem? (Hans Sachs).

Biesem (35, 30)	Dz.: Bisam 1545.
blecken (104, 26), swv. = mhd.	Dz.: Bib. = sichtbar werden, zeigen.
bossen (110, 20) = mhd. *bôzen*	= stossen, kegeln. DWb.: nhd. ziemlich selten.
bremen (107, 8)	Dzf. — DWb. = fimbriis ornare; ebenso Henisch. — Frisch: ausbrämen Rostock. Kleiderordnung 1585.
brewen (93, 29) neben brawen	Oder = mhd. *bröuwen*?
bruntzen (113, 28) = mhd.	= mingere. — Dz. nur pr... DWb. Sachs mit br...
bünen (107, 22) zu mhd. *bün(e)*	Dzf. DWb = camerare, Boden legen. Fischart.
butzen (113, 25) = mhd. swv. = stossen	Dzf. — Oder = nhd. putzen?
Damasck (55, 12)	Dz. nur adj. damascken. — DWb.: früh. Bel. aus e. Meistergesang des 16. Jhs.
dewen (93, 28)	Dz.: bis 1534.
Dreyling (33, 10)	e. Weinmaass. — Dz.: Bib
dücken (104, 29)	Dz. nur ducken oder tücken, bis 1525. DWb.: Sachs.
Eichen (verb.) (103, 15)	Dzf. — DWb. = probare, mensurare: Matthesius.
einleiben (94, 24)	Dz.: Bib.
Eisop (55, 4), mhd. *ispe*	Dzf. — DWb. zuerst 1600 bei Joh. Schwenkfeld, = hyssopus vulgaris (Schlesisch?).
entgentzen (113, 28)	Dz.: 1523.
enturlauben (95, 13)	Dz.: nur Tischr.
erarnen (107, 27) = mhd.	Dz.: bis 1538 u. Tischr., poenas luere, mereri.
ereugen (100, 20). mhd. *eröugen* = zeigen.	Dz.: Bib.

erlengen (101, 21)	Dz.: Bib. verlängern.
Eruen (56, 16)	DWb.: früh. Bel. aus Tabernaemontanus 1588.
etzen (113, 22) = mordere u. cibum dare	Dz.: ersteres Wittenb. Ges.-Ausg., letzteres Bib.
Feil, m. (35, 2).	Dz.: Bib.
felgen (101, 19), mhd. *valgen*	Dzf. — DWb. früh. Bel. Voc. theut. 1482 = subarare. [ruhren (ostth.) dass. im Frühjahre.]
Feser, m. (56, 17)	Dz *Bib. = propago, Rebzweig.
filtzen (113, 27)	Dzf. — DWb. = lanam cogere. Matthes.
freien (93, 30) = frei lassen u. heiraten	Dz.: L. nur in letzt. Bedeutung.
Galgen (55, 7), e. Gewürz	Dzf. — DWb. gew Form galgant, galgan; doch in gekürzter Form schon im 15. Jh.
gaten (112, 5) mhd. swv.	= zusammenkommen. DWb. nhd. nur aus dem ndd. belegt.
gatten (112, 27)	Dzf. DWb.: Seb. Frank u. a.
gebaren (109, 14) swv.	= handeln. — Dz.: L. bis 1545.
Gebew (41, 17)	Dz.: Bib.
gefehren (109, 15) mhd. *væren*	Dz.: L. nur gefaren = täuschen. — DWb.: Aventin. Alberus.
Geleich (34, 3) = seminarium piscium	Dzf. — DWb.: Alberus
Gelimpff, m. (32, 30)	Dz.: bis 1541 (HW).
gengeln (106, 19)	Dz.: Bib.
genieten (112, 7)	Dz. nur genietig. — DWb.: Matthes. — Oder = löten? gen. allerdings in dieser Bed. nicht belegt.
geringern (110, 10)	Dz.: Bib.
Geschling vel Geheng (33, 18)	Dzf. — DWb.: erster Bel. aus Golius 1582.

getten (112, 28)	Dz. nur geten = jäten. — Dasypodius. Henisch
gifft, f. und n. (26, 4).	Dz.: L. nur fem., auch = venenum
glasuren (109, 18)	Dz.: *Bib.
glůmen (107, 11)	Dz.: Bib. = glimmen (meist mit mm). — Oder zu glum (Bib.) = schlammig? So Frisch = trüb machen (Diethen. Contin. Besoldi). — Alb. ich glum.
graupen (108, 22)	= hageln. — Dz.: L. nur Eisl. Ausg. I, 368 a.
Grind (31, 5)	Dz.: Bib.
Handzwel, f. = mantile (35, 11)	DWb.: L., Sachs.
Harres (55, 13), mhd. *arraz*	DWb. nur Harras: Lpz. Stadtordn. 1544; Alb.
hoffieren (109, 16)	DWb.: L, aber nur mit einfachem *f*.
hulden (98, 2)	DWb.: L. = Treue geloben.
Jauater (28, 8)	Agricola, Sprichw. (?)
Kallen (105, 14) = mhd., schwatzen	DWb.: Sachs. — Alberus.
Kalmus (55, 7)	DWb.: L. neben Kalmes.
Kandel, f. = cantharus (35, 6)	DWb.: L. (Bib. neben Kanne).
Kappern (56, 17)	DWb. meist kap(p)ren. Früh. Bel. bei Pantaleon 1578.
Karpe (37, 9)	DWb. auch hd. Belege.
Karteck (55, 13)	DWb.: Lpz. Stadtordn. 1544.
kaulen (105, 13)	DWb. = rollen, wälzen. Früh. Bel. aus Schweinichen. Auch thür.
kauten (112, 6) = md. *kûten* = tauschen.	DWb. bes. thüring. — Bel. alle später. — Frisch: Reiher, Thuringia sacra.

kelcken (104, 30) = mhd.: zu *kalc*	DWb. nur spätere Bel.
kirren (109, 27)	DWb.: L. = stridere, crepare. In der Bed. mansuefacere erst später.
klauben (95, 13)	DWb.: Sachs. L. mit aus-.
kleiben = limo obstruere (94, 24)	DWb.: Alber. u. s.
klicken (104, 27)	DWb.: L. klecken = klecksen.
Kober, m. = fiscella (37, 17)	DWb.: Matthes.
Kraus, m. = carchesium (38, 21), mhd. *krûse*	DWb.: L. Tischr. u. s.
krimmen (107, 13)	DWb.: Alb. und Matthes.
kröchzen (113, 30)	Bib.
kröpffen (99, 20)	DWb.: Waldis u. a.
Kür = delectus (38, 7)	DWb.: L.
kürren = cicurare (109, 27)	DWb.: Pauli, Matthes.
Losament (41, 7)	DWb.: Im 16. Jh. übernommen; aus *logement*. — Alberus.
lossen (110, 20)	wol nicht = mhd. *lôzen*, sondern = ndd. lossen = Waaren löschen. Wilmanns Gram. § 104.
Macheier (55, 13)	fehlt DWb. Frisch: ein Wollstoff (Rost. Kl.-Ordn.).
Magister, n. (28, 2)	fehlt DWb. — ? = magisterium bismuthi (weisse Schminke und Arzneimittel).
Maioran (55, 4)	DWb.: In dieser Form schon 1470; dann 1580.
mandeln (106, 16)	DWb. sowohl vom Getreide zus. setzen als von der Wäschrolle bel. 1500, resp. 1508.
mutzen (113, 25) = mhd. swv. = schmücken.	DWb.: L. = hervorstreichen, hervorheben.
Pausen (110, 18)	DWb.: L. = blasen, pusten.

Pfeben, plur. (56, 17)	Bib. eine Art Kürbis (Fr. § 137). — Alberus.
pöſen (110, 17)	f. DWb. mhd. *boesen*? oder = md. *bosen* = schwären (Diefenbach)?
Pracht, masc. (39, 27)	DWb.: L.
Querlen (105, 17)	DWb. nur späte Bel. — Frisch: querreln.
Raſpen (108, 23) = mhd. swv. = raffen	DWb.: Sachs u. a.
reigen (100, 20) = mhd. = tanzen	DWb.: Sachs.
remen (107, 8)	= mhd. *râmen* oder = *raemen* = zielen, trachten? So Matthes. (DWb). Oder = ndd. remen = rudern?
Riet, n. = pascuum (40, 29)	Maaler mit d; Schottel d u. t; Stieler t (DWb.).
runcken (105, 1) = mhd. swv. = runzeln	f. DWb Hier nur = ndd. runken = ein Pferd verschneiden oder = schnarchen.
Sacken, verb. (104, 25)	DWb Waldis, Sachs.
Schalck = nequam (34, 17)	DWb. Alber., Waldis.
Schaff, n. = vas (32, 33)	DWb Sachs, Waldis.
ſchalen (105, 10)	DWb. = cortice tegere, zuerst aus Stieler.
Schamlet (55, 12)	f. DWb. Stieler: = vestis camelina. Bel. bei Frisch von 1582 an.
ſchauben = volvere, trudere (95, 29)	S.: Bib.
Scheitel, fem. (35, 10)	S.: Luther.
ſcherben = concidere olus (96, 9)	Alb.: ich ſcharb. Schottel: ſcharben, ſchärben, ſcherfen.

schläffen = remissum esse (99, 14)	S.: erster Bel. aus Logau. Stieler neben schlappen, die übr. nur letzteres.
schleissen (111, 16)	S. = abnutzen, aus Zwingli
schleuffen (99, 16)	= mhd. *sloufen* = kriechen machen, oder = *sliefen*? Frisch: schleuffen (Bib.).
schlipffen (99, 19)	Factit. zu mhd. *sliefen*? oder = schlüpfen? Frisch aus Altenstaig. Vocab. = labi.
Schlung = faux (33, 11)	S.: Luth.
schmitzen (113, 24) = mhd. *smitzen*, e. Streich geben.	S.: L. u. Sachs in der Bed. beflecken.
Schober (33, 17)	S. nur spät. Bel. — Frisch.
schoren (109, 17) = mhd. swv. = mit der Schaufel arbeiten.	Schottel: colligere frumentum.
schroffen (99, 18)	C. aus Sachs: 'auf einen schroffenden Felsen'.
schroten (112, 6)	Wg.: md. ndd. *schrôdin*. Luth. (Compos.) u. Alb.
schüpffen (99, 19) = mhd	Wg. zuerst 1618, = durch Stoss bewegen.
schwarmen (107, 14) neb. schwermen	Form ohne Uml. fehlt S., Wg. u. s.
Schwulst = tumor, f. (40, 18)	S.: Bib.
seichen (103, 16) = mhd.	S.: L. = mingere.
seimen (107, 10)	Zu *seim* = Honigseim. Steinbach: ich seime mel purgo.
Setin (55, 13)	DWb. (Leipz. Stadtordn 1544) u. S. nur a.
spissen (110, 20)	Wol = mhd. *spizzen* an den Bratspiess stecken (Steinbach: hasta transfigere). — S.: von den balzenden Haselhühnern; sehr späte Bel.

ſpůnden (97, 33)	C. aus der Bib. = täfeln. Vom Fass bei S. u. C. erst spät bel.
ſtallen (105, 14)	Schottel: recondere in stabulum u. 'de equis mingentibus'. C. intr. = stehen, aber nur späte Bel.
ſtauchen (103, 15)	C. aus Sachs = zu Boden fallen.
ſteben = palare u. baculo niti (95, 11)	S. f. C nur ſtäbeln. Ebenso Frisch aus Colerus, Hausbuch.
Steig = semita (33, 4)	S.: Bib.
Sterʒ = stiva (42, 16)	S.: in dieser Bed. nur späte Bel. Frisch.
ſteupen (16, 1)	'md. wort, durch L. gemeindeutsch geworden' (Fr. § 136).
Stifft, m. = dioecesis vel festuca (39, 19)	S.: L. ntr. Matthes. 'ohne erkennbares Geschl.'
ſtrelen (105, 11)	S. nur späte Bel — Henisch = bürsten, pectere, secernere.
ſtreuffen (99, 16)	Zu mhd. *stroufen* oder *striefen*? — S. fehlt.
ſülʒen (113, 27)	S. fehlt; C. (ohne Uml.) in Salzlauge legen.
(Oſt=, Weſt=) ſude (26, 26)	S. nur späte Bel. — Alb. u s. Sud.
teuten (112, 6) neben d..	DWb. deuten, düten = cornu inflare (Volksl.) — Doch viell. = deuten; vgl. tichten!
Tópffen = olla (36, 29)	Alberus.
Trappe (37, 9)	Ist gemeint der Vogel oder = Fussspur, oder aber = Trapp (Rapp): Traubenkamm? (Wg.)
trecken (104, 20) = mhd. swv. = ziehen.	Nach Weinhold (Wg.) schles. — Schottel, Steinbach: dieser auch Trecke = Ziehseil.
treuffen (99, 15)	Bib. = schelten: Fr. § 138. Doch vgl. das danebensteh. betr.., was auf mhd. *tröufen* = triefen lassen, zurückgeht.

treugen (100, 20)	Stieler: arefacere. L. nach Fr. § 137 nur das Adj. treuge.
tücken (104,29)	vgl. d..
Trebern (56, 17)	Bib.
tuncken (105, 1)	S.: Bib.

Verdrieß, m. (38, 19)	DWb.: 'gern von L. gebraucht'.
verlamen, intr. (107,7)	Frisch: erlamen.
verlemen. trans. (107, 8)	Frisch: die Pferde verlemen.
verthümen (107, 12)	S.: bei Waldis = verurteilen.
vetern, müttern (110, 8)	S.: L. = dem Vater, der Mutter nacharten.
Vierling (33, 10)	Frisch.

Wannen (107,26) = mhd. swv. = schwingen.	S.: früh. Bel. aus Wickram. — Schottel: ventilare.
weiffen (99, 16)	S.: schwingen, haspeln, nur späte Bel. — Steinbach. — Schottel nur subst. Weiffe.
wellen (105, 15)	Stieler: undare, fervescere. S.: bei Matthes. Adj. = wellig.
widern (110, 7)	Schottel und spätere = contradicere.
witzen (113, 14)	= belehren. Schottel und spätere nur witzigen.
waser, -ley (60, 19; 61, 23)	Bib. (Fr.).
weschhafftig	Bib ohne Uml. (Fr.).

Zannen (107,27) = mhd. swv. = knurren, heulen	S.: Sachs.
Zinober (55, 8)	L. mit C (Fr.).
Zindel (55, 13)	Alb. Zundel = fomes. Stieler: Zündel, Zindel.
Zitwer (55,6) = zedoaria	S.: früh. Bel. aus Rollenhagen.

Zober, m. = orca (37, 17)	Wg Nebenform zu Zuber. Früh. Bel. mit o: 1469.
zöpffen (99, 20)	S.: keine frühen Bel. mit Uml. Schottel: zopffen involvere capillos.
zwacken (104, 26)	S.: Bib.
zwagen (99, 26)	S.: Sachs, = waschen.
Zwillich (55, 13)	Stieler: alias Loden.

ANHANG.

DIE ÄNDERUNGEN IN DEN SPÄTEREN AUSGABEN.

Einige unwesentliche sachliche Änderungen können hier übergangen werden: eine durchgreifende Redaktion ist in den Ausgaben B bis L nirgends zu bemerken. Wohl aber eine Zunahme an Flüchtigkeit; besonders die spätesten Ausgaben zeigen eine nicht unbeträchtliche Anzahl von Lücken, die nur zum kleinsten Teile sich dadurch erklären lassen, dass dem Veranstalter der Ausgabe, der wol mit dem Drucker identisch ist, gewisse Worte und Formen unverständlich geworden waren. Jede neue Ausgabe hielt sich im Allgemeinen an die vorhergehende; nur für F lässt sich ein direktes Zurückgreifen auf D nachweisen, wie ein Blick in den Variantenapparat leicht lehren wird. EG zeigen auch einige Verwandtschaft, doch lässt sich nicht behaupten, dass der Drucker von G nicht auch F zur Hand gehabt habe.

Eine ausführliche systematische Darstellung der orthographischen und lautlichen Fortentwicklung der Ausgaben B[1]

[1] Es sei hier gestattet, die Gründe dafür anzuführen, dass dem Neudrucke der Gram. die 1. und nicht die von Cl. selbst corrigierte 2. oder 3. Ausg. zu Grunde gelegt wurde: 1. Es zeigt sich, dass A mit viel grösserer Sorgfalt hergestellt

bis L zu geben, ist nicht erforderlich; es muss deswegen auf das Lesartenverzeichnis unter dem Texte des Neudruckes hingewiesen werden. Hier sollen nur in grossen Zügen die Richtungen angedeutet werden, in denen sich die neuen Auflagen fortentwickelten:

1. Dehnungs-h Bedeutende Zunahme beginnt mit D, dem sich meist F ff. anschliessen:[1] Jahr, vermahnen, nehren, nehmen, sehr, gelehrt, Theil, Röthe, Strahl, Zahl, Zahn, Hahn, Gebühr, Wirth, Noth, Demuth, Fahrt, Sohn, Kohl u. a. m. F zeigt oft andere Stellung des h; bisweilen auch D. Vereinzelt stehen DF allein gegen andere Ausg. Zum Theil beginnt das Dehnungs-h erst bei G einzutreten: Sohn, jhre, Gereth. Bei H: Panther Leuthe. Bei K: Räthe, Buhler, Frühling. Bei L: gestohlen, wohl, Bohnen. — Weglassung von in A stehendem h kommt seltener vor; zumeist wird das Pron. der 3. Pers. in den Formen jm, jr, jn betroffen, gewöhnlich nur in BCE. Wirt, Wal, Bemisch schreiben nur frühere, Rein mittlere, Nur, Gemût auch spätere Ausg.

2. ie nimmt von C ab zu in Riese, Striegel, Zien, von DF ab in nieder, Schmied, Hiersen, Fieber. E hat Friederich, Grieff

---

wurde als B. Während jener Druck gegen 13 Druckfehler enthält (einige davon sind jedoch noch zweifelhaft, sodass ich sie im Texte belassen habe; sonst ist die La. von B eingesetzt und die von A in die Varianten verwiesen; einige weitere unwesentliche Druckfehler von A siehe am Ende dieser Einleitung), enthält dieser mehr als das Doppelte. Auch diese sind alle in den Varianten angegeben mit Rücksicht darauf, dass die Ausg. wie auch C von dem Verf. selbst veranlasst wurde; ob Cl. freilich den Druck von C noch hat überwachen können, bleibt zu bezweifeln, da er schon im April 1592 starb. Unwesentliche Varianten, wie Druckfehler der späteren Ausg. habe ich nur dann aufgeführt, wenn sie durch mindestens 2 Ausg. gedeckt waren. – 2. A schliesst sich mehr an Luther an als B. 3. Die Ausg. A verdient auch des Alters wegen den Vorzug.

[1] Ich führe immer nur einige Bsp. an. Sehr oft zeigt sich innerhalb ein und derselben Ausgabe ein bedeutendes Schwanken, selbst bei den gleichen Wörtern; man ersieht daraus, dass hier die Umgestaltung der Orthographie gleichsam noch im Fliessen begriffen ist.

(mit F). — ie schwindet in den Lehnwörtern auf -iren, teils schon von C ab. KL schreibt Licht.

3. aa, ee wird kaum häufiger: Haabe, Haar DF ff.; Weege L.

4. Md. Umlaut wird erst in L viel seltener: Kauffen, Gram, Haupt. Zauberey von DF ab; wunderlich I ff. Vermehrt wird der Uml. von C an in Krümme, Heubtman, hört aber bei H auf; Fläche erst KL.

5. Nicht diphthongiertes ī in -lin schwindet von I ab.

6. á statt e beginnt erst bei D, wird in F häufiger und ist in IK, besonders L entsprechend dem nhd. Gebrauch durchgeführt: Jáger, Mánner, Gefángnis, Begrábnis, Háuser, Lánder; Stádte, Gráber, Háuser; gnádig; Lánge, allmáchtig; Kálber; Universitát, Gesánge; -wárts, Báurin, Schwábin, lángste. — Für á in A ist BCE e eingesetzt.

7. ö statt e beginnt vereinzelt in B; regelmässiger von DF ab: Lówe, Bóhmisch; zwólffe KL.

8. ay in May, Mayn schon mit B resp. C, in Kayser erst seit H.

9. y statt i in ey schon seit BC in Keyser, Breyes, Bleyes; Eyd, Schleyer, Macheyer, Weyrauch; seit F in Eyds, Eysop, Weynachten; H in Eysen; K in Beyl.

10. u statt w seit I und durchweg in L: Schauen, Frau, Bauer, Donau, Heu; freuen, Tau, Frau, Heu, Treue. CE haben dagegen w auch in Bawm, Trawm.

11. Anlautendes u statt v steht von I ab gewöhnlich in Hauptwörtern; H meist nur u, aber V.

12. Synkopiertes e in A wird von C oder D ab wiederhergestellt in Fewer, Cantzeley, ergeste, Augustmonat; später gelehrteste, ergeste. Dagegen geht in den Ausg. DF ff. die Neigung vielfach auf Apokopierung: Fraw, Hertz, Fürst, Katz, Herr, Treu; Reiff, Lew; ein (femin.). Angefügt wird e in: Viehe (bis G); Netze, habe DF—L.

13. ß für ſs beginnt in C und ist in E entschieden durchgeführt; statt ſſ tritt es in Süßigkeit, Meßing, fleißig erst KL auf. — Für s steht es schon vielfach von C an: Hauß, Preiß, Graß, Loß, Muß, Tauß, Reiß, Grieß, Finsterniß; öfter und bis zuletzt noch da, wo auch nhd. ß steht. Wo frühere Ausgaben,

besonders C bis F, ß statt nhd. s haben, wird es von G ab wieder getilgt: Halß, Ganß, deß.

14. Doppelconsonanz tritt ein schon von C ab meist im Auslaut: Mann, soll, voll, fromm; auch Himmel, Schimmel, jrrdisch; mehr noch im Inlaut von DF an; D hat Fedder; vnnd nur CD; L Vatter. Vereinfachung zeigt sich besonders in f statt ff, aber erst seit F oder gar L: auf, Graf: Herte seit F; zu sch vgl. die Varianten p. 103, 30.

15. Statt d steht t (oder dt) in den späteren Ausg. in Tonau, Multe, Wittnis und Stadt, was aber auch schon B ff. schreiben. — d statt dt in tod und Gold seit BE, resp. BF.

16. Silbenanlautendes tz nur in D: Leiptzig, Crutzifix.

17. mb ist ganz geschwunden in L; gegen frühere Ausg. gehäuft von DF—K.

18. Majuskel in Substantiven wird seit F, besonders aber GH durchgeführt; Minuskel in den übrigen Wortkategorieen besonders in L; einigemal gegen die Regel in K: Stroh, Stecken.

19. In den Ablautsreihen zeigen sich fast gar keine Änderungen; neben einigen nhd. Formen findet sich selbst in L noch die 1. 3. Sg. Praet. der 1. Classe mit ei. In der 3. Classe sind von G, resp. K an geschwommen, gesponnen für die Formen mit u eingetreten; zur 5. Classe: wolgewogen F ff.

B. HISTORISCHER TEIL.

I. DER BAU DER GRAMMATIK MIT BESONDERER BERÜCKSICHTIGUNG DER GLEICHZEITIGEN LATEINISCHEN.

Über die Methode, die Cl. bei Abfassung der Grammatik befolgte, giebt er selbst (Praef. p. 4, Mitte) kurz Auskunft. Er nahm sich die Anordnung der lateinischen Grammatiker seiner Zeit, die auch hier noch in dem äusseren Schema auf dem Donat beruht, zum Muster[1]; jedoch nur 'insoweit es eben anging'. Zugleich erklärt er, er habe sich nicht darum gekümmert, was andere vor ihm über den gleichen Gegenstand geschrieben hätten. Inwieweit dies zutrifft, werden wir später bei dem Vergleiche mit den Arbeiten seiner Vorgänger festzustellen haben. Sein Verhältnis zur lateinischen Grammatik aber hat er mit obigen Worten deutlich gemacht. Die Vergleichung, die ich mit einer Reihe der angeseheneren lat. Grammatiken des 16. Jhs.[2] unter gleichzeitiger Heranziehung

---

[1] Über die lat. Gram. des Ma. und der Folgezeit vgl. Eckstein, Lat. Unterricht in Schmid's Encyclop. des Erziehungs-, und Unterrichtswesens XI, 512 ff. und Müller, Quellenschriften und Geschichte des deutschsprachlichen Unterrichts [in Kehr's Gesch. der Pädagogik III.] 1882 p. 217 ff.

[2] Ich benutzte: 1ª. Quadrivium Grammatices Joa. Coclaei etc. Norimbergae 1511. — 1ᵇ. Jo Coclei Grammatices Rudimenta. Argent. 1519. — 2. Joh. Aventini Rudimenta grammatices 1517 (Ausg. von Halm in Turmayrs S. W. IV.). — 3. Institutiones Grammaticae Latino-germanicae etc. Marco Crodelio autore. Basil. 1541. — 4. Joan. Rivii Grammaticae libri VIII.

des Donat (minor und maior; Keil, Gram. lat. IV.) anstellte, ergab das Resultat, dass Cl. das, was er für seine Zwecke brauchen konnte, aus der latein. Gram. entnahm. Die durchgängige direkte Benutzung einer bestimmten Grammatik lässt sich nicht nachweisen; Melanchthons Gram. lat.[1] wird er sicher in Händen gehabt haben. Bei der folgenden Betrachtung des Darstellungsganges bei Cl. weise ich jedesmal auf das — unter den mir bekannt gewordenen — älteste Prototyp der einzelnen Schematisierungen hin. (Es kann natürlich nicht die Aufgabe einer germanistischen Untersuchung sein, auf die letzte Quelle der einzelnen termini zurückzugehen, noch auch vollständige Vergleichungen mit den einschlägigen Partieen der lat. Grammatiken anzustellen).

Clajus beginnt sein Buch mit einer Definition der Grammatik; es steht dieser (10, 4 ff.) am nächsten die Melanchthons: 'Grammatica est certa loquendi et scribendi ratio'. Die Einteilung in die vier Hauptteile der Orthographia, Prosodia, Etymologia und Syntaxis ist ziemlich alt; die gleichen Termini und zwar in gleicher Reihenfolge fand ich zuerst bei Crodelius[2]. Die Definitionen der Teile, wie sie Cl. giebt, ergaben sich aus der Sache; am besten vorgebildet erscheinen sie bei Crodelius und Melanchthon; im zweiten Teile zeigt sich bei Cl. ein Fortschritt in der sachlichen Verbindung von Accentlehre und Verslehre; er folgt aber auch hierin dem Usus, indem er letztere abzweigt und an den Schluss des Buches stellt. — Wir betrachten nun die Gliederung der 4 Teile.

Lugd. 1555. — 5. Grammatica Philippi Melanchthonis Latina, iam denuo recognita et plerisque in locis locupletata. Aug. Vind. 1557. — 6. Georgii Fabricii Partitionum Grammaticarum quae tabulis delineatae sunt, libri III. Basil. 1560. — 7. Contextus universae grammaticae Despauterianae etc. per J. Pellissonem. Lugd. 1560. — 8. Rudimenta prima lat. Grammaticae Sigism. Lupulo collectore. Argent. 1565.

[1] Die von mir eingesehene Ausg. deckt sich am besten mit der Zeit, wo Cl. (praef. 4 Mitte) seine Arbeit begann.

[2] d. h. in Anwendung als Überschriften; sonst erwähnt schon Aventin anhangsweise (p. 512 H.) in der 'divisio grammatices ex Fabio, Diomede' die 4 partes: litera — orthographia; syllaba — prosodia; dictio, analogia — etymologia; oratio — syntaxis.

I. Die Orthographie giebt — ihrem Namen entsprechend — fast nur Schreibregeln; einige Anläufe zu lautlicher Beobachtung sind oben mit angezogen worden. Die 24 Buchstaben (vgl. u. p. LX Mitte) werden in 6 Vocale (a e i o u y) und 18 Consonanten geteilt; es folgt die Bildung der Diphthonge (au eu ei ai ie á é ú) aus den Vocalen; darauf einzelne Anweisungen über den Gebrauch der Buchstaben, wobei die Consonanten nur spärlich bedacht werden. In dem sich anschliessenden Abschnitte 'de cognatione literarum' wird bei den Vocalen und Diphthongen Ablaut und Umlaut berührt ('permutantur certo modo') und bei den Consonanten eine, jedoch unvollständige, Gruppierung versucht. — Im Allgemeinen sah sich Cl. in diesem wie zum guten Teile auch im folgenden Cap. infolge vieler Besonderheiten des Deutschen genötigt, von dem lat. Schema abzuweichen.

II. Die Betonung der Wörter und die Regeln des Versbaues sind Gegenstand der Prosodie. Wie bemerkt, wird die 'compositio carminis' hier abgetrennt und an den Schluss des Buches verwiesen, indem sich dabei Cl. von der richtigen Empfindung leiten lässt, dass erst eine Einsicht in Flexionslehre und Syntax für den der Sprache Unkundigen nötig ist (p. 19, 12). Hier wird nur Wort- und Satzaccent besprochen; was hiervon bemerkenswert erscheint, ist unten bei dem Vergleiche mit Oelinger und Albertus herangezogen.

III. Fast vollständig schliesst sich dem Schema der latein.-griech. Grammatik die Etymologie an. Es handelt sich hier um die 'propriae significationes et differentiae vocum', die einzelnen Bedeutungsgruppen der Wörter, die in der alten Grammatik partes orationis (in der verkehrten Übersetzung der *μέρη λόγου*) genannt werden. Nach der Weise der griechischen Grammatik (p. 19, 22) stellt Cl. für das Deutsche folgende 8 Teile auf: Artikel, Nomen, Pronomen, Verbum, Participium — flexionsfähige (declinabiles) Adverbium, Conjunktion, Praeposition (indeclinabiles)[1].

---

[1] Es wird hier die Interjektion, welche in der lat. Gram. den 8. Redeteil bildete, mit dem Adverbium zu einer Gruppe verschmolzen, der Artikel dagegen als besonderer Teil auf-

1. Der Artikel. Da diesem in dem Schema der partes orationis keine eigene Stelle angewiesen werden konnte, so sehen wir hier auch Cl. auf die Verteilung seiner Eigenschaften unter die üblichen 'accidentia' verzichten. Er bespricht nur die Funktion des bestimmten und des unbestimmten Artikels und schliesst dem Paradigma einige Bemerkungen über einzelne Casusformen an.

2. Die Nomina zerfallen in N. propria und appellativa; letztere wieder in Substantiva und Adjectiva. Die Adjectiva unterscheiden sich dadurch, dass jedes ein dreifaches Geschlecht haben kann. Hierauf werden die Nomina nach folgenden 8 Accidentien besprochen: motio, comparatio, genus, numerus, figura, casus, declinatio, species. 2—6 sind schon bei Donat vorhanden; als 1. Accidens findet sich bei Donat, dem Aventin und Crodelius folgen, die qualitas, worunter die bei Cl. oben angeführte Trennung in Nomina propria und appellativa begriffen wird; 3-6 finden sich auch bei Rivius, der als 1. unter 5 Accidentien die Species anführt, und 2—7 entsprechen den 6 Accidentien bei Melanchthon. — a) Unter motio versteht Cl. die Bildung verschiedener Geschlechter von einem Stamme; in Betracht kommen in erster Linie die Adjektiva: diese werden gesondert nach Adj. dreier (in attributiver Stellung nach dem unbestimmten Artikel oder Possessivpronomen) und einer Endung (attributiv nach bestimmtem Artikel und prädicativ). Bei den Substantiven kommt die motio in Anwendung nur in der Bildung des Femininums vom Masculinstamme (auf -in). — b) Die comparatio trifft nur die Adjektiva; Teilung in 'regulär' und 'irregulär' gesteigerte Adj. — c) Es werden 7 genera aufgezählt: masc., fem., ntr., commune (nur Gevatter und Gemahl), omne (der Adjectiva), epicaenum (Tiernamen), dubium. Alle 7 sind schon im Donat vorgebildet: 1—6 im sog. Donatus minor, No 7 kommt im maior hinzu. Dieser Einteilung folgen die allgemeinen Genusregeln ('regulae generales'); auch hier war die Anordnung der lat. Gram. massgebend, natürlich nur insoweit sie

---

geführt; vgl. Donat. maior): 'Latini articulum non adnumerant, Graeci interiectionem' p. 392 K.

nicht durch verschiedenes Genus der einzelnen Kategorieen im Deutschen gegenüber dem Lateinischen durchbrochen wurde. Die Verwendung der Termini zeigt Mischung der bei Crodelius und Melanchthon vorhandenen Schemata. — Die nun folgenden 'regulae speciales' versuchen das aus den Nominativendungen hergenommene Princip zur Genusbestimmung, wie es die lat. Gram. zeigt, auch auf die deutsche zu übertragen; allerdings ist sich Cl. hier von vornherein der Schwierigkeit und Unzulänglichkeit dieser Übertragung bewusst (30, 8). Ein reiches Wortmaterial wird nach dem jeweils auslautenden Buchstaben gruppiert; wo es einigermassen angänglich, wird dem einen oder andern Laute die Fähigkeit, im allgemeinen ein bestimmtes Geschlecht zu charakterisieren, zugesprochen. Oft überwuchern natürlich die Ausnahmen; Cl. brauchte sich jedoch deshalb keine Skrupel zu machen: in Melanchthons Gram. fand er (ähnlich auch bei Aventin) ein genügendes Prototyp[1]. d—f) Numerus, figura (bezieht sich auf einfache und zusammengesetzte Wörter), casus stimmen vollständig zur lat. Gram. Beigegeben sind jedesmal Bemerkungen über die Bildungsweise dieser Accidentien. g) Auch sein Princip der Einteilung der declinationes sucht sich Cl. aus der lat. Gram. zu abstrahieren; fand er dort in der a-Declination vorwiegend Feminina, in der o-Declination Masculina und Neutra, so stellte er für das Deutsche die 3 Declinationen der Masculina, Feminina, Neutra auf, zu denen als vierte die der Adjektiva (in Verbindung mit dem Artikel, vgl. 52, 3) und derjenigen Substantiva, die sich oben nicht einreihen liessen (und das sind im wesentlichen schwache)[2], gesellt

[1] Die Bedeutung der Zusammenstellung bei Cl. für uns liegt, wie wir uns leicht überzeugen können, eben in den teilweise recht interessanten Wortmaterialien; am Schlusse der Zusammenstellung findet sich übrigens der Hinweis auf ein Wörterbuch, das er in 3 Jahren zu vollenden gedachte; leider ist nichts davon auf uns gekommen.

[2] Cl. wie überhaupt die ganze Gram. der Zeit ist sich selbstverständlich dieses modernen Kriteriums noch nicht bewusst; ich bemerke im übrigen gleich hier, dass ich die Termini 'stark' und 'schwach' der Kürze halber im folgenden gewöhnlich für die dieselbe Sache treffenden gewundenen Ausdrücke jener Grammatiker brauchen werde.

werden. Eine gewisse Einheit und Übersichtlichkeit wird trotz dieser wunderlichen Einteilung immer noch erreicht, insofern für die 1. Decl. die Genitivendung (e)s gefordert wird; bei den Femininen freilich vermochte er nicht die starken und schwachen ganz auseinanderzuhalten. Eine gewisse Ordnung erzielt er aber immerhin dadurch, dass er hier wie in den übrigen Decl. stets auf die Gruppen Acht giebt, die er wegen Verwantschaft des auslautenden Nominativs und wegen gleicher Pluralbildung zusammenstellt (Vgl. auch o. p. XXVIII f.). — Was sich endlich in den 4 declinationes nicht unterbringen liess, findet seinen Platz unter den 'heteroclita', wo 'defectiva numero' und gewisse Composita, deren zweites Glied im Plural einem andern Worte weicht, eingereiht werden. Schon im Donatus (maior) war auf die defectiva numero u. dgl. Acht gegeben worden; Aventin und besonders Crodelius und Melanchthon, die ihnen die gleiche Stelle im Zusammenhang wie Cl. zuweisen, sind zu vergleichen. - h) De speciebus[1] nominum betitelt sich der 8. Abschnitt innerhalb des Nomens; es handelt sich hier um die Scheidung in 'primitiva' und 'derivativa'; letztere, teils von Nominibus oder Verbis, teils von unflektierbaren Wörtern abgeleitet, haben entweder adjektivische oder substantivische Funktion. Die Anordnung innerhalb dieser Gruppen erfolgt nach Suffixen; es wird damit ein Beitrag zur Wortbildungslehre geliefert. In gleicher Weise sehen wir im Schema der Melanchthonischen Grammatik das ganze Kapitel eingereiht.

3. Der Abschnitt vom Pronomen zeigt einerseits den Anschluss an Melanchthon, andererseits aber auch, dass hier die Einordnung in das lat. Schema dem Verfasser missglückt ist. Cl. stellt 8 Accidentien auf: species, significatio, genus, numerus, figura, persona, casus, declinatio. Melanchthon hat Nr. 1—7, Aventin und Rivius nur 1, 3—7, die andern weichen

---

[1] Cl. wie auch seinen Vorgängern ist es öfter nicht gelungen, die verwanten Termini 'figura' und 'species', von denen ersterer streng genommen Compositionen selbständiger Elemente, letzterer die mit Suffixen oder Praefixen betrifft, auseinanderzuhalten.

noch mehr ab. Indem nun Cl. die Bedeutungsgruppen der Pron. schon unter der 'species', die sich nur mit Primitiven und Derivaten hätte beschäftigen sollen, einreihte, fand er keinen Stoff für die Abteilung 'significatio', die infolgedessen nachher ausgelassen wurde; ebenso war es ihm unmöglich strikt zwischen abgeleiteten (mit Suffixen gebildeten) und aus zwei selbständigen Compositionsgliedern gebildeten Pronominen zu scheiden (vgl. auch p. LI Anm.). — Die Einteilung der Pronomina in Demonstrativa, zu denen auch das Indefinitum etwas gerechnet wird, Relativa, denen auch die Determinativa angeschlossen werden, Interrogativa, Possessiva und Reciproca (er sein ihr = sui und suus! 60, 23) ist ein unbeholfener Versuch, nach den Bedeutungen zu gruppieren, wobei dem Stamme nach Zusammengehöriges auseinandergerissen werden muss. Ebenso unglücklich ist die Einteilung in 3 Declinationen; nur die 3. könnte allenfalls bestehen: hierhin werden die adjektivischen Pron. gerechnet ('imitatur flexionem articulorum').

4. Die an die Spitze dieses Abschnittes gestellte Teilung der Verba in 'personalia' und 'impersonalia' entspricht der Darstellung Melanchthons. Als Kriterium zur Erkennung eines Verbs wird, wie schon ähnlich bei Aventin, die Fähigkeit, mit dem Personalpronomen verbunden werden zu können, angegeben. Die 7 Accidentia bei Cl. entsprechen in gleicher Reihenfolge den Nrn. 2–8 bei Melanchthon; vorgebildet sind sie schon im Donat, doch fallen hier die modi unter die qualitas, die ausserdem die 'formae' (Bedeutungsgruppen: Frequentativa, Inchoativa etc.) umspannt und noch bei Crodelius benutzt wird. 'Modus' als selbständiges Accidens schon bei Aventin. — a) Von den 5 genera verbi der lat. Gram.[1] konnte Cl. natürlich nur die 3 ersten gebrauchen. — b) Die 5 tempora des Cl. entsprechen denen der lat. Gram. — c) 5 modi: Indicativ, Imperativ, Optativ, Conjunktiv, Infinitiv. Der 6. des Donat, der Impersonalis, ist bei Aventin und den folgenden ausgeschlossen. Gerundium und Supinum konnten leicht abgetan werden durch den Hinweis, dass sie durch den Infinitiv mit Praepo-

[1] Activum, Passivum, Neutrum, Commune (z. B. osculor, criminor), Deponens: Donat bis Melanchthon.

sitionen vertreten werden (76, 16). d) Figura: simplicia und composita (letztere durch Zusammensetzung mit Praepositionen gebildet, die in gewissen Formen abgetrennt werden müssen). — e) Bei der Besprechung der 3 personae werden auch die Flexionsendungen usw. angeführt. — f) 2 numeri. — g) 3 coniugationes werden entsprechend den drei Genera verbi aufgestellt: das einzige vernünftige in dieser, starke und schwache Conjugation durcheinander werfenden, Schematisierung ist die am Eingange ausgesprochene Erkenntnis, dass das Deutsche eigentlich nur 2 Tempora besitzt, die übrigen aber durch Hilfszeitwörter ('adminiculo quorundam verborum') gebildet werden müssen. Die zwei parallelen Paradigmata für die 1. und 2. Conjugation lieben und schreiben sind allerdings günstig gewählt; wenn auch unerklärt, springt so wenigstens der Unterschied st. und sw. Verba in die Augen. Zur Modusbildung ist hierbei zu bemerken, dass Cl. im Optativ, den er mit Wolt Gott einleitet, die Formen des sog. Irrationalis braucht und so für Opt. Praes. und Ipf., Opt. Perf. und Plusquampf. je éine Form ansetzt (p. 81, 33 ff.). Für den Conjunktiv hat er zwei Gruppen einleitender Conjunktionen: So, wenn, nachdem und das, auff das; mit ersteren verbindet er indicativische, mit letzteren conjunktivische (im Sinne der historischen Gram. optat.) Formen. Doch gilt dies nur von Praes., Perf., Fut. (über dieses vgl. ausserdem das weiter unten Gesagte), während Impf. und Plusquampf. auch in Verbindung mit den Conjunktionen der ersten Gruppe conjunktivische Formen zeigen; nur für als wird hier der Indic. zugelassen (82, 28 ff.). Zu dieser Inconsequenz kommt dann noch der Umstand, dass er für den Conj. Fut. durchweg das sog. Futurum exactum in indicativischer Form aufführt: So ich werde geliebet haben (cum amavero), So ich werde geliebet sein worden (cum amatus ero vel fuero), So ich werde gestorben sein (cum mortuus ero). Nur in der Anmerkung werden dann auch die richtigen Formen erwähnt (84, 5). — Es folgt dann ein Abschnitt 'de formatione temporum'; es werden hier als massgebende Formen des a verbo das Praes., Ipf., Part. Praet. Perf. aufgestellt, und brauchbare Beobachtungen über die einzelnen Formen des Praes. und Ipf. gegeben; das Ablautsverhältnis ('mutantur in quibusdam personis vocales et diphthongi') wird erwähnt. Der Schritt zur Erkennung des grundsätzlichen Unterschiedes zwischen starkem und schwachem Praeteritum wäre nicht zu gross gewesen, aber es blieb doch Cl. diese Einsicht noch verschlossen. Die nächste Folge davon war, dass er sich nun auch bei dem Part. Praet. nicht zu helfen wusste. Daher griff er denn zu einem Mittel, das ihm wieder die lat. Gram. an die Hand geben konnte (93, 16): Aventin, Rivius hatten schon bei der 3. Conjugation, Melanchthon bei allen ein reiches Material von Verben nach dem Ausgange der 1. Pers. Sing. Praes. zusammengestellt; wie dort der vor dem o, resp. eo, io der Endung allemal stehende Consonant die alphabetische Reihenfolge der Gruppen andeutete, so nahm Cl. die Infinitivendungen und ordnete nun die Verben nach en purum, ben, den, fen usw. Was oben über die ähnliche Gruppierung der Substantiva zu sagen war, gilt auch hier; innerhalb der einzelnen Gruppen aber gelingt es hier doch eine gewisse Scheidung von sw. und st. Verben zu liefern, indem darauf geachtet wird, ob Änderung des Stammvocales eintritt oder nicht. Ganz unpraktisch war daher dieser erste Versuch nicht, eine gewisse Ordnung in die deutsche Conjugation, die sich dem Schema der lateinischen Grammatik so gar nicht recht fügen wollte, zu bringen. — Die Stelle der in der lat. Gram. hier angegliederten Anomala hatte nun in der deutschen nur das Verbum sein 'inconsequentis coniugationis' einzunehmen, dessen Flexion angegeben wird. — Wie bei Melanchthon schliesst endlich ein Abschnitt über die 'impersonalia' das Capitel vom Verbum.

5. Verhältnismässig kurz wird das Participium behandelt; es bot keine besonderen Schwierigkeiten; die Definition, die sich am meisten mit der Melanchthons deckt, ist richtig (118, 27); die 'accidentia' werden nicht ausdrücklich behandelt, sehr zum Vorteil der Kürze und Richtigkeit.

6. In dem Cap. über das Adverbium sind die 4 Accid. der Melanchthonischen Gram. erkenntlich (1. species: primitiva und derivata. 2. figura: simplicia und composita. 3. comparatio. 4. significatio); unbeschadet dieses Schemas aber

werden dann alle nicht unübersichtlich nach den zahlreichen Bedeutungsmöglichkeiten zusammengestellt; das ganze Heer der Interjektionen wird mit eingeschlossen. Die grosse Reihe der Termini, die, z. T. schon im Donat vorhanden, im Laufe der Zeit stark vermehrt wurden (vgl. besonders Aventin), finden sich auch bei Cl. in grösserer oder geringerer Vollzähligkeit wieder.

7. Ebenso leicht liess sich die Gruppierung der Conjunktionen nach den 3 Accid. der lat. Gram. (potestas [5 species bei Donat, 7 bei Melanchthon und Clajus], figura, ordo) vornehmen.

8. Die Scheidung der Praepositionen in 'inseparabiles' und 'separabiles' fand sich bereits im Donatus maior vorgebildet; ebenso die Beobachtung, dass die untrennbaren keine Casusrektion haben, wohl aber die trennbaren. Letztere gruppiert Cl. ganz nach dem lat. Schema in solche, die den Accus. oder Ablat. resp. beide Casus regieren.

Das Schema der 8 'Redeteile' ist somit geschlossen, und es folgt nun auf die Etymologie (was man mit Flexionslehre übersetzen mag, obschon sich manches, was Wortbildungslehre und Syntax betrifft, mit darin findet)

IV. Die Syntaxis. Auch hier wird die Anordnung des Stoffes nach den 8 Redeteilen vorgenommen. In gleicher Weise findet sie sich in der lat. Gram. bei Rivius und noch mehr ausgebildet bei Melanchthon, an den sich Cl. anschloss. Oft findet sich fast wörtliche Übereinstimmung einzelner Regeln [1]; man erkennt das Bemühen, möglichst den Rahmen der lat. Gram. beizubehalten, und nur da abzuweichen, wo das Deutsche andere Construktionen forderte. Behandelt wird, abgesehen von ein paar Bemerkungen in der Syntax der Conjunktionen, nur der einfache Satz. Die Tempus- und Moduslehre findet

[1] Aufgefallen sind mir besonders folgende Stellen, meist ganze Sätze, wo Cl. die Regeln oder mindestens die Termini, auf die es ankommt, verbotenus aus Melanchthon entnommen hat: 136, 18 f.; 138, 4. 19; 140, 11. 21; 141, 5 f. 16; 142, 2. 13 f.; 147, 10. 20; 148, 6; 152, 4. 14; 157, 7 f. 15 f.; 158, 7; 159, 3 f.

keine Berücksichtigung; Congruenz und Casuslehre bilden das Hauptcontingent, wobei einiges über Wortstellung, Partikeln und Pronomina mit unterläuft.

1. Zur Syntax des Artikels konnte Cl. natürlich die lat. Gram. nicht brauchen; er handelt hier von der Congruenz des Art. mit dem Nomen (und Particip), und über die Frage, wo der Art. weggelassen wird.

2. Nomen. Verbindung von Substantiven mit Adjektiven (Zahlwörtern), Substantiven untereinander, Adjektiven mit Gerundialformen, Partikeln oder Praepositionen (hierbei auch Comparativ und Superlativ angezogen), Casusrektion gewisser Adjektiva bilden den Inhalt dieses Abschnittes.

3. Pronomina in attributiver (possessiva) und prädicativer (relativa und determinativa) Stellung.

4. Verbum. Subjekt und Praedicat (transitiv und intr.), Casuslehre mit Rücksicht auf die Verba, welche den Genitiv, Dativ, Accusativ, Ablativ regieren (die letzteren Fälle natürlich vom Latein. abgenommen), wobei die Ortsbezeichnungen durch Praepositionen angefügt werden.

5. Beim Particip wird zwischen attributivem und prädicativem Gebrauch geschieden.

6. Adverbia bei Verben und Adjektiven. Fälschlich angereiht werden eine Anzahl von Praepositionen. Dazu einiges über Negationen, Vergleichspartikeln und Conjunktionen.

7. Die Lehre von den Conjunktionen berührt Concessiv-, Causal-, Final-, Conditionalsätze. Fälschlich werden auch wieder einige Praepositionen angeschlossen.

8. Nun werden die Praepositionen nochmals nach ihrer Rektion sowie hinsichtlich der Verbindung mit Verben behandelt.

Die Appendix bringt einige Bemerkungen über Wortstellung.

Der folgende Abschnitt über die 'Metaplasmen' geht auf den Donatus maior zurück: die Definitionen bei Cl. decken sich noch zum guten Teil damit; die 14 dort vorhandenen sind aber hier auf 8 reduziert.

Metrik[1]. Reim, Silbenzählung und regelmässiger Wechsel von Hebung und Senkung charakterisieren nach Cl. die 'vetus carminum ratio'. Es ergaben sich dabei in Übertragung der antiken Metrik auf die deutsche Monometer, Dimeter, Trimeter, die, je nachdem die Zahl der Füsse das Schema ausfüllte oder nicht, oder dasselbe um eine Silbe überschritt, akatalektisch oder katalektisch, resp. brachykatalektisch oder hyperkatalektisch heissen konnten. Einzelne Verse wurden zu Kolen verbunden, und die Wiederholung gleicher Kola ergab die Strophenteilung. — Die Beobachtung aber, dass auf eine schwere Silbe ('circumflexa') zwei leichte folgen können, gab Cl. die Überzeugung an die Hand, dass auch der Daktylus im Deutschen seine Berechtigung habe. Dabei hat die Tonsilbe als Länge zu gelten. Letzteres Princip aber ganz durchzuführen war Cl. doch noch nicht im Stande: durch die Übertragung von antiken metrischen Gesetzen, wie besonders des der Positionsbildung kommt er oft dazu, gegen den Wortaccent Längen und Kürzen anzunehmen.

II. DAS VERHÄLTNIS DES CLAJUS ZU SEINEN VORGÄNGERN IN DER DEUTSCHEN GRAMMATIK.

Die Entwicklung der deutschen Grammatik im 16. Jh. geht bis zum Beginne des letzten Viertels desselben in der Hauptsache in zwei Richtungen vor sich: die eine knüpft an die lateinische Schulgrammatik der Zeit an: das Deutsche wurde als Hilfsmittel zur Erläuterung lateinischer (eventuell griechischer, hebräischer) Sprachformen und grammatischer Erscheinungen benutzt; in ausgiebiger Weise seit Aventin, wobei aber immer festgehalten werden muss, dass hier die Heranziehung des Deutschen nicht Selbstzweck war. Die andere Richtung, welche das Deutsche ausschliesslich in den Vordergrund rückt und auch in deutscher Sprache allein alle

---

[1] Vgl. auch zu Cl. metrischen Theorien Perschmann, a. a. O. p. 47 ff., Socin, Schriftsprache und Dialekte 1888, p. 260, Paul, Grundriss II, 1 p. 946.

Regeln vorträgt, dient wesentlich dem Zwecke, den Schreibgebrauch zu regeln, resp. für den Anfangsunterricht Material und Methode darzubieten. Hierher gehören alle die bekannten Bücher vom 'Schriftspiegel' von 1527 und Kolross' Enchiridion an bis auf Ickelsamers Grammatik und Meichszners Handbüchlein, und noch manches andere, was über den gekennzeichneten Raum zurück- wie hinausragt (Hûbers Modus legendi, Helbers Syllabierbüchlein und Sattlers Orthographie u. a. m.). Mögen diese Bücher immer unter sich höchst verschieden sein, mag auch das eine oder andere manche die Laut- und Formenlehre oder auch die Syntax betreffenden Regeln aufstellen: mit der eigentlichen Grammatik haben sie sehr wenig zu tun. Das Gefühl freilich, dass es mit diesen hauptsächlich nur der Orthographie zu gute kommenden Arbeiten nicht abgetan sein könne, hatten auch schon manche jener Autoren; man vgl. die Äusserungen Fab. Frangks (Müller, Quellenschriften p. 93): „. . . Wiewols on schaden / ja meins bedünckens / hoch von nöten / weer / das ein gantze Grammatica hierinn beschrieben würd / wie inn Krichischer / Latinischer vnd andern sprachen geschehen . ." und Meichszners (Müller p. 163): „. . So were es einem schryber hochlich nütz vnd gut / das er der lateinischen Grammatica verstendig . . ., das er wisst was er schrib / ob es nomen adiectivum oder substantivum, cuius generis, casus &c. Pronomen, Verbum personale oder impersonale . . were." Einen schwachen Anlauf zur Anwendung dieser Systematik nimmt Meichszner bereits (vgl. Müller p. 395 unten). Selbst Ickelsamer, der mit einer gewissen Überlegenheit auf die schüchterne Heranziehung des Deutschen in den lat. Gram. herabsieht und die Flexionslehre so ziemlich für überflüssig hält, kann doch nicht umhin zu erklären: „Der aber die acht tayl der rede recht verteütschet vnd erkläret mit iren accidentijs . . . das wer auch billig ain teütsche Grammatica zu nennen" (p. 2 der Ausg. von Kohler 1881). Aber eine solche deutsche Grammatik, wie Ickelsamer an der genannten Stelle sie sich dachte, kam noch lange nicht und konnte nicht kommen: die lateinische Terminologie musste, so lange es an einer deutschen fehlte, die Herrschaft behaupten. So knüpfen denn auch Oelinger[1] und Laurentius Albertus, die ersten, von denen uns Arbeiten erhalten sind, die Grammatiken heissen können, entschieden an die erste der beiden oben gekennzeichneten Richtungen an; es folgte ihnen hierin Clajus. Dieser mag Frangks und Ickelsamers Versuche gekannt haben; benutzt hat er sie als grammaticus 'elegantior et cultior' (Roethe, Einleitung zu Helber [1882] p. 16) nicht: die wenigen Berührungen, die er mit beiden hat (Ickels.: Parallelen zu hebräischen Lauten, Verpönung des Consonanten v = f vor anderen Consonanten, einige Ähnlichkeit in der Gruppierung der Mutae. — Frangk: Von den Doppelvocalen nur ee [Cl. auch noch aa] aufgeführt; y als Vertreter vor i am Wortende; Verpönung des c in deutschen Wörtern; Meidung von dd; ck statt gk und kk; tz im Auslaut; Zusammenziehungen wie meim, am, fürs; die Schreibungen mit mpt, mb, pt), treffen teils mit dem allgemeinen Schreibgebrauch in Mitteldeutschland, meist mit dem Luthers, und teils, wie die Heranziehung hebräischer Laute zur Vergleichung, mit einem schon in den lat. Gram. geübten Verfahren zusammen.

Wenn wir daher von einem Verhältnis des Cl. zu seinen Vorgängern reden, so kommen nur Oelinger und Albertus in Betracht[2]. Cl. citiert nur einmal Oelinger (28, 14) und

[1] Ich nenne beide, trotz Raumers ('Unterricht im Deutschen' in K. v. Raumers Gesch. der Pädag. III[4] 1873 p. 115) und Reifferscheids (Allg. D. Biogr. 24, 302 u. 510) Hypothesen, wonach direkte Benutzung des einen durch den andern behauptet wird. Raumer scheint mir durch Reifferscheid ebensowenig eclatant widerlegt zu sein, wie sich für seine Hypothese Sicherheit gewinnen lässt. Es erscheint durchaus noch nicht ausgemacht, dass der eine der beiden Grammatiker der unbedingte Plagiator des andern sein muss. Am wenigsten lässt sich daraus etwas schliessen, dass bei gleichen Beobachtungen der eine correkt, der andere confus ist: Confusion oder besser Unsicherheit verteilt sich auf beide Bücher gleich stark. Benutzung gleicher Quellen aber, besonders lat. Gram. steht zu vermuten; von hier aus hätte eine nochmalige Untersuchung der Frage auszugehen.

[2] Vnderricht der Hoch|Teutschen Spraach: | Grammatica seu Institutio Verae | Germanicae linguae etc. | Alberto Oelingero

zwar indem er gegen ihn polemisiert; es kann daher hieraus nicht geschlossen werden, dass er nicht auch Osterfrank gekannt habe. Ich nehme im folgenden eine Vergleichung unseres Grammatikers mit beiden vor; die allen dreien gemeinsame Grundlage des lat. Schemas gestattet ganz parallele Behandlung der übereinstimmenden resp. nicht übereinstimmenden Aufstellungen. Alles die Laut- und Formenlehre, den Wortschatz, die Orthographie betreffende Material ist hier natürlich auszuschliessen; die dialektisch verschiedene Stellung beider unter sich wie Cl. gegenüber ist bekannt und kann hier, wo es sich nur um die Aufstellung rein grammatischer Kategorien und deren Behandlung dreht, keinen Gesichtspunkt abgeben.

I. Orthographie. Den 25 Buchstaben Oel.'s gegenüber, der ü besonders aufzählt[1], steht Cl. mit 24 auf Alb.s Seite, wobei v den Vocal und den Consonanten vertritt. Alb. und Cl. haben 6 Vocale (einschl. y), Oel. 8 (die 6 + ü und w). Gegenüber den Triphthongen und Tetraphthongen (letztere nur bei Oel. und zwar mit einem gewissen Bedenken aufgeführt) bei Oel. und Alb. begnügt sich Cl. mit Diphthongen. Natürlich konnte Cl. auch hier nur weniger bieten, da er sich an die vereinfachte Lutherische Schreibung anschloss (vgl. o. die orthogr. Übersicht). Ebenso ist es mit den Doppelvocalen: Oel. und Alb. haben noch oo, letzterer sogar ij (ijchten reden, Philosophij u. a.). h zur Dehnung und Aspiration nach r erwähnt nur Alb. — Viel ausführlicher ist die im ganzen dem Alphabet folgende 'Explicatio literarum' bei Oel. und Alb. als bei Cl., der besonders hinsichtlich der Angaben über die Aussprache sehr zurücksteht. Die 'Verwandtschaft' gewisser Mutae und Spiranten erkennt Cl. mit Oel., weniger bemerkt

---

. . Auctore. Argentor. 1573. Teutsch Gram|matik oder Sprach|kunst. | Certissima Ratio etc. | per Laurentium Albertum Ostrofrancum. | Aug. Vind. 1573. — Exemplare in *München, (Oel. dem Cl. von 1578 angebunden).

[1] Ich verzichte hier wie im folg. auf genaue Stellenangabe bei Oel. und Alb., da sich bei der im Grossen und Ganzen vorhandenen Gemeinsamkeit des lat. Schemas die angezogenen Punkte leicht auffinden lassen.

hierüber Alb. Über Consonantendoppelung spricht sich Oel. viel klarer aus als Alb. und Cl., der überhaupt keine genaue Regel hierüber beibringt. Oel. fordert Doppelconsonanz in kurzer Silbe, schliesst hierbei aber ausser c h q w x z auch b d g k aus. Alb. spricht theoretisch nur von Doppelconsonanz, die durch Vocalsynkope herbeigeführt wird, und dann von den Verbindungen dt, mpt, mbt, gk, ck. — Mit Anweisungen über Silbentrennung steht Alb. allein da: mit Ausnahme der Fälle, wo zwei gleiche Consonanten zusammenstossen, und in der Composition (mit Praefixen und Suffixen) soll der Cons. immer zur vorhergehenden Silbe gezogen werden. Von den sog. Metaplasmen, denen Cl. einen besonderen Abschnitt widmet (164 - 166), behandelt Oel. nur Synkope und Apokope, Alb. ausserdem Paragoge und Metathesis, wo jedoch Cl. in seinen Bsp. eine weit bessere Einsicht bekundet (vgl. Alb.: das Praet. schrieb soll durch Met. aus dem Praes. schreib entstanden sein!). — Abbreviaturen, die bei Oel. und Alb. eine grosse Rolle spielen, erwähnt Cl. überhaupt nicht, da er sich ihrer nur spärlich und zwar nur im lat. Texte bedient[1].

II. Die Teilung der Prosodie in Accent- und Verslehre ist bei Alb. ebensowenig wie bei Cl. originell; vgl. p. XLVII. u. Oel. hat diese nicht, wie er überhaupt das ganze Cap. höchst dürftig behandelt. Cl. kennt nur den Acut und Circumflex (als Quantitätsbezeichnungen), Alb. auch den Gravis, worunter er etwa das, was wir Nebenton im Satz nennen, versteht. Sonst deckt sich Cl. mit Alb. in dem Gesetz der Betonung der ersten Silbe Ausnahmen machen nur Vorsilben (bei zweien hat aber die erste den Ton) und Fremdwörter.

III. Die Anordnung der 8 'Redeteile' ist bei Oel. und Alb. dieselbe wie bei Cl., nur behandelt dieser die Praepositio nach der Conjunctio.

1. Oel. schickt der Behandlung des Artikels eine einleitende Bemerkung über Casus und Numerus voraus, worin er verständiger Weise nur 5 Casus ansetzt. Vom Art. selbst aber giebt er nur das Paradigma des bestimmten und verweist

---

[1] z. B. ñ, m̃, qȝ. Ich habe dieselben im Neudruck immer aufgelöst.

im übrigen auf das Pronomen. Alb. hat wie Cl. 6 Casus, begründet aber seine Auffassung des Ablativs als selbständigen Casus anders als dieser; vgl. 161, 23: Alb.: 'Ablativus a dativo variat propter praepositionem Von .' Während Cl. die Accidentia hier fast gar nicht berücksichtigt, ist Alb. strenger: genus, motio, casus, declinatio werden nacheinander behandelt. Ein (wie auch es) gilt ihm und Oel. nicht als Artikel.

2. Die bei Alb. und Cl. vorgenommene Teilung der Nomina in propria und appellativa ist alt (s. p. XLIX), wie die bei allen dreien sich findende Scheidung der Appellativa in Adjektiva und Substantiva. — Mit den Accidentien verfährt Oel. freier unter Hinweis auf das Lateinische; von den bei Cl. (22, 23) angegebenen wird die Motio bei Alb. nur nebenher behandelt; dieser nimmt sie nur nach dem unbestimmten Artikel an, während Cl. auch nach dem bestimmten eine 'motio per unam terminationem' aufstellt. Für die Motio bei Substantiven führen alle drei die abgeleiteten Feminina auf -in auf.

Über die Bildung des Comparativs und Superlativs spricht sich Alb. weniger klar aus als Oel. und Cl., der in richtiger Weise vom Stamme ausgeht. Beide erwähnen auch den Umlaut bei der Bildung der Steigerungsgrade. — Die Einführung von steigernden Adverbien nehmen alle drei nach dem Brauch der lat. Gram. vor. Als Bsp. unregelmässiger Steigerung kennt Alb. nur gut, Oel. ausserdem noch viel, wenig; zu Cl. vgl. 25, 8.

Dieselben 7 genera wie Cl. hat auch Oel.; Alb. kennt das g. commune nicht. Unter die Hauptregeln ('generales') ordnen Oel. und Alb. viel mehr Gruppen ein, als Cl. Alb. ist sich jedoch der Schwierigkeit, für das Deutsche Genusregeln ausfindig zu machen, wohl bewusst. Die Ausnahmen sind naturgemäss bei jenen beiden viel zahlreicher. Besonders stark ist das g. dubium vertreten. Zu dem Tiernamen enthaltenden g. promiscuum (epicaenum) rechnet Oel. noch anderes, wie person, Creatur, kind, zwerchlein, vnflat. — Verständiger als bei Cl. ist der Versuch Oel.'s und Alb.'s nach gewissen Suffixen das Genus zu specialisieren. Alb. freilich hebt nur einige wenige, wie er, lein hervor, wobei er nicht wie Oel. in die Gefahr kommt, den Regeln oft ebensoviel Ausnahmen entgegenstellen zu müssen. Im übrigen kennzeichnet in dem ganzen Abschnitt verhältnismässig mehr Wortmaterial und grössere Bestimmtheit die Gram. des Cl. gegenüber den Vorgängern. Anhangsweise bietet Oel. ein Verzeichnis 'de generibus vocabulorum, quae cum Latinis seu Gallis conveniunt', während Alb. an dem entsprechenden Orte die Zahlwörter behandelt.

Die Figura behandelt nur Alb. und zwar wie Cl., etwas ausführlicher spricht er sich aber über die Möglichkeiten der Zusammensetzung aus (Nomina untereinander und mit Praepositionen oder unselbständigen Suffixen). Dass der Terminus Species sich so ziemlich mit Figura deckt, erkennt Alb., scheidet aber doch auch wie Oel. und Cl. hier nochmals in primitiva und derivativa; in der Einteilung der letzteren in patronymica, possessiva, gentilia usw. folgen beide sogar noch etwas genauer dem lat. Schema und sind auch ausführlicher als Cl.

Verschieden unter sich wie von Cl. sind die Aufstellungen Oel.'s und Alb.'s über die Declination. Oel. nimmt zum Einteilungsprincip die Bildung des Nom. Plur. und construiert so drei Declinationen: 1) mit dem Plur. auf =en, sodass hier alle ursprünglich sw. Subst., sowie die, welche teils ganz, teils nur im Plur. sw. geworden sind, und endlich die mit dem Art. (best. oder unbest.) verbundenen Adjektiva untergebracht werden. 2) Mit dem Plur. auf =er. 3) Wo der Plur. = Sing. ist. Hier ist die Verwirrung sehr stark infolge davon, dass das Endungs-e teils apokopiert ist, teils stehen bleibt (z. B. briefe, Sg.). Die 3 Geschlechter verteilen sich also auf alle Classen abgesehen von der 2., die natürlich nur Masc. und Neutra enthält. — Alb. dagegen geht von der Bildung des Gen. Sing. aus und gewinnt so als 1. Decl. die Subst. mit dem G. Sg. auf =en; hierbei werden die Adjektiva mit untergebracht. Die Classe enthält Masc. und Femin.; die sw. Neutra übergeht er. — 2. Decl.: Masc. und Neutra mit =es im Gen. Sg. — Die 3. Decl. enthält nur Femin., die im Sing. stark gehen; dem Plur. gegenüber verhält sich Alb. indifferent; magd und red z. B. stehen nebeneinander; das Paradigma zeigt dabei Nom. Acc. Plur. auf =e, Gen. Dat. auf =en. — Eine Gruppierung des Wortmaterials innerhalb der 3. Decl. findet nach 'terminales litterae' statt. — Wie bei Cl. schliessen sich Bemerkungen über Defectiva und Anomala bei Oel. und Alb. an. Ersterer gewährt davor noch den Zahlwörtern eine Stelle.

3. In der Behandlung der Pronomina gehen die drei Gram. sehr auseinander. Oel. begnügt sich damit, in primitiva und derivativa, resp. composita zu scheiden, worauf er die Paradigmata der 'Demonstrativa' ich, du, der 'Relativa' seiner (Genit.), er, ihr giebt. Die übrigen 'sequuntur inflexionem articulorum'. Dann folgen Bestimmungen über den Gebrauch zahlreicher Pronomina, wobei fortlaufend Rücksicht auf die französische Bedeutung genommen wird. Ausser den gewöhnlichen, auch bei Cl. vertretenen 5 Gruppen (60, 15 ff.) findet sich auch nach lat. Usus die der Gentilia, wofür aber nur waser mit Zusätzen wie Landes, art angeführt wird. — Alb. hält wie Cl. strenger das lat. Schema ein. Mit der Species findet er sich aber nicht zurecht (s. p. LII o.); jedoch behält er den Terminus Significatio in der richtigen Anwendung bei, während sich Cl. anders zu helfen wusste. 'Gentilia' hat Alb. auch, bringt aber als Bsp. hierfür die abgeleiteten Possessiva vnserig, ewerig, ihrig bei. Beim Genus stimmen Alb. und Cl. in der Erklärung überein, dass alle Pron. ausser dem Personalpronomen 1. 2. Pers. und dem Interrogativum wer 'per tria genera moventur'; bei Cl. kommt allerdings der Unterschied geschlechtlicher und ungeschlechtlicher Pron. schon etwas besser heraus. Die Verbindung von (eigtl.) Species und Figura, wie sie Cl. (61, 16) unter letzterem Terminus vornimmt, findet sich nicht bei Alb., der unter diesem überhaupt keine zusammengesetzten Pron. anzuführen vermag, sondern nur Zusammenziehungen wie ihn, wirn usw. anführt.

Eine Trennung nach verschiedenen Declinationen nimmt auch Alb. nicht vor, wie Oel. bietet er, aber mehr an Zahl, nur Paradigmen.

4. Die Teilung des Verbs in personale und impersonale fehlt nur bei Oel., der auch die Accidentia Modus, Figura, Persona, Numerus nicht speciell bespricht; die bei Cl. fehlende Species hat noch Alb., der hier einiges für die Wortbildung interessante beibringt.

Als genera verbi nennt Oel. Activum, Neutrum, Commune; unter letzteres fallen die Verba, deren Perfekt mit haben und sein gebildet werden kann. Alb. dagegen stimmt mit Cl überein. Allerdings erkennt Alb., dass diese Unterscheidung für das Deutsche nicht recht anwendbar ist, da 'passivum aliud nihil est . ., nisi praeteritum activum'. Dies sieht auch Oel., der daher erst am Ende der Conjugationen, 'ne passivi verbi coniugatio deesse videatur', ein Paradigma anbringt.

Bei den unter Figura fallenden Compositis trennt Alb. besser als Cl. die mit Praefixen und Praepositionen zusammengesetzten; bei letzteren scheiden beide gleichmässig die trennbaren und untrennbaren.

Für die 3. Pers. Sg. und Plur. stellt Cl. nach Alb. die Pronomina der und die auf, weicht aber gegen jenen und im Anschluss an Oel. in den Paradigmen selbst davon ab, indem er hier er und sie setzt. — Die Personalendungen geben Oel. und Cl. in conformer Weise an. Auf Apokope und Synkope achten besonders Alb. und Cl., ersterer ist aber oft recht unklar bez. des Endungs-e in der 1. Person.

Die Anzahl der Modi ist bei allen dreien gleich.

Ebensoviel Tempora wie Cl. kennt Alb.; Oel. dagegen fügt als 6. das 'Paulo post futurum' hinzu, das sich aber keineswegs mit dem sog. Futurum exactum deckt; das 1. Fut. leitet er mit ich will, das 2. mit ich würd (offenbar = mhd. *wirde*) oder werd ein; der Unterschied ist also nur ganz äusserlich, wird auch nur für den Indic. durchgeführt[1]. — Cl. behandelt, wie auch z. T. Alb., der nur bald werd und würd, bald werde und will hat, beide Hilfszeitwörter gleichwertig nebeneinander. Sonst ist folgendes, die Formengebung in den Tempora und Modi betreffendes, zu bemerken Das a verbo Praes., Praet. Ipf., Part. Praet. stellt Cl. nach Oel. auf. Während Cl. das Praesens das 'ipsum verbi thema' nennt, scheint Alb. einmal (J_3b) dem Vocal des Praeteritums das Hauptgewicht beizulegen: 'semper est radicalis et thematis

[1] 'Differentia inter primum et paulo post futurum haec est: Per primum indicamus aliquid statim, & alterum, ad tempus aliud fore: vt, Jetzt will ich wider komen / Aber er würd über ein Jar nit her kohmen'.

originem indicat'; praktisch kommt er jedoch nicht über diese Vermutung hinaus und erklärt auch gleich, dass ihm die Sache noch nicht spruchreif erscheine. Im allgemeinen aber repräsentieren ihm die sw. Verba die gebräuchliche Form des Praet., während die starken Formen ihm mehr als Ausnahmen erscheinen; die spätere Teilung in regelmässige und unregelmässige Verben ist also bei ihm schon vorgebildet. Wo er aber nach dem Praesensvocal eine Reihe von Verben zusammenstellt, geht sw. und st. bunt durcheinander. Oel. und Cl. scheiden viel schärfer zwischen den mit =t gebildeten und denen, 'in quibus mutantur vocales'. — Die Bildung des Part. Praet. mit dem Augment ge=, das aber in gewissen Fällen fehlt, resp. in Compositis bald voran, bald zwischen Praeposition und Verbum gestellt wird, beobachten alle drei in ziemlich übereinstimmender Weise, aber an verschiedenen Beispielen.

Die Conjugationen betreffend, meint Alb.: 'Brevitas et facilitas nostratis linguae tantum unam admittit coniugationem'. Er beschränkt sich daher darauf, diese an dem Paradigma haben zu zeigen, welches er durch Activum und Passivum durchflektiert; zwischenhinein setzt er die Paradigmata von sein und werden. Es ist nicht undenkbar, dass sich Clajus angesichts dieser Ratlosigkeit des Albertus und unfähig, der guten Idee[1] Oelingers zu folgen, andererseits aber doch von

[1] Ich gebe hier eine Übersicht über Oel.'s 4 Conjugationen: 1) = 1. st. Classe. Der Ausgleich von Sg. und Plur. des Praet. schon vollzogen; der durchgehende Vocal hier also ie neben i (blib). Doppelconsonanz bei s n t; b im Wechsel mit tt. Hinweis auf die sw. Verba mit ei. — 2) Verba der 3. st. Classe mit Nasal + Cons. Angleichung im Plur. Praet. vollzogen. Die angeführten Ausn. haben z. T. keine Geltung mehr. Auch einige sw. Verba sind mit eingereiht. — 3) Verba der 2. st. Classe und von der 3. die mit Liquida + Cons. Ferner Verba der 4. und 5. Classe. Unter den Ausnahmen befinden sich auch die Verba der 6. Classe, sowie einige sw. und solche, die erst nhd. stark flektieren (wie erschrecken). Endlich finden sich hier wie auch schon sub 1) einige urspr. reduplicierende Verba. — Die Ausgleichung ist im Praesens noch nicht vollzogen (geusse – giessen), wohl aber im Praet. — 4) Sw. Verba. Unter den Ausnahmen Verben der 6. st. Klasse und ursprünglich reduplicierende, auch einige der 4. und 5. Classe und einige Praeteritopraesentia.

dem Eifer schematisch vorzugehen getrieben, seine drei Conjugationen aufstellte, für die sich sonst kein Analogon finden lässt.

Inconsequenzen in der Flexion der Modi fanden sich (s. o. p. LIII Mitte) noch teilweise bei Cl.; mehr sind noch bei Oel. vorhanden, am schlimmsten ist die Verwirrung bei Alb., der wurde, war, würde, wäre mehrmals durcheinanderwirft, obschon von dieser Verwechselung auch Oel. nicht ganz frei ist. Im Optativ haben Oel., Alb., Cl. drei Tempora: Ipf., welches das Praes., Plusquampf., welches das Perf. mit vertritt, und Fut. Für letzteres hat Alb. das Hilfszeitwort ich würd, Oel. kondte, mochte (möcht), sollte, Cl. (in den Paradigmen) nur sollte; er erwähnt aber auch die andern (74, 30 ff.). Beim Opt. Praet. scheiden Oel. und Cl. zwischen st. und sw. Verben. — Der von Cl. befolgte Usus im Conjunktiv (75, 9 ff.; vgl. o. p. LIII) entspricht ganz dem Oelingers, nur hat dieser noch nicht die Differenzierung nach bestimmten Conjunktionen. Alb. dagegen: 'Coniunctivus vbique similis est indicativo, addit autem . . coniunctiones'. — Den Imperativ trennen Oel., Alb. und Cl. zwar in Imper. Praes. und Fut., sind aber in der Behandlung der Paradigmen verschieden; am meisten Alb., der die Umschreibung mit sollen schon in den Plur. des Imp. Praes. setzt, und dann den unmöglichen Imp. Fut.: Ich wird sollen oder müssen haben usw. ansetzt. Cl. setzt gegen Oel. in der 3. Pers. Sg. Imp. Praes. das Pronomen er vor das Verb, und in der entsprechenden Form des Plur. lässt er die bei Oel. befindliche Conjunktion das weg. Im Imper. Fut. stimmt er mit Oel. vollständig überein. — Einen Infinitivus Perf. und Fut. stellt Cl. in Übereinstimmung mit Alb. auf, während Oel. hier Umschreibungen durch einen Satz vorzieht. Die Verbindung des Infin. mit Praepositionen entspricht bei Oel. und Cl. dem Gerundium und Supinum; beide haben hier auch zwei Beispiele gemein (76, 19 f. 22).

In der Gruppierung der Impersonalia nach den Pronominen es und man und in der Unterscheidung des Gebrauches derselben nach aktivischer oder passivischer Bedeutung im Lateinischen stimmt Cl. mit Oel. und Alb. überein (116, 28 ff.). Anomala kennt Alb. wie Cl. nicht (abgesehen von sein, s. o.). Oel. bringt unter dieser Rubrik noch solche Verba an, die in seinen 4 Classen keinen Platz gefunden hatten; zumal die meisten Praeteritopraesentia befinden sich darunter.

In seinen Schlussbemerkungen führt Oel. auch das Fut. exactum und als 'modus dubitativus' ein Beispiel richtiger Flexion des Conjunktivs (= altem Opt.) auf, auch die von Cl. an anderer Stelle erwähnte Verbindung eines Infinitivs mit dem an Stelle des Partic. stehenden Inf. der Verba wollen, sollen etc.

5. In der Lehre vom Particip ist bei Alb. und Cl. wieder ein strengerer Anschluss an das Lateinische als bei Oel. zu merken. Wie dieser aber verzichtet auch Cl. auf die Bildung eines Part. Fut. und begnügt sich mit Part. Praes. und Praet. Ausserdem erinnert Cl. an den Unterschied in attributiver und praedicativer Stellung.

6. In den 4 Accidentien des Adverbs, wie sie die spätere lat. Gram. (s. o. p. LIV u.) aufgestellt hat, deckt sich Cl. mit Alb.; ersterer ist aber in der Scheidung von Species und Figura wieder schärfer. — Die Einteilung in die verschiedenen Bedeutungsgruppen ist bei Alb. und Cl. etwa gleich gross, geringer bei Oel. Die Unterschiede sind unbedeutend; hie und da wird eine Grundbedeutung in zwei Unterabteilungen zerlegt oder zwei solche in eine zusammengezogen.

7. Während Cl. nur zwei von Praepositionen regierte Casus kennt (Acc. und Abl.), hat Oel. noch den Gen. und statt des Abl. den Dativ, Alb. auch den Abl. neben dem Dativ und zwar setzt er für den deutschen Dativ den Abl. an, wo die entsprechenden Praepositionen im Lat. den Abl. regieren, den Dativ aber da, wo im Lat. der Acc. steht. Eine völlig klare Trennung kann indessen hier natürlich nicht zu stande kommen. Oel. ordnet die Praepositionen ausserdem noch nach folgenden 5 Stellungsmöglichkeiten: vor dem Substantiv, danach, in beiden Stellungen, getrennt vor und nach dem Subst. (zwei verbundene Praep. oder Praep. mit Adverb.). Dazu kommt die Eigenschaft der Trennbarkeit oder Untrennbarkeit vom Verb.

8. Von den Potestates der Conjunktionen führt Oel. weniger, Alb. weit mehr (er hat 13) als Cl. an, beide aber

haben einige Gruppen, die bei Cl. fehlen, der andererseits wieder den Gen. regierende Praepositionen wie wegen, halben, willen unter die Conj. rechnet. Die Ordo betreffend kennen Oel. und Alb keine Conj., die nur nachgesetzt werden; Cl. folgt hier unrichtiger Weise der lat. Gram. (127, 19).

IV. Die Syntax des Artikels wird ausgelassen bei Oel. (der nur zwei Bsp. für die Weglassung des Art. bei dem Worte Gott und bei dem Possessivpronomen, aber hier sehr unklar, und das Fehlen des Artikels bei Collektivbegriffen, die partitiv gebraucht werden, anführt) (Cl. 136, 3 ff.), und Alb. Letzterer behandelt auch nicht die Syntax des Particips und Pronomens.

In der Syntax des Nomens finden sich bei Cl. folgende Berührungen mit Oel. oder Alb., resp. mit beiden: Cl. Subst. I (p 136, 18) mit Oel. und Alb., II und IV mit Alb. — Adj. III mit Oel., IV bis VII mit Oel. und Alb., VIII mit Alb., IX, XI mit Oel. und Alb., XII mit Alb., XIII mit Oel. und Alb. Die nicht genannten Abschnitte hat Cl. allein, während Oel. und Alb. auch manches bei Cl. nicht vorhandene anführen. Auch innerhalb der verglichenen Regeln findet sich öfters nur teilweise Übereinstimmung. Die Bsp. sind fast immer verschieden. Diese Beobachtungen gelten ebenfalls für die folgenden Absätze.

Pronomen: Hier deckt sich nur teilweise Cl.' Abschn. IV mit einer Regel Oel.'s. Die Abschn. II, III, V haben ihre Parallelen, — aber auch nicht in völlig übereinstimmender Weise — in Oel.'s Etymologie.

Verbum: Für Cl. Abschn. II, IV (p. 146), I (p. 147), II, I (p. 148) findet sich Entsprechendes nur bei Alb., für II (p. 148 f.) bei Oel. und Alb., I, II (p. 150) bei Alb., III bei Oel. und Alb., IV bei Alb. Wo Alb. und Cl. den Ablativ ansetzen, hat, wie bemerkt, Oel. nur den Dativ. Dies vorausgesetzt, deckt sich Cl. I, II (p. 151) mit Oel. und Alb., III (152) mit Oel., I bis IV (152 ff.) mit Oel. und Alb., I (154) mit Alb., II mit Oel. — Die Impersonalia behandeln Oel. und Alb. nur in ein paar zerstreuten Bemerkungen bei den Verba personalia.

Das Particip findet bei Oel. und Alb. keine der des Cl. analoge Behandlung.

Höchst dürftig sind auch die gemeinsamen Beziehungen in der Syntax des Adverbs und der Conjunktion: nur ein paar lateinische Termini kommen in Betracht (Cl. II, III, V). Cl. VII hat bei Alb. und Oel. unter der Conjunktion seinen Platz.

Die bei Cl. nochmals vorgenommene Gruppierung der Praepositionen nach der Casusrektion meidet Alb. ganz, aber auch zu Oel. bietet dieser Abschn. keine Vergleichspunkte.

V. Metrik. Oel. erkennt als Princip der deutschen Metrik die Zählung, nicht Messung der Silben an und giebt dann für 2-, 4-, 5-, 8-, 9-silbige Verse Beispiele, wie er auch die Scansion an einem Bsp. erläutert. Alb. ist ausführlicher: Zunächst stellt er fest, dass nicht die Quantität, sondern die Silbenzählung im Deutschen massgebend sei und fordert für einen Vers die Grenze von 9 Silben, stellt aber dann merkwürdigerweise die (deutsche) Silbe parallel dem antiken Versfusse[1], z. B. den Zweisilbler dem versus Adonius und den Sechssilbler dem jambischen Trimeter, und überträgt endlich ganz wie Cl. gewisse antike Quantitätsregeln auf den deutschen Vers.

Somit haben wir die Vergleichung von Clajus' Arbeit mit denen seiner Vorgänger zu Ende geführt. Als unzweifelhaft feststehend ergiebt sich, dass Cl. Oelinger wie Albertus gekannt und bis zu einem gewissen Grade berücksichtigt hat. Doch darf das nicht so aufgefasst werden, als ob er jene Grammatiken als Grundlage für die Abfassung der seinigen benutzt habe[2] oder gar sie ausgeschrieben hätte. Wörtliche Anklänge, die nicht auf das allen gemeinsame lateinische Vorbild zurückgingen, finden sich nicht. Auch die Gemeinsamkeit einzelner Beispiele, die ganz verschwindend ist gegenüber der Menge von Abweichungen, will wenig besagen; es sind das durchaus tritissima verba, die sich im Schulgebrauch z. T. schon mit den lateinisch-deutschen Donaten eingebürgert haben dürften.

---

[1] Vgl. Paul a. a. O.

[2] Nicht ganz treffend ist daher Reifferscheid's Behauptung (a. a. O.), dass Cl. vielfach den Alb. benutzt habe, wie umgekehrt Perschmann (a. a. O. p. 41) zu weit geht, wenn er meint, Cl. habe jene Vorgänger 'kaum gekannt'.

Der sprachlich-grammatische Vorzug, der das Buch des Cl. vor den Arbeiten jener auszeichnet und der hauptsächlich in der strikten Anlehnung an Luther liegt, ist schon oft genügend gewürdigt worden [1]; mindestens so wertvoll aber ist die Beachtung eines anderen Umstandes, über den hier noch einiges gesagt werden muss.

Wenngleich die Anwendung des lateinischen Schematismus auf die deutsche Grammatik wie Oelinger und Albertus so auch noch Clajus sehr oft missglückt ist, so zeigt sich doch letzterer logisch viel geschulter als jene. Dieser Fortschritt ist für jene Zeit, wo es sich noch nicht um wirkliche wissenschaftliche Erkenntnis der Sprache handeln konnte, sondern wo es in erster Linie auf bequeme Brauchbarkeit, die nur durch präcise Regeln zu erzielen war, ankam, sehr bedeutend zu nennen. Alle guten lautlichen Beobachtungen konnten nichts helfen, wo der Bau der Grammatik selbst kein fest gefugter war und innerhalb der einzelnen Teile keine rechte Ordnung herrschte. Dieser Vorzug von Clajus' Buch ist meines Erachtens der Grund, warum es sich durch ein und einhalb Jahrhunderte erhalten und auch in Oberdeutschland Verbreitung finden konnte. Oelinger und Albertus vermochten in dieser Beziehung nicht mit Clajus zu concurrieren; andere derartige Compendien erschienen in Oberdeutschland zuvörderst nicht, eine neue Bearbeitung fanden die alten Grammatiken auch nicht: so verschwanden sie aus dem Gebrauche, Cl.' Buch aber lebte weiter.

III. ZUR ÄUSSEREN GESCHICHTE DER GRAMMATIK. ZEUGNISSE.

Das Fortleben der Grammatik des Clajus, insbesondere die Benutzung derselben im Unterricht des 16. und 17. Jhs. und von Seiten der Grammatiker dieses Zeitraumes zu schildern,

[1] Vgl. von Bahder a. a. O. p. 75 und die eingehende Hervorhebung dieses Punktes bei Raumer a. a. O. p. 119 ff. und Rückert, Gesch. der nhd. Schriftsprache p. 169 ff.

wird hier nicht beabsichtigt. Was den ersten Punkt betrifft, so berührt sich dieser zu eng mit der Geschichte des deutschsprachlichen Unterrichts und kann nur mittels Durchforschung der Schulakten erledigt werden, und die Beantwortung der zweiten Frage würde ein genaues und zusammenhängendes Eingehen auf die späteren Grammatiken erfordern. Ich gebe daher nur eine Zusammenstellung der grösstentheils bekannten Zeugnisse mit Bemerkungen über einige in der Litteratur bezüglich Cl.' aufgestellte, hierhergehörige Behauptungen.

1. In engem Anschluss an Cl.' Werk hält sich Stephan Ritter's Grammatica germanica nova, Marburg 1616. (Nachweis von Hanns in Fleckeisen's Jahrbüchern 1881, 2. Abt p. 26).

2. Chr. Gueintz, Deutscher Sprachlehre Entwurf, Cöthen 1641 'beruft sich zum öftern auf Clajum' (Reichard, Versuch einer Histoire der deutschen Sprachkunst. Hamburg 1747)[1].

3. Schottel. a) In der Teutschen Sprachkunst 1641 findet sich in dem 'Verzeichnis der Authores, welche durch und durch in diesem Buche angezogen worden' usw. Clajus neben Ickelsamer, Oelinger, Osterfrank genannt. Im Texte aber ist er nirgends citiert. (Von den andern noch am meisten, aber auch nicht häufig, Ickelsamer). — b) In der 2. Ausg. der Sprachkunst 1651 fehlt der Name auch im Autorenverzeichnis; an der Stelle treten des Pegnitzschäfers Joh. Clajus Gedichte auf. c) Ausführliche Arbeit von der deutschen Hauptsprache 1663, Lib. V. Tract. 4. pag. 1204: 'M. Johannes Clajus hat herausgegeben Grammaticam linguae germanicae, ist zum siebenden mahle zu Leipzig Anno 1625. getrückt / worin allerhand observationes befindlich / so alhier lib. 2. & 3. gehöriges Ortes nicht übergegangen worden.' Doch finden sich hier auch keine Citate. Die 2. Lobrede, die sich mit der Geschichte der deutschen Grammatik beschäftigt, bringt über Cl. nichts bei.

4. Joh. Girbert, Deutsche Grammatica oder Sprachkunst. Mülhausen i. Th. 1653. Diese Ausgabe habe ich verglichen. Benutzt hat G. nach seiner Angabe auf dem Titelblatt die

[1] Eine Ausg. des Gueintzschen Buches liegt, nach einer Mitteilung des Hrsg.'s, im Plane dieser Sammlung.

Clajusausgabe von 1587. Parallelen mit Cl. finden sich zahlreich, namentlich was die Beispiele anlangt. Direkte Citate liegen an folgenden Stellen vor: Tabula 1: betrifft die Etymologie von 'deutsch'. Citiert nur: 'Cl.' — Tab. 5: 'Das u. offen / wird nur in der Mitte / vnd am Ende: Niemals im Anfange gesetzt. Joh. Clajus Gram. Lat. p. 5'. — 'K. schleust kein Wort ohn vorhergehendes C. als Danck: Sack. Claj. p. 6'. — Tab. 51: 'Aber / wird vornen gesetzt / wenn die Latini brauchen sed oder verum: die Graeci ἀλλά. Wo aber diese brauchen das δέ, jene das verò oder autem, wird es nach gesetzt / als: Ich habs gut mit dir gemeinet; aber du hast mir nicht gefolget.. Claj. in Gr. G. p. 200'.

5. Dan. Morhof, Polyhistor 1695 [Ed. IV. 1747] Tom. I. lib. IV. cap. IV. § 7: [Nach Erwähnung Schottels, dessen vielfach falsche Etymologieen getadelt werden] 'Inter optimas Germanas Grammaticas numerari meret Joh. Claji, edita Jenae 1651 in 12.'

6. Stolle, Anleitung zur Historie der Gelahrtheit 1736 p. 112: „Daher bleibet annoch M. Johannes Clajus der erste, der eine gantze Grammaticam Germanicae linguae ans Licht gegeben   Zu Ende stehen teutsche Verse nach der lateinischen Manier und scansion eingerichtet, welche aber zeigen: daß sich diese Art zur teutschen Sprache nicht schicke."

7. Leipziger Beyträge zur critischen Historie der deutschen Sprache 3. Bd. 9. Stck. p. 27 f. Enthält nur eine kurze Inhaltsübersicht.

8. El. Caspar Reichards Versuch etc. (s. o.) p. 48 ff. Enthält die erste ausführlichere Nachricht, hauptsächlich in bibliographischer Hinsicht. Als Druckort einer Ausg. von 1689 ist Erfurt angegeben, was auf Verwechslung mit Frankfurt beruhen dürfte.

9. Gottscheds Grundlegung einer deutschen Sprachkunst[3] 1752. Clajus wird in diesem Werke, welches einen Markstein und Wendepunkt der alten deutschen grammatischen Forschung bildet, nicht selten angezogen. Ich führe hier nur zwei Bemerkungen aus dem einleitenden Teile an, die den Grad der

Wertschätzung, die Gottsched dem alten Grammatiker zukommen liess, einigermassen beleuchten: „Es ist also kein Wunder, daß die alten Sprachlehren von lebendigen Sprachen, endlich unvollständig und unbrauchbar werden; wie wir an der klajischen und schottelischen bey uns deutlich wahrnehmen. Denn seit hundert Jahren hat sich das Deutsche ziemlich gebessert, oder doch wenigstens verändert" (p. 6 f.). Und p. 25: „Mehrenteils haben unsere Wortforscher und Sprachlehrer selbst gerade das allerschlechteste Deutsch geschrieben; wie Clajus, Goldast, Schottel, Stieler, Bödiker, u. a. m. zur Genüge gewiesen haben."

In Bezug auf die wichtigen Bemerkungen Rudolf von Raumer's (a. a. O.) über die Geschichte der Clajischen Grammatik ist folgendes festzustellen. Wenn R. sagt (bei der Beschreibung des aus der Bibliothek des Münchener Jesuitencollegiums stammenden Exemplars der 1. Aufl.): 'Im Innern des Buches selbst ist man sehr liberal verfahren. Schlimme Dinge sind stehen geblieben . .', so klingt das fast so, als wären dennoch hie und da Spuren der Ausmerzung ausser der Entfernung der Vorrede und der, übrigens nach wie vor noch völlig lesbaren, Worte des Titels: Ex Bibliis Lutheri etc. anzutreffen. Aber das wohlerhaltene Exemplar zeigt kaum Spuren der Benutzung, geschweige irgend welcher Streichungen u. dgl. Ebenso kann folgender Passus zu falschen Auffassungen verleiten: 'Was aber die verschiedenen Ausgaben noch besonders merkwürdig macht, ist der Umstand, dass die Herausgeber[1] offenbar immer mehr Rücksicht auf die Zulassung des Buches in katholische Lande nahmen. Wir finden nämlich in den späteren Ausgaben alle die Dinge beseitigt, welche die Jesuiten in dem Münch. Exemplar gestrichen oder herausgeschnitten haben. Die 4. Ausg. lässt wenigstens auf dem Titel das anstössige Ex Bibliis weg und vertuscht es mit den Worten: Ex optimis In der 8. Ausg. bleibt dann auch die Vorrede weg'. Aber den Titel änderte schon Cl. selbst in der 2. Ausg. und sicher nicht mit Rücksicht auf die katholischen Schulen[2], und die Vorrede fehlt schon seit der 6. Ausgabe. — Die anderen Angaben stimmen.

---

[1] Vgl. dazu o. pag. XLII.

[2] Vielleicht aber mit Rücksicht auf manche, Orthographie

Was zum Schluss die Verbreitung von Clajus' Buch anlangt, so muss gesagt werden, dass die Benutzung[1] desselben im katholischen Oberdeutschland schon aus dem p. LXXI angeführten Grunde nicht allzu verwunderlich ist. Allerdings scheint dort die Gram. besonders in den Klosterschulen Eingang gefunden zu haben; die 3 noch vorhandenen Münchener Exemplare stammen aus säcularisierten Klöstern. Auch die Breslauer Exemplare der beiden letzten Ausgaben waren Eigentum von Klosterbibliotheken. K hat auf der 1. Seite des Vorschlagblattes den Eintrag: 'Iglavia vocatur Aliter Echinopolitana', darüber ein Kreuz (stammt also die Ausg. aus dem Dominicanerkloster zum hl. Kreuz in Iglau in Mähren?). Mit Kreidestift durchstrichen sind folgende Stellen: 170, 2 f.; 170, 17 f.; 172, 29 ff., wodurch die Benutzung seitens katholischer Leser gesichert ist. Stark gebraucht wurde übrigens das Exemplar nicht: 2 Blätter waren noch nicht aufgeschnitten. L trägt ein Exlibris-Zeichen mit folgender Aufschrift: 'Aus der Bibliothek der Franziskaner zu Glogau'. Die Stellen 170, 17 und 172, 29 sind unberührt; zu 170, 2 vgl. die Var.

Wie es kam, dass die Grammatik im Jahre 1720 zu erscheinen aufhörte, dafür lässt sich leider kein historisches Zeugnis beibringen. Wie wir über die Entstehungsgeschichte der einzelnen Ausgaben nichts wissen, so sind wir auch über die Motive, die das Buch vom Markte verschwinden liessen, nicht unterrichtet. Innere Gründe aber lassen sich erdenken: Trotz vieler orthographischer Änderungen stand doch auch die letzte Ausgabe nicht mehr auf der Höhe der Zeit; nicht nur die Schreibung, auch die Formengebung selbst war in vielen Stücken veraltet; die der alten Grammatik angepasste schematische Unterlage, der lateinische Rahmen, die ihr einst

---

und Wortschatz betreffende Abweichungen von Luther, oder auch in der Erkenntnis, dass ein grosser Teil der md. Schriftsteller, die von L. gelernt hatten, mit dessen Sprache und Schreibweise harmonierten

[1] Burdach, Einigung der nhd. Schriftsprache (Halle 1884) p. 9, spricht von einer Einführung des Cl.' in katholische Schulen in der 2. Hälfte des 17. Jhs. 'in weiterem Umfange'. Zeugnisse sind leider am genannten Orte nicht angeführt.

zur Empfehlung gereicht waren, hatten nach den sprachlichen Bestrebungen und Neuerungen des 17. Jhs. ihren Wert verloren; das gebotene Material war nicht mehr ausreichend. Überholt war die Grammatik schon seit der Mitte des 17. Jhs. durch Schottel. Die 31 Jahre nach der 10. folgende letzte Ausgabe hatte für Deutschland selbst sicher gar keine Geltung mehr und scheint, wie schon Reichard vermutete, wesentlich den Böhmen gedient zu haben.

Über die Einrichtung des folgenden Neudruckes bedarf es wol keiner weiteren Erörterung; was zu sagen erforderlich war, ist p. XLII Anm. geschehen.

Die im Texte verbesserten wichtigeren Druckfehler des Originals sind im Variantenapparat angegeben (56, 16; 61, 10; 132, 14; 138, 12; 140, 3; 173, 12. 20); stillschweigend corrigiert habe ich dort: Roff (32, 30), ins (51, 26), lemen (58, 11), Unsere (66, 4), r vel i (107, 28), ἀλφί (133, 5), Ls statt H (174, 26).

Folgende Fehler im Neudruck bitte ich zu verbessern: 12, 22: lies in statt in. — 60, 17: ist du zu tilgen. — 62, 18: lies primitiui statt primituiui.

Zum Schluss habe ich dem verehrten Herausgeber dieser Sammlung für gütige Unterstützung bei der Correktur, sowie den Verwaltungen aller in der bibliographischen Übersicht genannten Bibliotheken nebst der Verwaltung der U.-B. zu Freiburg i. Br. für die bereitwillige Überlassung der alten Drucke oder für gütige Auskunft meinen ergebensten Dank auszusprechen.

Gera (R), Februar 1894. F. W.

[Nachtrag: Zu p. III der Einleitung füge ich noch hinzu, dass, wie ich erst kürzlich bemerkte, auch die Bibliothek der Marienkirche zu Halle a. S. ein Exemplar der Editio princeps des Clajus (Leipzig 1578) besitzt. J. M.]

Grammatica GERMANICÆ LINGVÆ

M. Iohannis Claij Hirtzbergenſis:

EX BIBLIIS LVTHERI GERMANICIS ET ALIIS EIVS LIBRIS COL-LECTA.

M. D. LXXVIII.

AMPLISSIMIS

ET CLARISSIMIS

VIRIS, GENERE, VIRTVTE,

& sapientia praestantissimis, DD. COSS. & toti Senatorio ordini Erphordiae, Dominis & patronis suis reuerenter colendis,

S. D.

Scribenti mihi de Grammatica linguae Germanicae, visum fuit non alienum, praefationis loco dicere aliquid de linguae & gentis Germanicae origine & antiquitate. Cum igitur varia sint sub Sole linguarum genera, vt testatur Europa nostra, in qua sunt diversi sermonis variae dialecti, & Lucas in Actis scriptum reliquit, Apostolos Spiritu Sancto plenos festo die Pentocostes varijs linguis locutos magnalia Dei, quarum gentes complures nominatim enumerat: Sciendum hoc primùm, linguam nostram Teutonicam ortum habuisse eodem & loco & tempore, quo natae sunt aliae omnes, praeter Ebraeam, videlicet cum gens Nimrodica nominis sui memoriam posteritati tradere conata, exaedificaret in planicie terrae [1], quae Sinear dicebatur, inusitatae altitudinis turrim, Anno mundi 1756. quod factum diuinitus impeditum fuit confusione linguarum, & in perpetuam eius rei memoriam locus ab euentu Babel appellatus est, quòd ibi nata esset linguarum confusio & varietas, cum ante id tempus vno & eodem sermone omnes vbique vterentur, vt testatur Moses in Genesi sua cap. 11. quem quidem sermonem fuisse primitus Ebraeum, nemo est qui dubitet. Tunc igitur & Germanicam linguam natam esse vero consentaneum est, à quo tempore vsque ad annum praesentem Christi nati sesquimillesimum septuagesimum octauum, qui est ab exordio mundi quinquies millesimus quingentesimus quadragesimus, anni sunt ter mille septingenti octoginta quatuor, qui antiquitatem linguae nostrae ostendunt. Gens verò ipsa oriunda est ab Japheto Nohae filio natu maximo, cuius nepos Askenas pater est gentis nostrae, à quo nomen factum credo praeposito tan* haeemantico Theaskenas, uel praepositione De, De Askenas, vnde postea deprauatè scriptum est Duiscones & Tuiscones, vnde Germanicè aliqui Deudsch aliqui Teutsch scribunt. Narrant tamen qůidam, primum regem Germanorum [2] fuisse Tuisconem, & regem vndecimum Alemanum, quem Adelmanum esse autumat Lutherus, vnde Germani nominati videntur à regibus suis Tuiscones & Alemani, vt Troiani à Troë Troës, à Teucro Teucri, à Dardano Dardanidae. Germani vero appellantur à fortitudine bellica, prima litera commutata. Heerman enim est vir exercitus seu dux belli, quem Itali Ariminium perperam vocant. Accidit autem literae mutatio inde, quòd non tantum fortes essent in armis Germani, sed etiam fideles in pugna παραστάται tanquàm fratres, quos Latini Germanos appellant. Aliud quoque etymon Tuisconum seu Teutonum recenset Lutherus in suo Etymologico propriorum nominum. videlicet à cultu Dei sui, quem Düd ex Ebraeo dodd appellabant, vnde tracta denominatio Düdisch Saxonum lingua.

---

* Die wenigen hebräischen Lettern, die bei Cl. sich finden, habe ich transscribiert, resp. aus der Transscription der folgenden Ausg. übertragen.

quae prima fuit. & per syncopen Düdsch nunc verò Deudsch dialecto Misnica, & mutata media in suam tenuem Teutsch / quemadmodum & posteri eorum eodem modo Gotti à Gott / id est. Deo dici voluerunt. Sed quaecunque sanè fuerit primaeua gentis nostrae nomenclatura, illud certè inficias ire nemo poterit, ortos esse Germanos à nepote Japheti, qui Latinè Ascanius non [3] malè nominatur, cum ipsi etiam Judaei appellatione Aschkenān Germanos nominent. Et si suspicione coniectari liceat, etiam principes Ascaniae inde denominatos dixerim, & quae oppida cum Ascher componuntur, non à cinere, sed ab Ascanio denominata videntur. Cum igitur Germanicae gentis pater sit Askenas primogenitus Gomeri, qui & ipse fuit primogenitus primogeniti Japheti, sequitur, successione patrum veteri Germanis deberi ius regni & sacerdotij, quorum quidem vtrumque nobis contigit sub finem mundi. Nam & imperium Monarchiae quartae à Romanis ad Germanos translatum est, vt iam electio quoque imperatoris sit penes principes Germaniae: Et verum sacerdotium, quod consistit in praedicatione Euangelij de vero sacrificio Christi, ex idololatrias superstitionibus & tenebris pontificijs ereptum, & ad nos singulari Dei beneficio traductum est, vt iam non solum ex fontibus Prophetarum & Apostolorum Ebraicè & Graecè à doctis, sed & à vulgo Germanicè ex riuulis Lutheri limpidissimis hauriri possit salubris de iustificatione hominis veritas. Ad haec duo beneficia accedit etiam tertium, quod ius duplicis haereditatis, quod ipsum quoque [4] primogenitis cedebat, merito videri & existimari debet: Quòd videlicet praeter cognitionem rerum Sacrarum & ad salutem nostram pertinentium, quae in libris Lutheri planissimè & plenissimè explicantur, disci potest ex ijsdem libris etiam perfecta & absoluta linguae Germanicae cognitio, tàm indigenis quàm exteris nationibus vtilis & necessaria. Quam quidem ego Grammaticis regulis hoc libro complexus sum, ex Biblijs alijsque scriptis Lutheri collectis, cuius ego libros non tàm hominis, quàm Spiritus Sancti per hominem locuti agnosco, & planè in hac sum sententia, Spiritum Sanctum, qui per Mosen caeterosque Prophetas purè Ebraicè, & per Apostolos Graecè locutus est, etiam bene Germanicè locutum esse per electum suum organon Lutherum. Absque hoc enim esset, fieri non potuisset, vt vnus homo tàm purè, tàm propriè, tàm eleganter Germanicè loqueretur, sine cuiusquam ductu atque adminiculo, cum praesertim lingua nostra Germanica habita sit semper difficillima, & nullis Grammaticorum regulis comprehendenda. Quod falsum esse cognoscent, qui has breues nostras praeceptiunculas, ad methodum Latinae Grammatices, quoad [5] eius fieri potuit, accomodatas perlegerint, quas quidem ab annis viginti & amplius cogitatione complexi, & diu multumque praemeditati, nunc primùm in lucem edimus, iuxta illud παροιμιαζόμενον, Sat citè, si sat benè, nihil curantes, vel quid alij ante nos scripserint, vel quid plerique de nostro labore sint iudicaturi: αὐτὸ γὰρ δείξει τὸ ἔργον. Quod si qua sunt in his non satis explicata, primis nostris conatibus veniam dari petimus, & promittimus, si haec primordia grata esse cognouerimus, daturos nos operam, vt, si quid desideretur, id deinceps admoniti labore & studio sarciamus, vel Grammatica auctiore, vel certè Lexico, quod in manibus habemus, intra triennium, vt confidimus, absoluturi, si Deus & vitam & auxilium nobis suppeditauerit, neque interueniens aliqua calamitas aut cura domestica hunc conatum nostrum impedierit.

Vobis verò viri amplissimi, virtute ac prudentia literisque clarissimi, quicquid id est laboris, publicè dedico: Sed ita dedico, vt vniuersa Grammatices huius Germanicae à me scriptae & editae exemplaria vestro nomini & Reipub. inscripta esse sciatis, neque putetis, idem à me factum esse, quod hoc tempore fieri solet à quibusdam [6] plagiarijs, qui suorum prognosticorum & aliarum lucubratiuncularum vnum atque alterum exemplum vni alicui nobili, aut comiti, aut oppido inscribunt, & alia alijs. Quod inhonestissimum & à literatis alienissimum crimen nuper falso mihi imputatum est à sapientulo quodam in Repub. Franconhusana in literis publico nomine & sub signo totius Senatus ad me missis, quae propter inhumanitatem erant neque tanto magistratu, neque tàm celebri oppido, neque me vel infimo dignae. Ad quas ego, & hominis ineptiam admiratus, & nonnihil stomachatus, ita respondi, vt debui, & vt hominis stoliditas merebatur. Sed Deum testem facio (Si fas & pietas in caussa tam leui id fieri patiuntur) me toto vitae meae tempore ab hoc vicio abfuisse longissimè, & nunquam ne vnicum quidem carmen, nedum integrum aliquod opusculum dedicasse pluribus & diuersis, quod esset iuxta vernaculum nostrum prouerbium, vna sorore duos affines acquirere. Huic rei fidem faciunt exemplaria lucubrationum à me editarum, quas me apud vestram amplitudinem nominare, veniam mihi dari peto. Primitias meas, carmen de Josepho Jacobi [7] filio & Susanna, ante annos 23. editum, dedicaui patriae meae Senatui gratitudinis ergô, quod me in scholam Electorianam Grimensem miserat. Explicationes Euangeliorum anniversariorum, quae Postilla appellantur, carmine Elegiaco contextas, inscripsi Christophoro à Czedlitz compatri meo munificentissimo. Quatuor libros precationum, & Catechismum Lutheri quadrilinguem nuncupaui inclyto & generoso Domino, Dn. Johanni Friderico Comiti in Hardeck etc. in Cunstad, Domino meo clementissimo, à quo plurimis maximisque beneficijs, perpetua memoria dignissimis, sum affectus. Libros tres carminum sacrorum dedicaui Baronibus Christophoro & Johanni Schenckijs, Dominis in Teupitz & Landsberg etc.

Quinque libros variorum carminum propter materiae diuersitatem diuersis inscripsi: Primum quidem, qui Epithalamia continet, amplissimo Senatui Vratislauiensi: Alterum, qui Epicedia habet & Epitaphia, clarissimo viro Andreae ab Hertuuig I. V. Doctori, Caesareo consiliario & Fiscali per utramque Silesiam: Tertium, in quo sunt Epigrammata, nobilibus Sebastiano, Henrico, & Sigismundo à [8] Czedlitz fratribus: Quartum, qui est versio ἔργων καὶ ἡμερῶν Hesiodi, collegae & compatri meo M. Martino Taburno, illustris scholae Goldbergensis Rectori: Quintum & ultimum de origine & conseruatione nominatae scholae Goldbergensis ducum Silesiae, in qua ego nouennium Musicam, Poëticen & Graecam linguam sum professus, Senatui Goldbergensi. Graecorum poematum libros sex dedicaui illustrissimo Electori Saxoniae Augusto, Domino meo clementissimo, cuius me munificentia omnibus & terris & seculis commemoranda, in schola Grimmensi quinquennium, & in Academia Lipsiensi biennium aluit. Libros tres Prosodiae Latinae, Graecae, & Ebraicae, dedicaui Senatui Northusano, à quo tum ad scholae ibidem gubernationem vocabar: Grammaticam meam Ebraicam Senatui Franconhusano: Euangelia denique anniuersaria τετράγλωττα Senatui Mülhusano. Siquid horum, quae hactenus enumerata sunt, nuncupatum est à me alijs, quàm his, quos nominaui, dignum me ipse iudico & pronuncio, de quo omnes sinistrè & sentiant & loquantur, & qui à societate & consuetudine bonorum excludatur. Accedit praeterea [9] testimonium Adami Siberi viri clarissimi, praeceptoris mei carissimi, ad quem simile factum retuli, indignissimè ferens, cum anno ab hoc decimo nono ludimagister essem in patria mea, & quidam plagiarius versus aliquot, quos ex Fabricij & Siberi poëmatibus compilauerat, Senatui Hirtzbergensi dedicasset quo quidem tempore omnem moui lapidem nulli parcens operae vt plagiarium illum inuenirem & in ius vocarem, sed frustra laboravi, propter nominis, quod fictum erat, incertitudinem. Haec eò dixi, vt et famam meam omnibus donis cariorem liberem, & hominem illum *δοκησίσοφον* & *κενόδοξον*, qui de me sinistre suspicatus est cuius supra mentionem feci (quicunque is est) retundam. De vobis verò viri amplissimi & sapientissimi longè aliud mihi polliceor: tùm quòd & virtute & iudicio & nominis existimatione multis alijs antecellitis, tùm quòd confido meliorem apud vos per quosdam bonos factam esse mei mentionem & commendationem. Quae quidem ipsa cogitatio praecipua fere caussa fuit, cur vestro nomini, quicquid id est laboris mei, dedicare voluerim: Ad quam accedit consideratio [10] vrbis vestrae, quae & ex antiquissimis ac laudatissimis vna, & Thuringiae, quam ego inter dialectos linguae Germanicae non vltimam censendam esse existimo, metropolis est: & ad versionem bibliorum Lutheri Germanicam prima principia dedit, & maximum adiumentum attulit. Cum enim Lutherus Augustinianorum bibliothecam Erphordiae Augustinianus & ipse summo studio perlustrasset, & in Biblia latina incidisset, lectione libri delectatus à conuentu sui ordinis exemplum illud vtendum petijt, & impetratum diligentissimè perlegit, & memoriae mandauit. Quod cum caeteri animaduertissent, vt propositum eius, quo haud dubiè ipsum de versione Germanica cogitare non obscurè intellexerant, impedirent, repetierunt ab ipso commodati libri exemplum: & vt à studio suo abstraheretur animus eius, alijsque curis occuparetur, munus ipsi aeditui & alias seruiles operas imposuerunt, melius esse dicentes, oppidatim mendicando eleemosynas comportare quàm ociosis cogitationibus tempus perdere, mendicando enim non literis operam dando monasteria ditari. Sed. vt & Herodotus inquit *ὅ, τι δεῖ γενέσθαι ἐκ του̃ θεου̃, ἀμήχανον* [11] *ἀποτρέψαι ἀνθρώπῳ*, & Gamaliel in consessu Senatus

Israëlitici sapienter dixit, *ἐὰν ᾖ ἐξ ἀνθρώπων ἡ βουλὴ αὕτη, ἢ τὸ ἔργον τοῦτο, καταλυθήσεται: εἰ δὲ ἐκ θεοῦ ἐστιν, οὐ δύνασθε καταλῦσαι αὐτό.* Act. 5. Ita etiam in hac caussa Lutheri, quae Dei erat, idem accidit, neque conatus eius impediri potuit. Nam & furtim in bibliotheca sese abdidit, & Biblia sacra sine intermissione attentè legit: & cum intelligeretur, quicquid hac in parte fieret, Dei impulsu fieri, non tantum Bibliorum Latinorum, sed etiam Ebraicorum librorum exemplaria, quae voluit, impetrauit ex bibliotheca Augustiniana Erphordiae, quos libros in perpetuam facti memoriam Senatus preciosissimi Thesauri instar, idque non immerito, asseruare dicitur. Cum itaque Lutherus primum Bibliorum exemplum Erphordiae legendum & deinceps Germanicè interpretandum acceperit: non alienum videri debet, si Grammaticam germanicam ex Biblijs Lutheri collectam eiusdem vrbis Senatui dedico. Sed dixerint aliqui, rectius me facturum fuisse, si exterarum nationum regibus aut rebuspub. hoc Grammatices meae compendiolum dedicassem: Iis ego respondeo, me neque sumtus in mittendis [12] tabellarijs facere voluisse: neque noticiam aut commendationem apud exteros habere: (quamquam sunt aliqui, & Bohemi & Poloni, qui discipuli mei fuerunt Goldbergae, & vt aliquando Grammaticam Germanicam conscriberem precibus à me flagitarunt, sed absunt iam à me longissimè) neque externos & exoticos indigenis & domesticis anteferendos iudicasse. Quae cum ita sint, à vobis viri amplissimi & sapientissimi omni contentione peto, vt has lucubratiunculas meas vestro nomini inscriptas non tantùm non indignè feratis, sed etiam contra maleuolorum morsus defendatis, & me cum meis omni humanitate ac liberalitate complectendum, fouendum, & promouendum suscipiatis. Ego contra polliceor, facturum me sedulò, quantum in me est, quod ad vestrae & Reipub. exornationem & iuuentutis promotionem à me proficisci poterit, & daturum operam, vt vestrae erga me beneuolentiae nunquam vos poeniteat. Quod reliquum est, commendo vos & Rempub. vestram cum Ecclesijs & scholis in tutelam Dei, & me meosque secundum Deum in vestrae amplitudinis amicitiam, studium & fauorem. Valete. Bendelebij. [13] Calendis Januarij ineuntis anni 1578. quem toti Germaniae, communi nostrae patriae, contra infaustam astrorum inclinationem, à Deo felicem & salutarem exopto.

Amplitudinis vestrae
studiosissimus

M. Johannes Claius
Hirtzbergensis.

DE GRAMMATICA GERMANICÆ LINGVÆ.

GRAMMATICA congruè loquendi & scribendi ratio & scientia in omnibus linguis quatuor partibus constat, videlicet: 1. Orthographia, quae docet rectè scribere. 2. Prosodia, quae docet rectè pronunciare. 3. Etymologia, quae docet rectè inflectere, & aliud ex alio formare. 4. Syntaxi, quae docet voces inter se rectè connectere.

De his singulis hoc loco, quantum in vernacula nostra lingua fieri poterit, docebimus, tùm vt nationes exterae Germanicè loqui discant facilius, tùm vt nostrates indigenae & loqui discant elegantius, & scribere emendatius [1].

DE ORTHOGRAPHIA.

ORthographia literarum rationem continet & docet emendate scribere, vt neque omittatur aliqua litera neque superflua addatur, neque fiat literarum vel transpositio, vel distractio, vel permutatio.

Sunt autem literae, quibus Germanica lingua scribitur, vigintiquatuor, & his characteribus signantur.

A a / B b C D d / E e / F f / G g H h
I i / K k L l M m / N n O o P p Q q
R r / S ſ T t V v / W w X x / Y y Z z.

Efferuntur et valent vt apud Latinos, hoc modo:

A be ce de e ef ge ha i ka el em en o pe qu er es te v we ix y zet.

Ex his sex sunt Vocales, a e i o u y:

Reliquae omnes Consonantes. Sed ex vocalibus i & v fiunt consonantes, [2] cum syllabam inchoant, & sequitur alia vocalis, & pronunciatur i fere vt g / & v vt f / vt: Jar / Annus. Jeger / Venator. Joch / Jugum, Jubilieren / Jubilare. Vermanen / Monere. Viel / Multum. Vol / Plenum. Et contra ex consonantibus w quod natura mollius sonat quam b, & solis Germanis proprium est, Latinis & Graecis ignotum, & ex gemino vv componitur, interdum vocalis naturam induit, & cum a & e coniunctum diphthongum constituit.

Ex vocalibus fiunt diphthongi, au / aw / eu / ew ei / ey / ai / ay / ie / ä / ö / ü / ui / vt: Lauffen / Currere. Schawen Spectare. Keuffen / Emere. Frewen / Gaudere. Wein / Vinum. Frey / Liber. Waiſe / Orphanus seu Pupillus. Hayn / Lucus. Thier / Bestia. Wähnen / Opinari. König / Rex. Wüſte / Eremus. Hui / Age.

Ex his ai ay ui rarissime ursurpantur.

Praetereo dialectos, quae variae sunt, pro diuersitate regionum, & quaedam peculiares diphthonges habent, vt: ou & ow / oi & oy [3].

---

3 B] U KL. v] u C-EKL 7 u KL. 10 u C-L. 12 u KL Jahr DFH·L Jäger DF-L. 13 Jubiliren C L Vermahnen DF-L. 14 Voll C-L. 17 uu KL. 20 au *fehlt* KL. 22 Schauen I-L Käuffen K Kauffen L Freuen L. 29 ou *fehlt* KL..

OBSERVATIONES.

I.

Ex Vocalibus a interdum clarè, vt Patha Ebraeorum, interdum crassè & obscurè vt Camets effertur, quae pronunciatio vsu discenda est.

II.

In quibusdam geminum ee scribitur, sed utrumque contractè, tanquam vnum sit, effertur, vt Seel Anima. Monosyllabicè, tanquam scriptum sit Sel. Sic Neeren Nutrire. Idem sentiendum de aa / vt: Saal / Aula. Monosyllabicè, tanquam scriptum sit Sal. Sic Saat Sementis.

III.

Plerumque e pro ä diphthongo scribitur, & effertur perinde vt ä / vt: Schemen / Pudere, tanquam scriptum sit Schämen. Sic Rete consilia, tanquam scriptum sit Räte. Hoc quoque docebit vsus.

IIII.

Simplex i nunquam finit dictionem nisi in diphthongo ui. Porro haec vocalis [4] duplici figura scribitur: breuiore, quae in medio dictionum, & in Praepositione in signatur: & longiuscula, quae in principio Nominum & Verborum scribitur, sequente altera vocali, vt Jar / Annus. Jung / Juvenis. Jagen / Venari: Et in Pronominibus tertiae personae, Jhm / Ipsi vel sibi, Jhn / Ipsum. Jhr / Ipsi vel sibi. Jhnen / Ipsis etc. Et in paucis alijs: Et in diphthongo ie initiali, vt Jederman / Quisque. Jemand / Aliquis.

V.

Etiam u duplici charactere signatur, aperto &

---

10 Nehren DF-L. 17 Räthe KL. 24 Jahr DF-L. 25 jm CE. 26 jn jr jnen CE.

clauso, quorum hoc in principijs dictionum, & cum fit consonans nunquam verò in fine; illud verò tantum in fine & medio, nunquam in principio vsurpatur, vt: Vater vnser πατὴρ ἡμῶν, Pater nostrum omnium, Wunderbar / Mirabilis. Nu Nunc. Du / Tu. Suchen / Quaerere.

VI.

Y nunquam in principio dictionis scribitur, sed semper in fine ut Frey / Liber. Manumissus, non Frei. Sic Zwey [5] Drey Duo, Tria. In medio mutatur in i simplex, vt Freien / Ambire puellam. Zweierley / Dreierley / Duplex, Triplex. Prouerb. 30. Interdum in compositis manet, vt Freystadt / Josuae 21.

VII.

Ex diphthongis au / eu / ei nunquam finiunt dictionem, sed earum loco scribuntur aw / ew ey vt Taw / Ros. Hew / Foenum. Brey / Puls. Excipiuntur peregrina, ut Esaw.

VIII.

Ex consonantibus c nunquam dictionem finit, nisi assumat h uel k / vt: Hoch / Altus. Kranck / Aegrotus. Excipiuntur peregrina, vt Habacuc / Isaac / Kuckuc / ex κοκκὺξ uel Cuculus. Leuitici 11. Deuteron. 14.

IX.

K nunquam dictionem terminat sine c vt: Danck / Gratia. Sack Saccus.

X.

Ch ut χ Graecorum effertur in fine & medio,

---

4 Unser I-L. 12 Zweyerley, dreyerley DFG. 13 Freystad F-L. 18 Tau Heu L. 19 Esau B-L.

à principio uerò ut k / vt Lachen / Ridere. Doch Tamen. Chriſt Christus, [6] tanquam scriptum sit Kriſt Chor / Chorus, tanquam scriptum sit Kor.

XI.

S in principio & medio dictionum scribitur, ut: Sagen / Dicere. Preiſen Glorificare. At in fine dictionum signatur clauso charactere s, ut Meines Vaters / Mei patris. Sch sonat ut schin Ebraeorum, cum habet punctum in dextro cornu, ut: Schreiben / Scribere. Tiſch / Mensa.

XII.

Z sine t nunquam dictionem claudit, cum illo nunquam dictionem incipit, ut: Nutz Vtilitas. Hartz / Resina. non Nuz / uel Harz / Contrà zwey / Duo. non tzwey. Zwelffe / Duodecim. non tzwelffe. Atque haec communiora annotasse, satis esto.

DE COGNATIONE LITERARVM.

Cognatae sunt literae inter se, ideoque aliae in alias mutantur, sed non temerè. [7]

I.

Ex Vocalibus cognatae sunt a & e interque se permutantur certo modo in comparatione & declinatione nominum, & in formatione temporum vt: Der Man / Vir. Die Menner / Viri. Starck / Fortis. Stercker / Fortior. Lang / Longus. Lenger / Longior. Ich werffe Jacio. Ich warff / Jaciebam. Etiam o & u inter se permutantur, perinde vt Holem & Schurec apud Hebraeos, vt: From & Frum / Probus. Son & Sun Filius. Kommen & Kummen / Venire. Alterum tamen altero vsitatius est.

---

6 Preyſen DF. 15 Zwölffe KL tzwölffe L. 24 Mann C-L Männer DF-L. 28 Sohn & Suhn F-L.

II.

Ex Diphthongis cognatae sunt au & eu / ut Braun Breuner Fuscus. Haus Heuſer / Domus. Zaun Zeune / Sepes. Keuſſen / Emere. Gekaufft Emtus. Item ey & ei ut Frey Freien. Item ei & ie / vt: Schreiben / Scribere. Geſchrieben / Scriptum.

III.

Ex uocalibus & diphthongis cognatae sunt, a & á o & ó / u & ú ó & ú. [8] vt: Rad / Rota. Ráder uel Reder Rotae. Gros Magnus. Gróſſer / Maior. Loch / Foramen. Lócher / Foramina. Wurm / Vermis. Würme / Vermes. Kónnen & Künnen / Posse. Zórnen & Zúrnen / Irasci. Ex η Graeco fit ie / & ex υ fit ú / vt: θήρ Thier θύρα Thúre. Praetereo dialectos, quibus diphthongi conciduntur vt: Kraut / Herba Krut. Wein / Vinum Win. Zeichen / Signum Zechen. Bleich / Pallidus Blech.

IIII.

Ex consonantibus cognatae sunt inter se b & p / g & k / d & t & th / f & v consonans & ph / g & i / c & z. In his spectanda est deriuatio, & numerus pluralis, vt: Das Kalb / Vitulus. non Kalp / quia plurale est Die Kelber non Kelper. Sic Danck / Gratia. non Dang quia Dancken Gratias agere, non Dangen: Contrà Zwang / coactio non Zwanck. quia Zwingen Cogere non Zwincken. Sic Pferd / Equus non Pfert. quia pluraliter Die Pferde: Contra Schwert / Gladius non Schwerd / quia pluraliter Schwerter / Cantic: 3. Psal: 149. Esaiae [9] 2. Ezech. 32. In quibusdam etiam differentia est, ut Sincken / Delabi. &

---

3 Hauß C-L. 5 Freyen C-E. 10 Groß C-F. 13 ex u fit B-L. 20 u cons. C-E j FG. 23 Kálber KL. 27 Schwerdt C-E. 28 non Schwerdt B Swert Schwerdter C-E non Schwerder F-L.

Singen / Canere. Steuben / Excitare puluerem. Steupen / Caedere virgis. Wird / Erit. Wirth / Hospes. Praetereo dialectos. vt: Water / Saxonicè pro Wasser Aqua. With / pro Weiss / Albus. Rick uel Rich pro Reich / Diues. Hirtz / pro Hirsch / Ceruus. Ditz & Ditte / pro Dis / Hoc. Sed haec omnia docebit vsus & Etymologia. Atque hactenus de Orthographia.

DE PROSODIA.

PRosodia docet accentus seu pronunciationem dictionum, & rationem condendi carminis. Accentum nullum Germani expressè signant, sed pronunciant, de qua re accipe has regulas.

I.

Dissyllaba habent accentum in priore, vt: Leben Viuere. Geben / Dare. Schreiben / Scribere. Lieben / Amare. Lesen / Legere. Gehen / Ire. Stehen / [10] Stare. Sehen / Videre &c. Excipiuntur incipientia à be / ge / ver / zer / quae accentum habent in ultima, vt: Bedacht / Praemeditatus. Gesetz Lex. Gethan factum. Verlacht / Irrisus. Zerstört / Destructus: Et quae per concisionem dicuntur. vt: Geliebt pro geliebet / Amatus. Item à Graecis uel Latinis deducta, vt: Prophet Planet Natur / Figur.

II.

Trisyllaba accentum habent in antepenultima, quantacunque fuerit ultima & penultima, vt: Heiligen / Sanctificare. Züchtigen Castigare. Antworten / Respondere. Lebendig / Viuus. Excipiuntur praeterita, quae accentum habent in penultima, seu in syllaba. quae augmentum sequitur. vt: Geschrieben /

---

2 Wirth] Wirt C-E. 3 Watter C-L. 4 Wit B-L Weiß E-L. 5 Tite C-L. 6 Diß F-L

/ Scriptum. Gelesen / Lectum. Gezweiffelt / Dubitatum. Geliebet / Amatum. Sic & in ijs, quae ex praeterito participio formantur, ut futurum, & totum passiuum, ut infra videbitur. A Graecis & Latinis deducta accentum habent in ultima, vt: Die Facultet Vniuersi[11]tet / Lection / Nation / Creatur etc.

III.

Accentus in declinando manet in eãdem syllaba in obliquis, in qua fuit in nominatiuo vt: Lebendig / Viuus. Des Lebendigen / Viui. Dem Lebendigen / Viuo &c.

IIII.

Composita accentum habent in priore parte compositionis, vt: Abschreiben / Describere. Abreissen / Auellere. Auffnemen / Suscipere. Ansehen / Intueri, Respicere. Cum vero Emphasis est in verbo, tunc ipsum recipit accentum, vt: Kanstus nicht abreissen / so magstus abschneiden / Si non potes abrumpere, licet tibi abscindere. Idem fit in compositis, à quibus nunquam auellitur Praepositio inter coniugandum, vt: Ich Vberlese / Relego. Perlego.

V.

Composita cum be / ge / ver / zer / accentum habent post particulas istas, vt: Beweisen / Probare. Demonstrare. Bedencken / Considerare. Betrüben / Contristari. Getümmel / Tumultus. Ge[12]wissen / Conscientia. Veriagen / Relegare. Versagen / Abnegare. Verzweiffeln / Desperare. Zerstören / Destruere.

2 Geliebet / Amatum *fehlt* KL. 5 Facultät KL. 6 Universität KL. 10 Deß C-F. 15 Auffnehmen DF-L. 21 vberlese F-H überlese I-L. 27 Verjagen B-L.

VI.

Partes indeclinabiles compositae cum praepositione, ut in eam exeant, habent accentum in ipsa praepositione, vt: Darauff / ἐπὶ τούτῳ. Darumb / Ideò. Zuuor / Antehac. Widerumb Rursus. Hindurch / Per Illac. Daraus / Inde, ex eo. Herab Deorsum. Damit / Hac re &c. Idem fit in verbis, cum inter coniugandum praepositio auellitur, & verbo postponitur, vt: Abschreiben / Describere. Schreib ab / Describe. Auffnemen Suscipere. Nim auff / Suscipe. Ea uerò composita, in quibus praepositio praecedit, quartam regulam sequuntur, vt: Auffwerts / Sursum. Niderwerts / Deorsum.

VII.

Cum multa monosyllaba ex ordine ponuntur, tunc id, quod Emphasin habet, accentum recipit & eleuatur, Caetera βαρυτόνως efferuntur. Sunt autem [13] ferè aduerbia negandi, affirmandi, prohibendi, loci, temporis, & quaedam alia, pro ratione circumstantiarum: Item Pronomina, vt: Ich hab jhn geschlagen / cum persona agentis indicatur, Pronomen Ich recipit accentum, vt: Ich hab jhn geschlagen / quod Latine dixeris, Ego illum uerberaui, q. d. Fateor me id fecisse: Sin persona patientis indicatur, accusatiuus Jhn recipit accentum, vt: Ich hab jhn geschlagen / Ipsum & non alium: cum vero tempus actionis indicandum est, accentus est in particula Hab / vt: Ich hab jhn geschlagen / q. d. iam factum est: Cum vero indicanda est ipsa actio, seu modus actionis, accentus est in ipso verbo vt: Ich hab jn geschlagen / Verberaui, q. d. non sauciaui aut confodi

---

4 darauf darum L. 5 Zuvor E-L Wiederumb EG-K Wiederum L. 10 Auffnehmen DF-L. 13 Niederwerts DF-K Niederwärts L. 20 habe G-L jn B. 22 habe F-L. 25 jn BCE habe F-L jn CE. 30 habe jhn F-L [I-L *immer* i...].

illum. Sic, Ich habs jm gegeben / Ego ipsi dedi: Ich habs jhm gegeben / Ipsi non alij: Ich habs jhm gegeben / Iam dedi ipsi: Ich habs jm gegeben Dedi seu donaui ipsi, q. d. non vendidi. Sic cum dico: Ich kan vnd wil euch nicht verhalten Neque possum neque volo vos caelare, accentus est in aduerbio negandi: Sin [14] dico: Du hasts nicht gekaufft, sondern gestolen Non es mercatus, sed furatus, accentus est in ipsis verbis. Sed haec docebit vsus.

*De ratione Carminum veteri & noua, ad imitationem Hebraeorum, Graecorum, & Latinorum, dicetur in fine libri. Velle enim docere aliquem compositionem Carminis in ea lingua, cuius cognitionem nondum habeat, perinde est, ac si quis vel surdo narret fabulam, aut caecum nutu velit aduocare.

DE ETYMOLOGIA.

ETymologia proprias significationes & differentias vocum, & nominum atque verborum flexiones docet. Sunt autem dictionum differentiae, quae partes orationis appellantur, apud Germanos totidem & eaedem, quae apud Graecos, quarum quinque sunt declinabiles, Articulus, Nomen, Pronomen, Verbum, Participium. Tres indeclinabiles, Aduerbium, Coniun[15]ctio, Praepositio. Interiectio sub Aduerbio comprehenditur, ut apud Graecos.

DE ARTICVLO.

ARticulus est nota Nominum, Generum, casuum, & Numerorum. Estque duplex: Indefinitus singularis Ein / qui tantum discernit nomen ab alijs orationis partibus, vt: Ein Man Eine fraw / Ein

1 jhm G-L. 2 jm CD jm CDF. 3 jhm FG-L. 5 und H-L will I-L. 7 gestohlen L. 31 Mann B-L Ein H-L Fraw BCE-H Frau I-L.

buch / Vir, Mulier, Liber. Et finitus, qui Genera, Casus, Numeros indicat, Der / Die / Das / vt: Der Knecht / Die Magd / Das Thier / Hic Seruus, Haec Ancilla, Hoc Animal. Casus vterque habent Quinque.

PARADIGMA ARTICVLI INDEFINITI.

		Masculinum.	Foemininum.	Neutrum.
Sing.	N.	Ein	eine	ein.
	G.	Eines	einer	eines.
	D.	Einem	einer	einem.
	A.	Einen	eine	ein.
	Ab.	Von einem	von einer	von einem [16].

PARADIGMA ARTICVLI FINITI.

Sing.	Plur.
Masc. Foem. Neutr.	Masc. Foem. Neutr.
N. der die das	die
G. des der des	derer vel der
D. dem der dem	denen vel den
A. den die das	die
Ab. von dem. von der. von dem.	von denen vel den.

OBSERVATIONES.

I.

Vocatiuo carent articuli, sed eius loco vtimur Pronomine secundae personae cum aduerbio vocandi o, Vt: o du / o jhr.

II.

Datiuus & Ablatiuus utriusque numeri, & in omnibus generibus, sunt similes, & in foeminino singulari etiam cum his genitiuus. Accusatiuus nominatiuo similis est in foemininis & neutris, & in plurali in omnibus generibus, vt videre est in paradigmate.

---

1 Buch BCE-L 24 jr CE.

III.

Germani breuitatem amant, ideoque[17]concisè der & den pro derer & denen dicunt in plurali: Et in singulari eins pro eines / eim pro einem. Saepe etiam articulum cum praepositione contrahunt, vt tantum extrema litera de articulo sit reliqua, Vt: ins Vaters namen / in patris nomine, pro, in des Vaters namen: Ich gehe zum Vater / eo ad patrem, pro, zu dem Vater. Auffs feld gehen / pro, auff das feld, ire rus. Zur Kirchen / in templum / pro, zu der Kirchen. In praepositionibus, an / in von / etiam n abijcitur, Vt: am tage / in die, pro, an dem tage. Im wege / in via, pro, in dem wege. Vom felde / rure, pro, von dem felde.

IIII.

Indefinitus articulus plurali numero caret: Finiti tria genera conueniunt in plurali in omnibus casibus, vt ostendit paradigma.

DE NOMINE.

NOmen cognoscitur ex additione articuli ein / vel, der / die / das / vt: ein Man / vir, eine feder / penna, ein buch li[18]ber: der Knecht / Seruus, die Magd / Ancilla, das Thier / Animal. Nomen aliud est Proprium, aliud Appellatiuum. Proprium aut est personae, vt: Johannes / Peter / Anna: aut rei, vt vrbium, pagorum, insularum, montium, & fluuiorum, vt: Leipzig / Bendeleben / Malta / der Hundsberg / die Wipper. Propria nomina aut Germanica sunt sua origine, vt: Friderich diues pacis .i. Salomo, Irenaeus, quae postea ab exteris nationibus vsurpata & cor-

---

6 ff. Vatter L. 7 Namen F-I Nahmen KL deß C-E. 9 Feld CE-L. 12 f. Tage, Wege G-K Weege L. 13 Felde CE-L. 20 Mann C-L ein G-L Fedder D Feder E-L. 21 Buch F-L. 26 Leiptzig D.

rupta sunt, vt: Vercingetorix, apud Caesarem, pro Seerſinreich / valde ingeniosus, vel iuxta Lutherum in suo Etymologico transpositè pro Hertoge Hinrick Saxonicè, quod est Hertzog Heinrich, Dux Henricus. Aut ab alijs linguis petita sunt, vt: Johannes ex Ebraeo johanan, quod gratiosum significat. Sed siue sint Germanica siue peregrina propria nomina, vulgus concisè & corruptè illa effert, vt quaerenti etymon diuinatione interdum opus sit, vt: Kurt vel Kuntze .i. Kunrad Cunradus, consilio potens. Matz .i. Matthaeus. Kete [19] & Kattern .i. Catharina. Ilge .i. Iuliana &c. Et in his suus cuique regioni mos est. Appellatiuum aliud est Substantiuum, aliud Adiectiuum. Substantiuum vnius tantum generis est: Adiectiuum verò per tria genera moueri potest. Cognoscitur autem adiectiuum vel ex adiectione particularum, Man / Frawe / Ding / vel ex praepositione articulorum, Der / Die / Das / vt: ein ſchöner Man / formosus vir, eine ſchöne Frawe / formosa foemina, ein ſchönes Ding formosum quiddam, Vel: Der ſchöne Die ſchöne Das ſchöne. Formosus, a, um. Pulcher, ra, rum.

Accidunt nomini, Motio, Comparatio, Genus, Numerus, Figura, Casus, Declinatio, & Species.

MOTIO.

Mouentur adiectiua omnia per tria genera, sed vel per tres terminationes, vel per vnam, de qua re accipe duas regulas.

I.

Tribus terminationibus mouentur [20] adiectiua, cum adduntur substantiuis cum articulo indefinito

---

2 Sehrſinreich DF Sehr ſinnreich GH ſehr ſ. I-L. 3 Henrick DF-L. 4 Hertzog Henrich I-L, 10 Cunrad C-L. 11 Kette KL. 12 Igle F-L. 17 Mann DF-L Fraw C-H Frau I-L. 19 Mann C-L Fraw DF-I Frau KL. 28 re *fehlt* G-L.

ein & tunc Masculinum desinit in er, Foemininum in e, Neutrum in es, vt: ein fromer Man / eine frome Frawe / ein fromes Thier / probus Vir, proba Foemina, probum Animal. Eadem est ratio, cum Pronomina possessiua praeponuntur, vt: mein lieber Man meine liebe Frawe / mein liebes Hertze / mi vir, mea vxor, meum cor.

II.

Vna terminatione mouentur adiectiua cum vel praeponuntur ipsis articuli, Der Die / Das & tunc in e desinunt, vt: Der / Die / Das frome / & cum substantiuis, Der frome Man / Die frome Frawe / Das frome Thier: Vel cum ipsa adiectiua absolutè, id est, sine articulo, vel praedicati loco ponuntur, & tunc abijciunt e finale, & in consonantem praecedentem desinunt, vt: from / gut / schön / vel, der Man ist from / Vir est probus, die Frawe ist from / Foemina est proba, Das Thier ist from / [21] Animal est probum. Excipitur Weise / Sapiens, quod e retinet ad differentiam ab adiectiuo Weiss / Albus, Et böse vel böss / quod vtroque modo dicitur.

DE MOTIONE SVBSTANTIUORUM.

Mouentur & substantiua quaedam, sed tantum de genere Masculino in Foemininum, & sunt pleraque officiorum & nationum nomina, & quaedam animalium vocabula, & horum Foemininum desinit in in / & mutantur in quibusdam vocales, a in e / o in ö / u in ü / &c. Item: Der Keiser / Caesar, Imperator, die Keiserin / Imperatrix, der König / Rex, die Königin

---

2f. frommer, =e, =es C-L Mann DF-L ein CE. 3 Fraw DF-I Frau KL. 5 Mann C-L. 6 Fraw DF-I Frau KL Hertz DG-L. 11 ff. fromme DF-L. 12 Mann C-L Fraw C-I Frau KL. 16 fromb F-K fromm L Mann H-L fromb DF-K fromm L. 17 Fraw DF-K Frau L. 20 Weiß E-L böß C-L. 27 f. a in á F-L o in ú G-L. 28 f. Keyser, =in B-K Kayser L.

/ Regina, der Fürste / Princeps, die Fürstin / der Graffe Comes, die Gräffin / der Bürger / Ciuis, die Bürgerin / der Bawer / Rusticus, die Bewrin / Rustica, der Schmid / Faber, die Schmidin / der Schwab / Sueuus, die Schwebin / Sueua, der Meissner / Misnensis, die Meissnerin / der Buler / Amator, die Bulerin / Amatrix, der Wolff / Lupus, die Wölffin / Lupa, [22] der Lewe / Leo, die Lewin / Leaena, der Esel / Asinus, die Eselin / Asina.

COMPARATIO.

Comparantur nomina adiectiua tantum, per tres gradus, de qua re accipe has regulas.

I.

Comparatiuus formatur à positiuo addendo er & Superlatiuus, addendo ste / vt: Schön / pulcher, schöner / der schönste. In quibusdam interponitur e ante ste / vt: Der elteste / maximus natu. Mutantur & Vocales ac Diphthongi Positiui in Comparatiuo & Superlatiuo, videlicet a in e / o in ö / u in ü / au in eu / vt: Lang / longus, lenger / der lengste. Kranck / aegrotus, krencker / der krenckste. Starck / fortis, firmus, stercker / der sterckste. Warm / Calidus, wermer. Schwach / debilis, infirmus, schwecher. Karg / parcus, kerger. Arg / prauus, erger. Scharff / acutus, scherffer. Gross / magnus, grösser. Voll / plenus, völler. Toll / insanus, töller. From / probus, frömer. Klug / prudens, klüger. Jung. [23] iuuenis, jünger. Braun / fuscus, breuner / der breunste etc.

---

1 Fürst DF-L Grafe L. 2 Greffin BCE Gräfin L. 3 Bauer, Bäurin L. 4 Schmied, -in F-L. 5 f. Schwäbin L Meißner, -in D-L. 6 Buhler, -in KL Bülerin B. 8 Löwe D Löw, -in F-L. 20 längste L. 22 sterckeste G-L. 24 Groß CEFL Gros G-K. 26 Fromb DF-K Fromm L frömmer DF-L.

II.

Quorum Positiuis additur Aduerbium intendendi sehr / wol / eben / fast / eorum Comparatiuis additur particula noch / & Superlatiuis aller / vt: Wolgelert / perdoctus, noch gelerter / multò doctior, der aller gelertste / longe doctissimus.

III.

Quaedam irregulariter comparantur, vt: Gut / besser / der beste / Bonus, melior, optimus. Böss / erger / der ergste / Malus, peior, pessimus. Viel / mehr / das meiste / Multum, plus, plurimum. Quaedam etiam Comparationem non recipiunt, vt: Linck / sinister. Recht / dexter. Todt / mortuus. Lebendig / viuus. Et his similia. [24]

GENVS.

Genera nominum sunt septem, vt:

1. Masculinum	Cuius nota est articulus.	der / vt der Man / Vir.
2. Foemininum		die / vt die Frawe / Foemina.
3. Neutrum		das / vt das Hauss / Domus.
4. Commune		der & die / vt der oder die Geuatter. Compater. Commater.
5. Omne		der / die / das / vt in adiectiuis. [25]

6. Epicaenum, cum uno articulo vtrumque sexum complectimur, quod fit in Animalium appellationibus, vt: der Sperling / Passer, der Storch vel Storck / Ciconia, die Schwalbe / Hirundo, der Hund / Canis, die Katze / Catus, der Hecht / Lupus piscis.

3 wohl L. 4 Wolgelehrt *etc.* DF-L. 5 gelehrteste F-L. 9 Böß C-L. 13 Tod G-L. 17 Mann DF-L. 18 Fraw DF-K Frau L. 19 Hauß C-L.

7. Dubium, cum vox aliqua diuersis generibus effertur, vt: der teil & das teil / Pars, der Scepter & das Scepter / Sceptrum, die erkendnis & das erkendnis / Noticia, die gifft & das gifft / Venenum, Et alia. Sed in his videndum, quid probet vsus, & suus cuique regioni tropus est.

Cognoscitur autem genus apud Germanos quatuor modis. 1. Ex articulo, Masculino enim praeponitur der / Foeminino die / Neutro das / vt iam dictum est. 2. Ex adiectiuo addito per regulas de motione traditas. 3. Ex significatione per regulas generales. 4. Ex terminatione per regulas Speciales. [26]

REGVLÆ GENERALES.

I.

Virorum, officiorum virilium, mensium, ventorum, & quadrantum anni nomina sunt generis Masculini. Virorum, vt: Johannes. Officiorum, vt: der Vater / Pater, der Son / Filius, Vetter / Patruus, Schwager / Affinis, Keiſer / Imperator, König / Rex, Bürgermeiſter / Consul, Schmid / Faber. Mensium, vt: Jenner / Ianuarius, Hornung / Februarius, Mertz / Aprill Mey / Brachmonat / Hewmonat / Augſtmonat / Herbſtmonat / Weinmonat / Wintermonat / Chriſtmonat. Ventorum, vt: Oſtwind / qui flat ab ortu, & collaterales eius Oſtſude & Oſtnord: Weſtwind / qui flat ab occasu, & collaterales eius, Weſtſude / & Weſtnord. Sudwind / qui flat à meridie, & collaterales eius Sudoſt & Sudweſt. Nordwind / qui flat à septentrione, & collaterales eius, Nordoſt & Nordweſt. Quadrantum anni,

---

2 Theil DF-L. 3 erkentnis C-E Erkentnüß F Erkentnis G-I Erkentniß KL. 4 Gifft F-L. 19 Vatter L Sohn B-L. 20 Keyſer B-L. 21 Schmied G-L. 22 April CEL. 23 May B-L Heumonat I-L Auguſtmonat DF-L.

vt: der Früling vel Lentz Ver. [27] Sommer / Aestas. Herbst / Autumnus, Winter Hyems.

II.

Mulierum, muliebrium officiorum, arborum, quibus γενικὸν non additur, & pleraque fructuum ac fluuiorum nomina, sunt generis Foeminini. Mulierum, vt: Anna Martha. Officiorum, vt: die Mutter / Mater, die Tochter / Filia, die Amme / Nutrix, die Magd / Ancilla. Arborum, vt: die Eiche / Quercus, die Tanne / Abies, die Fichte / Pinus, die Pappel / Populus, die Linde / Tilia. Fructuum, vt: die Nuss / Nux, die Birn / Pirum, die Pflaume / Prunum, die Kirsche / Cerasum. Excipitur / der Apffel / Pomum, der Spilling / Prunum cereum, & quaedam alia, quae docebit usus. Fluuiorum, vt: die Donaw / Danubius, die Elbe Albis, die Elster / Elyster, die Wipper / Vippera, die Helm / Helmus, die Mulde / Molda, die Neisse / Nissa, &c. Excipiuntur der Jordan / Iordànes, der Rhein / Rhenus, der Mein / Moenus, & quaedam alia. [28]

III.

Vrbium, oppidorum, pagorum, & literarum nomina sunt generis Neutri, vt: das Leipzig / das Northausen / das Bendeleben / das Grüningen / das A / das B / das C. Sed horum γενικὰ articulis differunt, vt: die Stad / der Flecke / oder Marck / das Dorff / der Buchstabe / Vrbs, Oppidum seu Castellum, Pagus, Litera. Sunt etiam Neutri generis Infinitiui, cum in nomina degenerant, & alia quae τεχνικῶς ponuntur vt: das thun / ipsum

---

1 Früeling C-E Frühling KL. 11 Nuß C-L 15 Tonaw H Tonau I-L. 17 Mulda DF-H Multa I-L Neusse I-L. 19 Rein F-H Mayn C-L. 23 Leiptzig D Nordhausen G-L. 26 Stadt BCE Marckt KL. 29 das Thun *etc.* KL.

facere, das schreiben / ipsum scribere, das beten / ipsum orare, das Magister das fa / das la / das re / das ja / das nein.

IIII.

Quae conveniunt viris ac mulieribus, non mutata terminatione, sunt Communis generis, vt: der Geuatter / Compater, die Geuatter / Commater vel iuxta quosdam Compatrissa. Et dicitur quasi Jauater .i. pater Spiritualis, qui infantis loco Diabolo renun[29]ciet, & confessionem fidei edat, cum ad interrogata baptistae Ja .i. ita dicere iubetur. Sed pauca sunt Communia Germanis, atque haud scio, an vllum praeterea sit, si non sit der & die Gemahl / quod tamen in Neutro rectius effertur. Nam quae Aelingerus affert in sua grammatica, ea non agnosco. Dicimus enim der Widwer / Viduus, & die Widwe / Vidua, Caetera latina sunt.

V.

Numeralia à tribus ad mille in infinitum vsque sunt generis Omnis, vt: drey Menner / tres Viri, drey Frawen / tres Foeminae, drey Thiere / tria Animalia. At substantiuum centum & mille, generis Neutri est, vt: das hundert / das tausent. Vnum & duo, variantur per genera distinctis terminationibus, vt: Einer / eine / eines & concisè eins. Et cum Substantiuo, ein / eine / ein. De caeteris numeralibus vide infra in Syntaxi. Zween / zwo / zwey. [30]

VI.

Quadrupedum, volucrum, piscium, & reptilium nomina sunt Epicoena. Sed ex his quae in e desi-

---

2 f. Fa, La KL das re *fehlt* H-L Ja, Nein G-L. 6 Gevatter D-L. 8 Javater G-L. 16 Wittwer, Widwe H Wittwer, Wittwe I-L. 20 Männer DF-L. 21 Frauen I-L. 23 Hundert F-L tausend C-F Tausent G-L.

nunt, pleraque sunt Foeminina, vt: die Katze / Catus, die Meise / Parix, die Olrupe / Lacertus, die Raupe / Eruca. Caetera ferè Masculina sunt, vt: der Hund / Canis, der Specht / Picus, der Hecht / Lupus, der Keser Scarabeus. Excipiuntur tamen quaedam vtrinque, quae docebit vsus & lexicon adhibitum.

VII.

Quae Dubij generis sunt, in his videndum, vtrum genus crebrius vsurpetur, & num qua sit differentia, vt: der teil & das teil / Pars. Du solt keinen teil vnter jhnen haben / Non habebis vllam partem inter eos. Numeri 18. Gib mir das teil der Güter / das mir gehöret / Da mihi partem meam proportionalem. Lucae 15. Sic der Scepter & das Scepter. Den güldenen Scepter / aureum sceptrum. Esther 5. Es sol das Scepter von Juda nicht entwendet werden / [31] Non auferetur sceptrum de Iuda. Gen. 49. Sceptrum pro regno. Der & die schos / Gremium, Sinus. Vnd sie liess jhn entschlaffen auff jhrem schos / Dormire eum fecit in sinu suo, Jud. 16. Vnd legets auff jre schos / Posuit in sinu suo, Ruth 4.

VIII.

Composita eiusdem sunt generis, cuius est γενικὸν ipsorum in quod desinunt, vt: der Apffelbaum / Pomus, der Birnbaum / Pirus, quia der Baum Arbor. Der Strausberg / der Risenberg / quia der Berg Mons, der Blutstein / Haematites, der Marmelstein / Marmor, quia der Stein Lapis. Der Jarmarckt / Nundinae, der Kornmarckt / Forum frumentarium, quia der Marckt Forum. Das Panterthier / Panthera, das Murmelthier

---

1 Katz DFH-L. 10 ff. theil C Theil H-L. 16 soll DFH-L nit CE. 18 ff. schoß C-E Schoß F-L. 19 jn, jrem B liess G-H ließ I-L Und L. 21 jhren H-L. 26 Straußberg C-L Riesenberg C-L. 28 Jährmarckt C-L. 30 Pantherthier G-L.

Mus alpinus, quia das Thier Animal. Das Einhorn Vnicornis. das Eichorn, Sciurus, quia das Horn / Cornu. Sic de alijs sentiendum. [32]

REGVLÆ SPECIALES.

Ex terminatione etsi aliquo modo cognoscitur genus, Foeminina enim pleraque in a desinunt, Et quae eiusdem sunt terminationis, eiusdem ferè sunt generis: tamen hoc non est perpetuum, sed vtrinque excipiuntur complura, ideoque genus aut vsu discendum, aut ex Lexico quaerendum est. Annotauimus tamen quaedam iuxta terminationes secundum ordinem Alphabeti.

Desinentia in a.

In a desinentia omnia ferè Foeminina sunt, cum sint pleraque nomina mulierum, vt: Anna / Maria.

Desinentia in b.

Masculina sunt haec: Der Stab / Baculus. der Raub / Praeda. der Leib Corpus. der Dieb Fur. der Hieb / Ictus. der Korb / Corbis. [33]

Neutra sunt: Das Grab / Sepulcrum. das Weib Mulier. das Kalb Vitulus. das Lamb Agnus.

Desinentia in c.

In c desinentia nulla sunt apud Germanos, sed in ck. Si qua in c desinunt, ea peregrina sunt, vt: Habacuc / nomen Prophetae. Isaac nomen Patriarchae. Kuckuck / Coccix seu Cuculus, Leuitici 11. Deuteron. 14.

---

2 Eichhorn B-L. 27 Kuckuc E-L.

Desinentia in d.

Masculina sunt: Der Grad Gradus. der Todt Mors. der Eid Iuramentum. der Neid / Inuidia. der Sand / Arena. der Rand Margo. der Stand Status. der Abend / Vesper. der Grind / Scabies. der Wind / Ventus. der Mund Os. der Grund / Fundus. der Hund Canis. der Bund / Foedus, eris. der Mord / Homicidium. der Wald / Sylua. der Herd Focus. der Held / Heros. der Schild / Scutum. der Sold / Stipendium. [34]

Foeminina sunt: Die Stad / Vrbs, Ciuitas. die Schuld Huld / Debitum, Fauor. die Wand, Hand Paries, Manus. die Herd / Grex. die Gegend / Tugend / Jugend / Regio, Virtus, Iuuentus. die Zierd Begierd / Ornatus, Cupiditas. Postrema duo etiam d abijciunt per apocopen praesertim in Carmine, vt: Zier / Begier / sicut Thier.

Neutra sunt: Das Bad / Rad Balneum, Rota. das Augenlied / Glied / Lied / Palpebrae, Membrum, Canticum. das Leid / Luctus. das Wild / Bild / Fera, Imago. das Gold / Aurum. das Band / Land / Pfand / Vinculum, Regio, Pignus. das Kind / Rind / Infans, Bos. das End / Elend / Finis, Miseria. das Pfund / Libra. das Pferd / Equus. das Feld / Rus.

Desinentia in e.

In e desinentia pleraque Foeminina sunt, & ex omnibus terminationibus formantur assumto in fine e / vt: Die Gabe / Habe / Donum, Substantia. die Taube / Haube / Columba, Vitta. die [35] Gnade / Lade Gratia, Cista. die Garbe / Merges. Et abstracta à nominibus adiectiuuis quantitatem aut qualitatem significantibus, vt: Die Grösse / Magnitudo. die Lenge

---

2 Tod BE-L. 3 Eyd C-L. 11 Stadt BCEG. 28 Haabe DF. 32 Länge KL.

/ Longitudo. die Kürtze / Breuitas. die Weite / Amplitudo. die Breite / Latitudo. die Dicke / Crassitudo. die Höhe / Altitudo. die Tieffe / Profunditas. die Fleche / Planicies. die Krümme / die Beuge / Concauitas & Conuexitas. die Güte / Bonitas. die Weisse / Albedo. die Schwertze / Nigredo. die Röte / Rubedo. die Stercke / Robur.

Masculina quoque & Neutra sunt nonnulla δικατάληκτα, quae vel in consonantem vel in e mussitans desinunt, vt: Der Fried & Friede / Pax. das Gesind & Gesinde / Familia. das Hertz & Hertze / Cor. Sed vnius tantum terminationis declinationem recipiunt, vt: Des Friedes / iuxta primam declinationem, non Frieden / iuxta quartam. Des Hertzen / in quarta, non Hertzes / in tertia. Des Gesindes / in tertia, non Gesinden / in quarta, quae vsu discenda sunt. Idem fit in adiectiuis, & quibusdam [36] Foemininis, vt: Gut absolutè, & der Gute cum articulo. Die Freud & Freude / Gaudium, in genitiuo der Freuden iuxta secundae declinationis primum paradigma. Sic die Frawe & Fraw / in contextu, vt: Die Fraw Greffin. In genitiuo der Frawen / iuxta paradigma secundae declinationis in e.

Desinentia in f.

Masculina sunt: Der Schlaff / Somnus. der Brieff / Epistola. der Griff / Pugnus. der Kauff / Lauff / Knauff / Emtio, Cursus, Capitellum. der Reiff / Schweiff / Greiff / Pruina, Limbus, Gryps. der Wolff / Lupus. der Kampff / Krampff / Certamen, Spasmus. der Schimpff / Gelimpff / Facetiae, Lenitas. der Kopff / Topff / Zopff / Kropff / Schopff / Caput, Olla, Tricae, Struma, Porticus.

Neutra sunt: Das Schaf / Ouis. das Schaff / Vas. das Schiff / Nauis.

---

6 Röthe DG-L Röhte F. 13 Deß CE. 18 f. Frewd. -e, -en C-EG-K. 21 Frawe & *fehlt* DF-L Frau L Gräffin F Gräfin H-L.

Desinentia in g.

Masculina sunt: Der Tag / Schlag / Vertrag / Dies, Ictus, Contractus. der [37] Weg Steg / Via, Trames. der Steig / Teig / Semita, Massa. der Krieg Sieg / Bellum, Victoria. der Trog / Linter. der Krug Betrug / Pflug / Flug / Zug / Amphora, Fraus, Aratrum, Volatus, Expeditio. der Balg / Pellis detracta. der Klang / Gang / Gesang / Strang / Sonus, Gressus, Cantus, Laqueus. der Ring / Jüngling / Schilling / Dreyling / Vierling / Annulus, Adolescens, Duodenarius, Triens, Quadrans. der Sprung / Schlung / Saltus, Faux. der Borg / Maialis. der Berg / Zwerg / Mons, Nanus.

Foeminina sunt in ung verbalia & denominatiua, vt: Die Wohnung / Habitatio. Belohnung / Compensatio. Thewrung / Caritas. Sendung / Endung / Missio, Terminatio. Verschreibung / Obligatio. Hoffnung / Spes. die Burg / Arx.

Neutra sunt: Das Ding / Res. das Geschling vel Geheng / Membra interiora coniunctim, vt sunt, Cor, Pulmo, Iecur, Lyen. das Beding / Conditio, Exceptio. [38]

Desinentia in ch.

Masculina sunt: Der Bach / Torrens. der Stich / Strich / Schlich / Teppich / Transfixio, Tractus, Furtiuus recessus, Tapes. Der Kelch / Calix. der Fisch / Tisch / Piscis, Mensa. der Hirsch / Ceruus. der Tausch / Permutatio. der Storch / Ciconia. der Schuch, Fluch / Geruch / Spruch, Bruch / Calceus, Maledictio, Odor, Dictum, Ruptura. der Bauch / Schlauch / Strauch / Venter, Lacus, Frutex. der Teich / Streich / Piscina, Plaga.

Neutra sunt: Das Dach / Fach / Gemach Gelach / Tectum, Interstitium, Conclaue, Symposium. das Pech

---

15 Theurung DFK-L. 32 Tach DF. 33 Bech B-L.

Blech / Pix, Lamina. das Loch / Bloch / Joch / Foramen, Truncus, Iugum. das Fleisch / Caro. das Buch / Tuch / Liber, Pannus. das Reich / Regnum. das Geleich Seminarium piscium.

In h simplex desinentia pauca sunt, vt: Das Stroh / Stramen. das Vieh / Pecus. [39]

Desinentia in i.

In i desinunt nulla Teutonica, sed in y in Diphthongo ey.

Desinentia in ck.

Masculina sunt: Der Sack / Saccus. der Schmack Gustus, Sapor. der Speck / Dreck / Fleck / Lardum, Stercus, Commissura. der Strick / Blick / Funis, Nutus. der Rock / Stock / Bock / Pflock / Tunica, Caudex, seu Stipes, Hircus vel Caper, Palus, i. der Danck / Tranck / Zanck / Stanck / Gratia, Potus, Lis, Foetor. der Trunck / Haustus. der Rinck / Fibula. der Schalck, Nequam. der Sarck / Feretrum, Loculus. der Quarg vel Zwarg / Coagulum. der Storck / Ciconia.

Foemininum est, die Banck / Scamnum. quod tamen quibusdam in locis in Masculino effertur, sed malè.

Neutra sunt, das Stück / Frustum. das Glück / Fortuna. das Volck / Populus. das Geschenck / Getrenck / Gelenck / [40] Donum, Potio, Articulus. das Werck / Opus. das Marck / Medulla.

Desinentia in l.

Masculina sunt: Der Saal Aula. der Stahl / Chalybs. der Stral / Radius. der Fall / Wall / Stall

---

6 Viehe B-DFG. 17 Ring C-E. 18 Sarg G-L Quarck vel Zwarck F-L. 19 Storch I-L. 29 Strahl DF-L.

/ Casus, Vallum, Stabulum. Kol Brassica. Zoll Vectigal. Stul / Pful / Sella, Lacus, us. Feil / Delictum: Et omnia in l desinentia, paucis Foemininis & Neutris exceptis, quae sequuntur.

Foeminina sunt: Die Wahl, Delectus. die Zal, Numerus. die Qual / Tormentum. die Kandel / Cantharus. Mandel / Quindena. die Nadel / Acus. die Gabel / Furca. die Strigel / Strigilis. die Schauffel / Pala. die Semmel / Simila. die Deichssel / Temo. die Geissel / Flagrum. die Schüssel / Patina. die Scheitel / Vertex. die Fackel / Fax. die Handzwel / Mantile.

Neutra sunt: Das Thal / Vallis. das Mal Prandium. das Fell / Vellus. das Spiel / Ziel / Ludus, Meta. das Maul / [41] Os. das Metall / Metallum. das Oel / Oleum. das Beil / Heil / Seil / Securicula vel Ascia, Salus, Funis.

Dubium est: Teil / Pars, der & das. Et Gemahl, Commune est, Coniunx, quod tamen & Neutrum est. Caetera Masculina sunt, quae inter Foeminina & Neutra non sunt enumerata, praeter vnum atque alterum, quae mihi in mentem non venerunt. Masculina sunt plura, quam vt enumerari debeant hoc loco.

Desinentia in m.

Masculina sunt: Der Schwam / Tam / Kam / Schlam / Stam / Fungus, Agger, Pecten, Caenum, Stipes. der Schwarm / Examen. Darm / Intestinum. der Halm / Culmus. der Leim / Schleim / Reim / Honigseim / Gluten, Rythmus, Fauus. der Grem / Moeror. der Grim / Furor. der Bosem / Sinus. der Biesem / Moschum. der Athem vel Odem / Anhelitus. der Riem / Pfriem / Lorum, Subula. der Traum / Baum /

5 Wal B-E Zahl DF-L. 8 Striegel C-L. 9 Deichsel E-L. 11 Handzwell KL. 12 Mahl C-L. 15 Beyl KL. 17 Theil DF-L. 22 f. quam & enumerari debeant hoc loco in el desinunt (*Unsinn!*) F-L. 25 Tham F-L. 32 Trawm, Bawm C.

Daum Schaum / Saum Somnium, [42] Arbor, Pollex, Spuma, Fimbria. der Sturm / Wurm Conflictus, Classicum, Vermis.

Foemininum est: Die Scham Pudor & Pudenda.

Desinentia in n.

Masculina sunt: Der Man Vir. der Zan Han / Wahn / Kahn / Saffran / Schwan / Dens, Gallus, Opinio, Linter, Crocum, Cygnus. der Thon / Thron / Lohn / Hohn / Tonus, Thronus, Merces, Contumelia. der Zaun / Alaun / Sepes, Alumen. der Wein / Lein Stein Schrein Schein / Vinum, Linum, Lapis, Cista, Splendor. der Harn / Vrina. der Zwirn / Duplarium. der Born / Zorn / Dorn Fons, Ira, Spina. der Thurn Turris.

Item in en desinentia pleraque, Vt: Der Garten Hortus. der Namen Samen Nomen, Semen. quae & in e exeunt, der Name / der Same. der Karren / Carruca. der Stecken / Baculus. der Husten Tussis. der Segen Regen Ro[43]cken / Benedictio, Pluuia, Olyra. der Wagen / Currus. der Kasten Cista.

Foeminina sunt: Die Bahn / Iter. die Stirn / Frons, tis. die Pein Tortura. Item in on desinentia à Latinis in io formata, vt: Die Lection / Lectio. die Nation / Natio.

Neutra sunt: Das Bein Os, ossis. das Schwein Porcus. das Hun Pullaster. das Gehirn / Gestirn Cerebrum, Sidus. das Korn / Horn / Granum, Cornu. das Becken / Peluis. das Eisen / Ferrum. das Küssen Puluinar. das Töpffen / Olla.

Item Infinitiui cum in nomina degenerant, vt: Das Beten / Orare, Preces. das Wachen / Vigiliae. das Fasten Ieiunium, vt dictum est in tertia regula generali.

---

6 Mann C-L Zahn, Hahn DF-L. 7 Safran BL. 19 Seegen L.

Item diminutiua in lein vel lin Vt: Das Menlein das Frewlein / Mas, Foemina.

Desinentia in o.

In o desinentia nulla sunt, sed assumunt aspirationem, Vt: Das Stroh / [44] Stramen. Exod. 5. Roh / Crudus, adiectiuum. Exod. 12.

Desinentia in p.

In p desinentia quoque nulla sunt, sed assumunt e / Vt: Rappe / Trappe / Fusstappe / Karpe / Lippe / Krippe.

Desinentia in q.

In q desinens vox nulla est apud Germanos, ac ne quidem apud Latinos.

Desinentia in r.

Masculina sunt: Der Star / Altar / Sturnus, Ara. der Stier / Taurus. Haber / Auena. Herr / Dominus. der Schleier / Peplum. der Zober / Kober / Schober / Orca, Fiscella, Meta. der Börer / Trechter / Terebrum, Infundibulum. der Leuchter / Candelabrum. der Hammer / Malleus. der Jamer / Miseria. der Hunger / Fames. der Kummer / Moeror. der Wucher / Vsura. der Jngwer / Zitwer / Pfeffer / Zucker / Gingiber, Zedoaria, Piper, Saccarum. Item verbalia omnia in er / [45] vt: Der Schreiber / Scriba. Treiber / Agaso. Seuffer / Teuffer / Leuffer / Potor, Baptista, Cursor. Keuffer / Emtor. Verkeuffer / Venditor. der Spieler / Lusor.

---

1 Mennlein CE Männlein DF-L. 2 Fräwlein F-H Fräulein I-L. 9 Fußstappe C-L Karpe] Kappe H-L. 17 Schleyer C-L. 18 Trichter G-L. 20 Jammer D-L.

der Buler / Amator. Hurer Scortator, Ehbrecher Adulter, &c.

Foeminina sunt: Die Lahr / Doctrina. die Schar Geſahr / Turba, Periculum. die Klaffter / Vlna. die Leber / Iecur. die Schulder / Humerus. die Feder / Penna. die Kammer / Klammer / Cubiculum / Fibula. die Thür / Gebür / Kür / Ianua, Decorum. Delectus. die Spur / Indagatio, die Ruhr / Dysenteria. Et quae à Latinis formantur, die Natur / Creatur / Figur / a finali abiecto.

Neutra sunt: Das Jar / Har / Par / Annus, Crinis, Par. das Bier / Thier / Cereuisia, Animal. das Thor / Rhor / Porta / Arundo. das Waſſer / Aqua. das Silber / Argentum. das Leder / Corium. das Fenſter / Fenestra. das Kloſter / Coenobium. das Meſſer / Culter. das Wetter / Temperies &c. [46]

Desinentia in s.

Masculina sunt: Der Baſs / Haſs / Bassus, Odium. der Biſs / Morsus. der Spieſs / Hasta. der Verdrieſs / Molestia. der Schoſs / Vectigal. der Grus / Salutatio. der Vberdruſs / Taedium. der Kraus / Straus Carchesium, Conus vel Struthio. der / Flachs / Lachs Dachs / Linum, Esox, Meles. der Ochs / Bos. der Luchs / Fuchs / Lupus ceruarius, Vulpes. der Hals / Collum. der Fels / Petra. der Puls / Arteria. der Fleis / Preis / Schweis / Diligentia, Gloria, Sudor.

Foeminina sunt: Die Laus / Pediculus. die Maus / Mus. die Gans / Anser.

---

5 Schuldter DF. 7 Gebühr DL Kühr DF-H Rühr I-L. 8 Rur F-L. 11 Jahr Haar DF-L. 13 Rohr B-L. 14 Ledder D. 18 Baß Haß D-L. 19 f. Biß Spieß Verdrieß Schoß E-L. 20 Gruß DF-L. 21 Vberdruß D-I Uberdruß KL Krauß Strauß DF-L. 24 Halß DF. 25 f. Felß Pulß Fleiß DF-L. 26 Preiſs Schweiſs C Schweiß D-L. 27 Lauß Mauß DF-L. 28 Ganß DF.

Neutra sunt: Das Gras Mas Glaſs Faſs Gramen, Mensura, Vitrum, Vas vel Dolium. das Los / Mos / Sors, Muscus. das Schloſs / Roſs / Sera vel Arx, Equus. das Wachs / Cera. das Eiſs / Reiſs / Glacies, Oryza vel Sarmentum. das Mus / Puls. das Taus / Binarius. das Wammes Thorax. Et [47] verbalia ac denominatiua in nis vt: das Zeugnis / Testimonium. Bildnis / Imago. Geſengnis / Carcer. Begengnis Exequiae. Begrebnis / Sepultura. Betrübnis / Moeror. Bekentnis / Confessio. Excipitur die Wildnis / Eremus. Leuitici 16. Et quaedam vtroque in genere vsurpantur, vt: das & die Erkentnis / Noticia.

Desinentia in t.

Masculina sunt: Der Rath / Senatus, Consilium, Consiliarius. der Grat / Spina piscium, & dorsi. Salat / Lactuca. der Gott / Deus. der Hut / Muth / Pileus, Animus. der Abt / Abbas. der Probſt / Praepositus. der Stifft / Dioecesis, vel Festuca. der Streit / Pugna. der Bart / Schart / Barba, Fractura. der Wirt / Hospes qui recipit. der Ort / Locus. der Gaſt / Aſt / Fantaſt / Pallaſt / Hospes qui recipitur, Nodus, Stolidus, Palatium. der Karſt / Bidens. der Miſt / Fimus. der Moſt / Roſt / Froſt / Mustum, Ferrugo, Gelu. der Roſt / Troſt / accentu circumflexo, Craticula, Consolatio. [48] der Huſt / Tussis. der Safft / Succus. der Schafft / Ferrum hastae. der Pracht / Magnificentia. der Specht / Hecht / Picus, Lupus piscis. der Held / Heros.

---

1 Graß DF-L Maſs C Maß D-L Glas CE Glaß DF-L Faß D-L. 3 Loß Moß DF-L Schloß Roß F-L. 4 Eis Reis BCE Eiß Reiß DF-L. 5 f. Muß Tauß DF-L. 7 f. Zeugniß Bildniß DF-L. 8 Gefengniß G-K Gefängniß DFL. 9 f. Begengniß D-L Begräbniß Betrübniß Bekentniß DF-L. 11 Wiltnis CE Wildniß DF-H Wiltniß I-L. 12 Erkentniß D-FKL. 15 Rat B Rhat CE Raht F. 17 Mut BCEF. 20 Barth D Wirth DF-L.

der Wulſt Formula. der Durſt Sitis. Et à Graecis deducta, abiecto a finali in Latinis, vt: der Komet / Planet / Prophet Poët / praeter das Decret Secret quae Neutra sunt.

Foeminina sunt: die That Factum. Nat Sutura. die Not Angustia. die Stut Equa. Brút exclusio ouorum. Flut / Eluuio. die Glut / Flamma. die Hut / Custodia. Armut / Paupertas. Demut / Humilitas. Sanfftmut / Mansuetudo. die Haut / Braut / Cutis, Sponsa. die Zeit / Arbeit / Tempus, Labor. die Krafft / Geſellſchaft / Virtus vel Robur, Sodalitas. die Lufft / Klufft / Aër, Hiatus. die Schrifft / Scriptura. die Macht / Nacht Schlacht / Potentia, Nox, Conflictus. die Gicht / Podagra, Paralysis. die Zucht / Flucht / Waſſerſucht / Modestia, Fuga, Hydropisis. die Furcht / Timor. die Laſt / Onus. Liſt / Astutia. Friſt / Tempus. Luſt / Delecta[49]tio. Bruſt / Pectus, Mamma. Schwulſt / Tumor. Wurſt / Farcimen. die Geſtalt / Species. Welt / Mundus. Gedult / Patientia. die Art / Natura. Fart / Expeditio. die Geburt / Natiuitas. Angſt / Angustia. Vernunfft / Zunfft / Zukunfft / Ratio, Tribus, Aduentus. die Axt / Securis. Et denominatiua, in heit & keit / vt: die Keuſcheit / Kúnheit / Faulheit / Vermeſſenheit / Castitas, Audacia, Ignauia, Confidentia. die Erbarkeit / Gottſeligkeit / Súſſigkeit / ꝛc. Honestas, Pietas, Dulcedo: Et à Latinis in tas transmutata, vt: die Vniuerſitet / Vniuersitas, Academia. Facultet / Facultas. Dignitet / Dignitas.

Neutra sunt: das Riet / Pascuum. das Brot Lot / Panis, Drachma. Gut / Blut / Bonum, Sanguis. Gemúth / Geblút / Animus / Sanguis. das Kraut /

---

4 sunt] *Zusatz*: ut in Latina C-L. 5 f. Nat satura CE Saat satura DF-L. 6 Noth DG-L Noht F. 8 Armuth Demuth DF-L. 9 Sanfftmuth DF-L. 19 Gedult F. 20 Farth D Fahrt F-L. 23 Keuſchheit B-L Kühnheit D. 25 Ehrbarkeit F Süßigkeit K-L. 27 Vniverſitet DF-H Univerſite(á L)t I-L. 28 Facultát Dignitát L. 29 Brod DG-L. 30 Loth F-L. 31 Gemút BCE-L.

Olus, Herba. Scheit Sudes. Gleit Comitatus, Conductus. Heubt Caput. Schwert Gladius. Neſt Nidus. Recht Ius. Liecht / Candela, Lumen. Gericht / Iudicium. Tocht Lychnus. Ampt / Munus. Gelt / Gezelt Pecunia, Castra. [50] Bret / Asser. Geret / Supellex. Et in ment desinentia, vt: das Teſtament / Element / Sacrament / Loſament / Parlament / quae & apud Latinos Neutra sunt, & suprà enumerata, das Decret / das Secret / & his simile, das Bancket.

Desinentia in u.

In u desinentia nulla sunt, praeter Masculinum Huhu / Bubo. Leuitici 11. die Kue / Vacca, e assumit.

Desinentia in w.

Desinentia in w / non sunt alia, quàm quae in diphthongum aw vel ew exeunt, vt: Der Taw / Ros. der Baw / Aedificium. das Gebew / idem. das Hew / Foenum. die Fraw vel Frawe / Foemina. Saw vel Sawe / Sus.

Desinentia in x.

In x desinentia pauca sunt, vt: Der Blix / Fulmen. das Crucifix / Crux sancta. der Eidex / Lacerta. Caetera quae vulgus per x pronunciat, scribenda & [51] pronuncianda sunt per chs / vt: Wachs / Lachs / Cera, Esox.

Desinentia in y.

In ey desinentia Foeminina sunt, quae Graecis & Latinis in ia desinunt, vt: Philoſophey / Prophecey

---

2 Heupt C-K Haupt L Schwerd D Schwerdt E. 5 f. Geld DF-L Geräth G-L. 22 Crutzifix D.

Poëterey Fantasey / Copey / Salwey: Et ad horum imitationem facta denominatiua & verbalia, vt: die Cantzley / Schreiberey / Zeuberey / Dieberey / Hurerey / Betriegerey / Grammatophylacium, Graphiarium, Magia, Furtum, Scortatio, Defraudatio.

Masculina sunt: Der Mey / Maius. der Brey Puls.

Neutra sunt: Das Bley Plumbum. das Ey / Ouum.

Desinentia in tz.

Masculina sunt: Der Schatz / Satz / Platz Spatz Thesaurus, Positus, Planicies, Passer. der Blitz / Ritz / Schlitz / Fulgur, Rima, Fissura. Filtz / Sagum & Euclio. Klotz / Rotz / Trotz / Truncus, Pituita, Audacia. der Nutz / Schutz / [52] Vtilitas, Praesidium. Schmertz / Schertz / Stertz / Dolor, Iocus, Stiua. Schurtz / Calyptra. Krantz / Schwantz / Tantz / Corona, Cauda, Chorea. der Lentz / Ver. der Geitz / Auaricia.

Foemininum est: die Netz / Vrina.

Neutra sunt: das Holtz / Lignum. Saltz Schmaltz / Maltz / Sal, Adeps, Polenta. Hartz / Resina. Hertz Cor. das Netz / Rete.

Enumeraui hactenus non omnia, sed tantum communiora, tùm quòd breuitati studeo, tùm quod & haec & alia hoc loco praetermissa rectius explicabuntur in Lexico Germanico, quod nunc in manibus habeo, nuper inchoatum, ξὺν τῷ θεῷ.

NVMERVS.

Numeri duo sunt in nominibus. Singularis, vt: Der Man / Vir. das Weib / Mulier. Pluralis, vt:

---

1 Salbey DF-L. 3 Cantzeley C-L Schreyberey KL Zauberey DF-L. 6 May DF-L. 12 Blitz DF-L. 19 Netze DF-L. 27 ξὺν τῷ θεῷ *fehlt* F-L. 30 Mann D-L.

Die Menner Viri. Weiber Mulieres. In formando plurali numero ex singulari, mutantur in aliquibus Vocales & Diphthongi, vt apud Ebraeos puncta, videlicet a in e / [53] o in ő / u in ú / au in eu / aw in ew / vt: Gesang / Gesenge Cantus. Gans Gense Anser. Son / Söne / Filius. Tochter / Töchter / Filia. Buch / Bücher Liber. Tuch / Tücher / Pannus. Haus / Heuser / Domus. Maus / Meuse / Mus. Baum / Beume Arbor. Traum / Treume / Somnium. In quibusdam etiam geminantur consonantes, vt apud Ebraeos in dagessatis, vt: das Schloss / die Schlösser / Arx, Sera. Gott / Götter Deus. Idque fit plerumque in desinentibus in l / m n / s / t / in quibus etiam in singulari finalis litera geminatur, praeter pauca anomala, & in m desinentia, quae pro altero m recipiunt b / quod in plurali in m redit, vt: das Lamb / die Lemmer / Agnus. Desinit autem pluralis numerus vel in er / vel in en / vel in e / vel singulari similis est, vt: das Buch / die Bücher / Liber. der Herre / die Herren / Dominus. die Hand / die Hende / Manus. der Engel / die Engel / Angelus. de qua re dicetur in declinationibus. [54]

FIGVRA.

Figurae nominum sunt duae: Simplex, vt: Gerecht / Iustus. Composita, vt: Vngerecht / Iniustus. Et quia deducuntur ab adiectiuis compositis substantiua, possunt illa decomposita appellari, vt: Vngerechtigkeit / Iniusticia.

CASVS.

Casus Nominum sunt sex: Nominatiuus, Genitiuus, Datiuus, Accusatiuus, Vocatiuus, Ablatiuus,

---

1 Männer DF-L. 5 Gesänge DFG Ganß DF. 6 Sohn Söhne DF-L. 7 f. Hauß Häuser DF-L. 8 Mauß F-L Bawm Bewme CE. 9 Trawm Trewme CE. 11 Schloß E-L. 17 Lämmer F-L. 19 Herr DF-L. 20 Hände F. 27 Ungerechtigkeit I-L.

qui discernuntur magis articulis quàm terminationibus. Additur tamen Genitiuo singulari plerumque in Masculinis & Neutris s vel es / vt: des Meisters des Vogels / Thiers / Buchs / Rosses / Stabes / Spiesses. In Foemininis verò, & adiectiuis in e desinentibus, additur Genitiuo singulari n vt: die Frawe / der Frawen / der / die / das gute / des guten / quod idem fit in horum Datiuo & Ablatiuo singulari. Quaedam etiam in singulari ἄκλιτα sunt, vt: die Hand / der [55] Hand / ꝛc. Die Lenge der Lenge. Die Stercke / der Stercke. In plurali verò in omnibus generibus Datiuo & Ablatiuo additur n / caeteri Casus inter se sunt similes, vt: Den Mennern / von den Mennern / die & der Menner / Viri, Virorum, Viros. Sed de hac quoque varietate docebitur in Declinationibus.

DECLINATIONES.

Declinationes Nominum sunt quatuor. Prima est Masculinorum. Secunda Foemininorum. Tertia Neutrorum. Quarta adiectiuorum generis Omnis, & quorundam substantiuorum Masculini & Neutri generis, adiectiuis similiter desinentium.

PRIMA DECLINATIO.

Prima Declinatio complectitur nomina Masculina in quamcunque consonantem desinentia, quibus praeponitur articulus Der / quorum exempla habes suprà in singulis terminationibus. His additur in Genitiuo singula[56]ri s / vt: Der Bauch / des Bauchs. Der Meister / des Meisters: vel es / videlicet desinentibus in b / d / s / sch / aw / ey / x / & tz / vt: Der Stab / des Stabes. Der Eid / des Eides. Der Hals / des Halses. Der Fisch / des Fisches. Der Taw / des Tawes. Der

---

3 f. deß CE. 4 Thires A Thieres B Thiers C-L. 7 deß C-E. 13 f. Männer(n) DF-L. 30 Eyd Eydes DF-L Halß F.

Brey / des Breies. Der Blix / des Blixes. Der Nutz / des Nutzes. Fit tamen hoc & in caeterarum terminationum Genitiuis interdum, & in praedictis fit syncope, vt: des Stabs / Eids. Datiuus à Genitiuo fit abiecto s / vt: Des Meiſters / dem Meiſter. Des Stabes / dem Stabe. Caeteri Casus singulares Nominatiuo sunt similes, & distinguuntur articulis. Ablatiuus Datiuo similis est.

1. In plurali, quae in el / en / er desinebant, nihil mutant, nisi quod in Datiuo & Ablatiuo n addunt, vt: der Meiſter / die Meiſter / den Meiſtern. der Engel / die Engel / den Engeln. der Stecken / die Stecken / den Stecken.

2. Quae verò in alias terminationes exeunt, assumunt in plurali e / & quaedam a in e / o in ó / u in ú / aw in ew / & [57] au in eu / mutant in penultima, vt: der Geſang / die Geſenge. der Rock / die Róćke. der Sprung / die Sprúnge. der Baum / die Beume. der Zaun / die Zeune.

3. Quae consonantem geminant, assumunt er vt: der Man / die Menner. der Gott / die Gótter. His simile est, der Geiſt / die Geiſter. Datiuo & Ablatiuo plurali in omnibus additur n / vt: den Róćken / den Sprúngen / den Beumen / den Zeunen / den Mennern / Góttern. Caeteri casus non variantur terminationibus, sed distinguuntur articulis, vt docent paradigmata, quae sequuntur.

Paradigma in el / en / er.

Singulariter.

	Angelus.	Baculus.	Magister.
N.	der Engel /	ſtecken /	meiſter.
G.	des Engels /	ſteckens /	meiſters.
D.	dem Engel /	ſtecken /	meiſter.

---

1 Breyes B-L Blitz Blitzes EG-L Nux Nuxes DF. 4 Eyds F-L. 17 Geſänge KL. 18 f. Bawm Bewme BCE. 21 Mann D-L Männer DF-L. 24 Bewmen B. 25 Männern F-L. 31 ff. Stecken Meiſter F-L (*doch nur im Nom. Sg. Pl.*).

A.	den Engel /	ſtecken /	meiſter.
V.	o du Engel /	ſtecken /	meiſter.
Ab.	von dem Engel /	ſtecken	meiſter. [58]

Pluraliter.

N.	die Engel /	ſtecken /	meiſter.
G.	der Engel /	ſtecken /	meiſter.
D.	den Engeln /	ſtecken /	meiſtern.
A.	die Engel /	ſtecken /	meiſter.
V.	o jhr Engel /	ſtecken /	meiſter.
Ab.	von den Engeln /	ſtecken /	meiſtern.

Paradigma aliarum terminationum.

Singulariter.

	Tunica.	Pedum.
N.	der rock /	ſtab.
G.	des rocks /	ſtabes.
D.	dem rock /	ſtabe.
A.	den rock /	ſtab.
V.	o du rock /	ſtab.
Ab.	von dem rocke /	ſtabe.

Pluraliter.

N.	die rócke /	ſtebe.
G.	der rócke /	ſtebe.
D.	den róckeu /	ſteben. [59]
A.	die rócke /	ſtebe.
V.	o jhr rócke /	ſtebe.
Ab.	von den rócken /	ſteben.

Paradigma geminantium Consonantem.

Singulariter.

	Vir.	Deus.
N.	der Man /	Gott.
G.	des Mans & Mannes /	Gottes & Gotts.
D.	dem Man & Manne /	Gotte & Gott.
A.	den Man /	Gott.
V.	o du Man /	Gott.
Ab.	von dem Man / & Manne.	Gott & Gotte.

---

14 ff. Rock *usf.* E-L Stab *usf.* KL. 30 ff. Mann *usf.* E-L.

Pluraliter.

N.	die Menner /	Götter.
G.	der Menner /	Götter.
D.	den Mennern	Göttern.
A.	die Menner /	Götter.
V.	o jhr Menner /	Götter.
Ab.	von den Mennern.	Göttern. [60]

SECVNDA DECLINATIO.

Secunda Declinatio complectitur nomina Foeminina, in consonantem quamcunque, vel in e desinentia, quibus praeponitur articulus Die / quorum exempla habes suprà in singulis terminationibus.

1. Quae in consonantem desinunt, in singulari numero aptota sunt: In plurali verò e assumunt, & Vocales mutant, a in e / o in ö / u in ü / au in eu / & in Datiuo & Ablatiuo n addunt, vt: die Hand / der Hand. die Hende / den Henden. die Not / der Not / pluraliter in Nöten. die Brust / der Brust. die Brüste / den Brüsten. die Haut / der Haut. die Heute / den Heuten. Nota, die stad / praeter e assumtum interponit t / die stedte.

2. Quae in e desinunt, si sint substantiae, in singulari Nominatiuum, Accusatiuum & Vocatiuum habent similes, in caeteris Casibus & in toto plurali assumunt n vt ostendet Paradigma. Sin fuerint substantiua abstracta [61] à nominibus quantitatum & qualitatum, aut relatiua, vel tempus significantia, sunt aptota in singulari, & plurali plerumque carent, vel caeteris in e similiter formantur.

2 Männer *usf.* DF-L. 17 Noth DF-L. 18 Nöhten F. 19 f. Häute Häuten F. 20 stadt E Stad F-K Stadt L. 21 Städte F-L.

Paradigma in Consonantem desinentium.

	Singulariter.	Pluraliter.
	Manus.	
N.	die Hand /	die Hende.
G.	der Hand /	der Hende.
D.	der Hand /	den Henden.
A.	die Hand /	die Hende.
V.	o du Hand /	o jhr Hende.
Ab.	von der Hand /	von den Henden.

Paradigma in e significantium substantiam.

	Singulariter.	Pluraliter.
	Cista, Arca.	
N.	die Lade /	die Laden.
G.	der Laden /	der Laden.
D.	der Laden /	den Laden. [62]
A.	die Lade /	die Laden.
V.	o du Lade /	o jhr Laden.
Ab.	von der Laden /	von den Laden.

Paradigma in e abstractorum à quantitatibus & qualitatibus, item relatiuorum, & tempus significantium.

Singulariter.

	Longitudo.	Hora.
N.	die lenge /	ſtunde.
G.	der lenge /	ſtunde.
D.	der lenge /	ſtunde.
A.	die lenge /	ſtunde.
V.	o du lenge /	ſtunde.
Ab.	von der lenge /	ſtunde.

Pluraliter.

	Caret, vel,	
N.	die lengen	die ſtunden.
G.		der ſtunden.
D.		den ſtunden.
A.		die ſtunden.
V.		o jhr ſtunden.
Ab.		von den ſtunden. [63]

---

8 jr BE. 24 Lenge Stunde *usf.* BF-L.

TERTIA DECLINATIO.

Tertia Declinatio complectitur nomina Neutra in quamcunque Consonantem desinentia, quibus praeponitur articulus Das / quorum exempla habes supra in regulis specialibus. His additur in Genitiuo singulari, vt Masculinis in prima Declinatione, s vel es / praesertim desinentibus in b / d / s / sch / ew / ey / x / tz / vt: das Brot / des Brots. das Grab / des Grabes. das Land / des Landes. das Schloss / des Schlosses. das Fleisch / des Fleisches. das Hew / des Hewes. das Bley / des Bleies. das Crucifix / des Crucifixes. das Holtz / des Holtzes. Datiuus formatur à Genitiuo abiecto s / vt: dem Brot / dem Grabe / Lande / Schlosse / ꝛc.

1. In plurali, quae singulariter in f / g / k / l / n / r / desinunt, assumunt e / vt: die Schafe / die Dinge / die Geschencke / die Spiele / die Schweine / die Thiere. Excipiuntur das Volck / die Völcker. das Maul / die Meuler. das Korn / die [64] Körner. das Horn / die Hörner. das Hun / die Hüner quae sequentium formationem imitantur.

2. Quae in caeteras consonantes desinunt, assumunt in plurali er, mutatis vocalibus & diphthongis vt in superioribus Declinationibus, vt: das Grab / die Greber. das Lied / die Lieder. das Loch / die Löcher. das Buch / die Bücher. das Haus / die Heuser. das Schwerd / die Schwerdter. das Holtz / die Höltzer. Excipitur, das Pferd / die Pferde / & das Ross / die Rosse. Et quod vtroque modo format plurale, das Wort / die Wort / & Wörter.

3. Desinentia in er / & diminutiua in lein vel lin, & quaedam alia, Genitiuo singulari addunt s /

---

8 Brod Brods G-L deß Brots C-E. 9 deß Grabes C-E Schloß F-L. 10 f. Heu Heues L. 11 Bleyes BE-L. 13 Brod G-L. 20 Huhn D. 24 vt *bis* Declinationibus *fehlt* I-L. 25 Gräber F-L. 26 Hauß Häuser F-L. 27 Schwert, -er F-L. 28 Roß D-L.

& Datiuo & Ablatiuo plurali n / caeteros casus singulares & plurales habent similes, vt: das Wasser / des Wassers / die Wasser den Wassern. das Menlin / des Menlins die Menlin. das Brot / des Brots / die Brot / den Broten. [65]

4. Deriuata in nis assumunt in plurali e & Consonantem geminant, vt: die gleichnisse.

Paradigma in n quod sequuntur desinentia in f g / ck / l / r.

Singulariter.

	Porcus.	Ouis.
N.	das Schwein /	das schaf.
G.	des schweins /	schafs.
D.	dem schweine /	schafe.
A.	das schwein /	schaf.
V.	o du schwein /	schaf.
Ab.	von dem schweine /	schafe.

Pluraliter.

N.	die schweine /	schafe.
G.	der schweine /	schafe.
D.	den schweinen /	schafen.
A.	die schweine /	schafe.
V.	o ihr schweine /	schafe.
Ab.	von den schweinen /	schafen. [66]

Paradigma in aliam Consonantem exeuntium.

Singulariter.

	Liber.	Regio.
N.	das buch /	land.
G.	des buchs /	landes.
D.	dem buch /	lande.
A.	das buch /	land.
V.	o du buch /	land.
Ab.	von dem buch.	lande.

---

3 f. Männlin *usf.* F-H Männlein I-L. 4 f. Brod Brods Brod G-L Brodten G-K Broden L. 6 niß F-L. 7 Gleichnisse F-L. 12 ff. Sch . . F *(teilweise)*-L. 28 ff. Buch Land *usf.* F *(teilw.)* -L.

Pluraliter.

N.	die bůcher /	lender.
G.	der bůcher /	lender.
D.	den bůchern /	lendern.
A.	die bůcher /	lender.
V.	o jhr bůcher /	lender.
Ab.	von den bůchern.	lendern.

Paradigma in r & lein desinentium.

Singulariter.

	Aqua.	Foemella.
N.	das wasser /	frewlein. [67]
G.	des wassers /	frewleins.
D.	dem wasser /	frewlein.
A.	das wasser /	frewlein.
V.	o du wasser /	frewlein.
Ab.	von dem wasser /	frewlein.

Pluraliter.

N.	die wasser /	frewlein.
G.	der wasser /	frewlein.
D.	den wassern /	frewlein.
A.	die wasser /	frewlein.
V.	o jhr wasser /	frewlein.
Ab.	von den wassern /	frewlein.

Diminutiua in lein praeter Genitiuum singularem prorsus sunt ἄκλιτα.

Paradigma in nis.

Testimonium.

	Singulariter.	Pluraliter.
N.	das zeugnis.	die zeugnisse.
G.	des zeugnis.	der zeugnisse.
D.	dem zeugnis.	den zeugnissen.
A.	das zeugnis.	die zeugnisse.
V.	o du zeugnis.	o jhr zeugnisse.
Ab.	von dem zeugnis.	von den zeugnissen. [68]

---

2 Länder DF-L. 11 ff. Wasser Fräwlein (Fräulein L) *usf.* F *(teilw.)* -L. 26 niß F-L. 29 ff. zeugniß DF Zeugniß G-H Zeugnis I-L.

QVARTA DECLINATIO.

Quarta declinatio complectitur nomina adiectiua generis Omnis, quibus praeponuntur articuli der die / das vt: der gute / die gute / das gute. His in omnibus Casibus singularis & pluralis numeri additur n / excepto Accusatiuo singulari, quem Foeminina & Neutra habent Nominatiuo similem, & praeter Vocatiuum singularem, qui in Masculinis in er desinit, in Foemininis in e in Neutris in es / vt: o du guter / o du gute / o du gutes.

Horum flexionem sequuntur & alia quaedam Masculina & Neutra substantiua *δικατάληκτα*, quae vel in e mussitans, vel *κατ' ἀποκοπὴν* in Consonantem desinunt, vt: der Knabe & Knab. der Herre & Herr. das Hertze & Hertz. nisi quod Vocatiuum Nominatiuo habent similem: Similiter quae à Graecis veniunt, der Planet des Planeten / dem Planeten / ꝛc. Sunt tamen quaedam *δικατάληκτα*, quae non hanc, sed tertiam [69] Neutrorum & primam Masculinorum Declinationem sequuntur, vt: Der fried & friede des friedes / Esaiae 9. Das gelenck & gelencke / des gelenckes. Sunt etiam quaedam *τρικατάληκτα*, vt: Der nam sam / quae terminatio rarior est, & der name / same quae forma frequentissima est, & der namen / samen in prima Declinatione, iuxta quam terminationem formantur Casus, vt: des samens / namens. De adiectiuis quoque obseruandum est, quòd absoluta, cum praedicati loco ponuntur, sunt *ἄκλιτα*, vt: Der Man ist klug die Menner sind klug. Cum articulis verò declinantur in hac Declinatione, vt ostendet paradigma sequens, vt: der gute / des guten / die guten ꝛc. Substantiuis verò addita abijciunt n in Nominatiuo,

17 deß CE. 18 tamen] autem F-L. 20 f. Fried *usf.* F-L. 21 Gelenck *usf.* F-L. 22 f. Nam Sam *usf.* F-L. 28 Mann C-L. 29 Männer DF-L.

Accusatiuo & Vocatiuo plurali, vt: weiſe Menner ſchöne Frawen fette Schweine.

Et Genitiuus singularis & pluralis, in formulis laudandi & vituperandi desinit in terminationem articuli, ipso dissimulato, vt: guts muts / Lucae 15. guter dinge ſchöner geſtalt / böſes ſinnes / gutes verſtandes / guter art ꝛc. [70]

Paradigma adiectiuorum trium generum.

Singulariter.

	Masc.	Foemin.	Neutrum.
	Bonus,	a,	um.
N.	der	die	das gute.
G.	des	der	des guten.
D.	dem	der	dem guten.
A.	den guten	die gute	das gute.
V.	o du guter	gute	gutes.
Ab.	von dem	der	dem guten.

Pluraliter.

	Masc.	Foemin.	Neutrum.
N.		die guten.	
G.		der guten.	
D.		den guten.	
A.		die guten.	
V.		o ihr guten.	
Ab.		von den guten.	

Paradigma Masculinorum substantiuorum *δικαταλήκτων*. [71]

	Singulariter. Puer.	Pluraliter.
N.	der knabe & knab.	die knaben.
G.	des knaben.	der knaben.
D.	dem knaben.	den knaben.
A.	den knaben.	die knaben.
V.	o du knabe & knab.	o jhr knaben.
Ab.	von dem knaben.	von den knaben.

---

1 Weiſſe I-L Männer F-L. 2 Frauen I-L. 5 muths DG-I muhts F Muths KL. 6 Dinge Geſtalt Sinnes Verſtandes KL. 7 Art I-L. 13 deß F. 30 ff. Knabe *usf.* F *(teilw.)*-L. 34 jr BF.

Paradigma Neutrorum substantiuorum δικαταλήκτων.

	Singulariter. Cor.	Pluraliter.
N.	das hertze & hertz.	die hertzen.
G.	des hertzen.	der hertzen.
D.	dem hertzen.	den hertzen.
A.	das hertze & hertz.	die hertzen.
V.	o du hertze & hertz.	o jhr hertzen.
Ab.	von dem hertzen.	von den hertzen.

DE HETEROCLITIS.

Sunt & anomala quaedam, praesertim defectiua numero: Multa enim [72] sunt, quae plurali numero carent. Quaedam etiam in certis tantum Casibus inueniuntur. Quaedam etiam singularem numerum non habent.

Singularia tantum sunt:

1. Virorum, Mulierum, Vrbium, Pagorum, Montium, Fluuiorum & Ventorum nomina, vt: Johannes / Lucas / Jacob / Anna / Maria / Leipzig / Hertzberg / Goldtberg / Bendeleben / Grüningen / Strausberg / Wolffsberg / Hundsberg: Elster / Wipper / Neisse: Ostwind / Ostnord / Ostsude / Nordost / &c.

2. Elementa, Planetae, Sidera, Quadrantes anni, Menses, Plagae mundi, & quae in aëre generantur, vt: Erde / Wasser / Lufft / Fewr / Himel / Sonn / Mond / Jupiter / Abendstern / &c. Kluckhenne / Wagen / Jacobsstab / &c. Lentz / Sommer / Herbst / Winter / Jenner / Hornung / Mertz / &c. Morgen / Auffgang / Abend / Nidergang / Mittag / Mitternacht / Hagel / Schnee / Regen / Reiffe / Taw / &c.

---

4 ff. Hertze *usf.* F *(teilw.)*-L. 19 Leiptzig D. 20 f. Goldberg BF-L Straußberg C-L Wolfffsberg D Hundßberg DF. 25 Fewer C-K Feuer L Himmel D-L. 29 Niedergang F-L. 30 Reiff F-L Tau L.

3. Terra nascentia, vt Frumenta, Legumina, Herbae, Aromata, Metalla, vt: Rocken / Weitze / Gerste / Haber [73] Heidekorn / Hirsen / Grütze / Reis / Gries: Kol / Petersilge / Salat / Salwey / Maioran / Eisop / Fenchel / Senff / Hew / Stroh / Gras / Grummat / Futter / Hanff / Lein / Flachs / Hopffe: Pfeffer / Ingwer / Zitwer / Kalmus / Galgen / Saffran / Zucker: Gold / Silber / Zin / Bley / Messing / Kupffer / Eisen / Stahl / Ertz / Zinober / Alaun / Hartz / Pech / ꝛc.

4. Materiae vestium, & quae ad penum pertinent, quae vel mensurantur, vel ponderantur, vt: Gewand / Leinwand / Sammat / Damasck / Schamlet / Karteck / Harres / Macheier / Setin / Zindel / Zwillich / Parchent / Zwirn / Seide / Garn / Flachs / Wolle / Wein / Bier / Muscateller / Essig / Milch / öl / Speck / Butter / Schmaltz / Saltz / Fleisch / Wachs / Vnschlit.

5. Humores in corpore, affectus, sensus, sensuum obiecta, morbi, virtutes, vicia, & quantitatum ac qualitatum abstracta, vt: Blut / Schweis / Galle / Harn / Rotz: Zorn / Grim / Hass / Eiuer / Neid / Furcht / Kummer / Schrecken / Liebe: Geschmack / Geruch / Gesicht / Ge[74]hör: Süssigkeit / Bitterkeit / Gestanck / Vnflat / Vnlust / Weirauch / Liecht / Finsternis / Weisse / Schwertze / Röte / Klang / Geschrey / Getümmel / Krachen / Prasseln / Kelte / Werme / Hitze / Hertte / ꝛc. Pestilentz / Fiber / Gicht / Ruhr: Weisheit / Klugheit / Verstand / Trewe / Glaube / ꝛc. Hurerey / Dieberey / Vnzucht / Geitz / Wucher / ꝛc. die

---

1 Terrae F-L. 3 Hiersen DFG Gritze F-L Reiß Grieß C-L. 4 Kohl DF-L Salbey G-L Majoran E-L Eysop F-L. 5 Heu L Graß C-L. 7 Calmus F-L Galgan G-L Zien C-L. 8 Meßing KL Eysen H-L. 12 Leinwand *fehlt* I-L Schamlot C-L. 13 Macheyer C-L Zwillich *fehlt* I-L. 15 Eßig KL Oel F-L. 16 Wachß D Unschlit I-L. 19 Schweiß C-L. 20 Roß KL Grim̄ F Grimm L Haß E-L Eyuer CD Eyver EF Eiver G-L. 22 f. Süßigkeit KL Unflat I-L. 23 Unlust I-L Weyrauch C-L Licht KL Finsterniß C-L Schwärtze F-L. 24 Röthe DG-L Röhte F. 25 Kälte Wärme Härte F-L Fieber DF-L. 26 Weißheit C-L Trew DF-K Treu L. 27 Unzucht I-L.

Lenge / Kürtze Breite Dicke Tieffe Weite Grösse Flache / Krumme / Beuge Güte.

6. Sunt & haec singularia tantùm: Raub Tod Sand / Mund / Scham / Fried Schlaff Teig Anfang Danck Zanck / Schlem / Mist / Fleis / Rost / Schimel Hunger Durst, Nutz / Schutz / Gefahr / Gifft / Macht Helle Not / Antwort / Wild / Mos / Los & quaedam alia. Inueniuntur tamen quaedam ex his, pluraliter elata in certis Casibus, vt: Last sie mit frieden / Marci 16. In nöten. die Weine.

Pluralia tantum sunt:

Die Leute die Ahnen, die Eltere, Schlossen Graupen Et festorum nomina, die Weihnachten / die Ostern die [75] Pfingsten & quae nunquam sola sunt, hoc est, in quibus species, non indiuiduum spectatur, vt: Bonen / Erbsen / Linsen / Kichern Eruen / Gurcken / Pfeben / Kappern / Feser / Trebern / & numeralia post vnum & similia. Sed & haec & superiora variant ratione dialectorum.

Heteroclita seu anomala.

Amptman / Amptleute. Haubtman, Haubtleute. Spielman / Spielleute. Landsman / Landsleute. Altar=man / Altarleute.

---

1 Länge I-L. 2 Fläche KL Krümme C-L. 3 Todt D. 5 Schleim B-L Fleiß D Felß F-L Schimmel C-G Schemmel H-L. 7 Noth DF-L Moß Loß DF-L. 9 Frieden L. 10 nöhten CEF nöthen DG-L. 12 Leuthe H-L Eltern B-L. 13 Weihnachten D Weynachten F Weyhnachten G-L. 16 Bohnen L Erneu A Eruen B-L Erven E. 17 Cappern F-L. 21 ff. . . . mann L Heubtman (=leute) B Heupt . . . C-E Häupt . . . F Haupt . . . G-L Landßman (=leute) CDF.

DE SPECIEBVS NOMINVM.

Nominum alia sunt primitiua, vt: Gott Himel: Alia deriuatiua, vt: Gôttlich / Himliſch. Deriuantur autem vel à nominibus, vel à verbis, vel à partibus indeclinabilibus. Suntque alia Adiectiua, alia Substantiua.

Adiectiuorum terminationes. [76]

In iſch desinentia possessionem significant, aut proprietatem, aut gentem, aut patriam, aut sectam, vt: Himliſch / jrdiſch / helliſch / einheimiſch / auslendiſch / wetterwendiſch / Rômiſch / Polniſch / Behmiſch / Meiſsniſch / Hertzbergiſch / Wittenbergiſch / Keiſeriſch / Kônigiſch / Churfûrſtiſch Lutheriſch Papiſtiſch / Caluiniſch / Flacianiſch / ꝛc.

In ig desinentia cum Consona primitiui qualitatem significant, vt: barmhertzig / allmechtig / ewig / gûtig / gnedig / andechtig / zûchtig / fleiſſig / lebendig / grosmechtig durchleuchtig / gûnſtig / ꝛc.

In lich desinentia etiam significant qualitatem, seu inesse vel adesse quippiam alicui, vt: lieblich / freundlich / hôfflich / wûnderlich / ſeuberlich. Significant etiam gestum seu statum, & possessionem, vt: mûndlich / ſchrifftlich / perſônlich / redlich / betrûglich / Kôniglich / Fûrſtlich.

In icht copiam significant & plenitudinem, vt: adericht / ſteinicht / bergicht / hôckericht. [77]

In bar & ſam similiter copiam & plenitudinem significant, vt: Ehrbar / Achtbar / manbar / rûchtbar /

---

2 Himmel C-L. 3 Himmliſch KL. 10 Himmliſch L jrrdiſch C-H irrdiſch I-L außlendiſch CE außlándiſch DF-H auslándiſch I-L. 11 Bemiſch CE Bômiſch D Bôhmiſch F-L Meißniſch E-L. 12 Keyſeriſch B-G Kayſeriſch H-L. 13 Calviniſch F-L. 15 Allmáchtig I-L. 16 f. Gnádig G-L Andáchtig I-L Fleißig KL groß-mechtig C-H Großmáchtig I-L. 20 Hôflich F-L Wunderlich I-L. 22 betrieglich B-L. 27 erbar DE Mannbar F-L.

fruchtbar kauffbar wunderbar offenbar zinsbar dienstbar Ehrſam tugendſam / heilſam mühſam lobeſam gnugſam / furchtſam friedſam arbeitſam.

In hafftig desinentia significant & ipsa copiam, vt: lehrhafftig warhafftig namhafftig ſchamhafftig hertzenhafftig / teilhafftig / ehrhafftig weſchhafftig lügenhafftig / boshafftig / arthafftig.

In reich desinentia etiam copiam significant, vt: fiſchreich / kornreich tugendreich ſinreich.

In en vel ern significant materiam ex qua, vt: gülden hültzern / eichen tennen fichten / wüllen / leinen / flechſen henffen ſeiden rindern / kelbern / beinern ſteinern eiſern / ſilbern küpffern ehern ſtröhern.

Substantiuorum terminationes. [78]

In er desinentia, verbalia sunt aut denominatiua, officium, gentem, aut patriam significantia, & omnia Masculina, vt: Heuchler / Schmeichler / Geuckler / Verreter / Pfeiffer / Geiger / Wechter / Pförtner Cantzler / Kemerer / Freſſer / Seuffer / Schlemmer / Praſſer / Spieler / Hurer Ehbrecher Jeger / Kleger / Richter / Meiſsner / Schleſiger / Düringer / Mercker / Hertzberger / Wittenberger / Bendeleber. Et quae e abijciunt, vt: der Sachſs / der Franck / der Frantzoſs.

In ſal desinentia copiam significant seu habitum, vt: jrrſal trübſal / ſcheuſall / labſal. In thum

1 zinßbar C-L. 5 wahrhaft namhaft E. teilh. *bis* weſchh. *fehlt* H-L theilhafftig wäſchhafftig FG. 7 boshaft E boßhafftig F-L arghafftig C-L. 9 kornreich] Königreich DF-L ſinnreich C-L. 11 höltzern DF-L 12 flächſen F-L ſeyden C-L Rinden C-L Kälbern F-L. 17 f. Verrheter CE Verräther DH-L Verrähter FG. 19 Kemmerer C-E Kämmerer F-L. 20 Ehebrecher F-L Jäger Kläger DF-L Meißner F-L. 21 Schleſier C-L. 22 quae r vel er abjiciunt C-L Sachs C-L. 23 Frantzoß E-L. 24 f. seu habitum *bis* significant (p. 59, 1) *fehlt* A. 25 jrrſal *bis* labſal] *Majuskel* F-L ſcheuſal CE ſchewſal D Schewſal F-K Scheuſal L thumb DF-K.

desinentia itidem significant, vt: Heiligthum Prieſterthum Bapſthum Keiſerthum Fürſtenthum Hertzogthum Biſthum Reichthum Irrthum Magthum.

In ung verbalia & denominatiua sunt, omniaque Foeminina, vt: wohnung / belohnung thewrung / ſendung verſchreibung hoffnung.

In heit & keit abstracta sunt ab adiectiuis, & sunt virtutum ac viciorum nomina, omniaque generis Foeminini, vt: weisheit / keuſcheit / künheit / vermeſſen[79]heit / faulheit / klugheit / torheit / Erbarkeit / Gottſeligkeit trawrigkeit / ſüſſigkeit / ꝛc.

In ey desinentia verbalia sunt & denominatiua, actionem aut officium significantia, & sunt omnia Foeminina, vt: dieberey / ſchreiberey / Cantzley / betriegerey hurerey / zeuberey ſchelmerey ꝛc.

In ſchafft / denominatiua sunt & Foeminina omnia, relationem significantia, vt: Erbſchafft / Freundſchafft / Vetterſchafft / Schwegerſchafft / Geuatterſchafft / Brüderſchafft / Meiſterſchafft / Geſelſchafft / Bürgerſchafft / Bürgeſchafft / Graffſchafft / Herrſchafft Manſchafft / Jungfrawſchafft / Prieſterſchafft / Rechenſchafft / Wiſſenſchafft / Kindſchafft / Vormündſchafft / ꝛc.

In nis verbalia sunt & denominatiua, pleraque generis Neutri vt: das zeugnis / gefengnis / betrübnis / begrebnis / begengnis / verbündnis / verlöbnis / bildnis / erkentnis. Quaedam in Foeminino etiam vsurpantur & à quibusdam per nus scribuntur, vt: die erkentnus die wildnus / Leuitici 16. [80]

---

1 ff. =thumb DF-K. 2 Bapſtum BCE Babſtthum(b) I-L Keyſerthum F-K äy L. 5 ff. wohnung *bis* ſüſſigkeit] *Majuskel* F-L. 5 wonung tewrung CE Theurung FL. 9 Weißheit C-L keuſchheit DF-L kühnheit D. 10 thorheit DF-L Ehrbahrkeit F. 11 Gottſeeligkeit L Traurigkeit L Süßigkeit KL. 14 dieberey *usw.*] *Majuskel* F-L Cantzeley C-F. 15 zauberey DF-L. 18 Schwägerſchafft F-L Gevatterſchafft DF-L. 19 Geſellſchafft DF-L. 20 f. Bürgſchafft B-L Mannſchafft DF-L Jungfrauſchafft L. 22 Vormundſchafft L. 23 ff. niß F-L. 24 ff. zeugnis *Majuskel* F *(teilw.)*-L gefängnis begräbnis begängnis D . . ß F Gefängniß *usf.* G-L. 27 f. nüß F-L erkentnis wildnis C-E Erkentnüß Wildnüß F-L.

In lein desinentia, diminutiua & Neutra sunt omnia, vt: das Menlein Frewlein Megdlein Kneblein / Kindlein / Büchlein Tüchlein. Haec ab alijs per lin / ab alijs per le à vulgo per chen praecedente i efferuntur, vt: das Menlin Menle Mennichen. Das Kneblin Kneble Knebichen. Atque hactenus de Nomine.

DE PRONOMINE.

PRonomini accidunt, Species, Significatio, Genus, Numerus, Figura, Persona, Casus, Declinatio.

SPECIES.

Pronominum alia sunt Demonstratiua, alia Relatiua, alia Interrogatiua, alia Possessiua, alia Reciproca.

Demonstratiua sunt: Jch / du der / dieſer jener. Ego, tu, ipse, hic, ille, etwas / aliquid.

Relatiua sunt: Er / du / der / derſelbige welcher. Is, ipse, ille, qui. [81]

Interrogatiua sunt: Wer welcher waſer quis, qui, cuias.

Possessiua sunt: mein / dein / ſein / vnſer / ewer / jhr / meus, tuus, suus, noster, vester, a, um.

Reciproca sunt: Er / ſein jhr / sui & suus.

GENVS.

Pronomina primitiua primae & secundae personae sunt generis Omnis. Interrogatiuum, Wer /

---

2 Mänlein DF Männlein G-L Fräwlein DF-H Fräulein I-L Mägdlein Knäblein DF-L. 5 Mänlin *usw.* DF Männlin G-L. 6 Knäblin *usw.* DF-L. 17 ſo welcher B-L. 19 waßer F-H waſſer I-L. 21 unſer I-L euer K-L. 22 f. jr B.

Commune est, & Neutrum eius Was / vt apud Graecos τίς τί & apud Ebraeos interrogatiuum de persona, & quod interrogat de re. Caetera omnia mouentur per tria genera distinctis terminationibus, Der / die / das / Jener / jene / jenes / Welcher / welche / welches. In possessiuis Neutrum Masculino simile est, vt: Mein / meine / mein / Dein / deine / dein / Sein / ſeine / ſein / Vnſer / vnſere / vnſer / Ewer / ewere / ewer / Jhr / jhre / jhr. Pronomen Er irregulariter mouetur & declinatur, vt: Er / ſie / es / ſein / jhrer / ſein / ꝛc. So indeclinabile est ex Ebraeo deductum. [82]

NVMERVS.

Numeri duo sunt: Singularis, vt: Jch / Du / Er. Pluralis, vt: Wir / Jhr / Sie.

FIGVRA.

Pronomina alia sunt simplicia, vt: Der / Ille, Was / Quid. Alia composita, vt: Derſelbige / Ille, Ipse, Etwas / Aliquid. Quae Latinis Pronomina composita sunt, vt aliquis, quisque &c. apud Germanos inter Nomina referuntur, vt: Jemand / Aliquis, & primitiuum eius, Niemand / Nemo, ein Jeder / ein Jglicher / ein Jederman / vnusquisque, singuli. Idem sentiendum de his, welcherley / waſerley / ſolcherley / qualis, talis, cuiusmodi, istiusmodi.

PERSONA.

Personae tres sunt. Prima, vt: Jch / Wir / Ego, Nos. Secunda, vt: Du / Jhr / Tu, Vos. Tertia, vt:

---

2 apud Ebr. int.] Ebr. mi me int. B Ebr. mi int. de pers., & meh quod . . . C-L. 8 Unſer unſere unſer I-L *(so meist)* Euer euere euer L *(so stets)* jr B *(so meist, seltener* CE.*)*. 10 es B-L, *fehlt* A. 11 Ebraeo ded.] Ebr. tsu jrer (jhrer F-L) ded. B-L. 21 priuatiuum C-L. 22 jeglicher C-L. 23 waſſerley BCE.

Er / Sie / Ille, Illi. Interrogatiuum Wer quaerit de persona, Was de re. Similiter compositum eius etwas / quod in solo No[83]minatiuo, Accusatiuo & Ablatiuo singulari vsitatum est, vt: Es iſt etwas darhinder / Aliquid latet. Jch habe etwas zu ſagen / Habeo aliquid dicere, vel, quod dicam. Jch wils in etwas gieſſen / Infundam in aliquid. Binde es mit etwas zuſammen / Colliga seu connecte re aliqua.

CASVS.

Casus sunt ijdem qui in Nomine, sed Vocatiui non est vsus, nisi in ijsdem, quae & apud Latinos admittunt Vocatiui, Tu, Meus, & Noster, vt: o Du / o Jhr: o mein Gott o meine Liebſten / o vnſer Vater / ꝛc.

DECLINATIO.

Declinationes Pronominum sunt tres. Prima est primitiuorum primae & secundae personae. Secunda primituiui tertiae personae, quod alias relatiuum, alias reciprocum est. Tertia est caeterorum omnium, & imitatur flexionem articulorum. [84]

Prima Declinatio.
Primitiuum primae & secundae personae.

Singulariter.

	Ego.	Tu.
N.	Jch /	Du /
G.	mein & meiner /	dein & deiner /
D.	mir /	dir /
A.	mich /	dich /
V.	Caret,	o du /
Ab.	von mir /	von dir.

---

5 dahinder D-L. 6 wills L. 13 unſer H-L. 14 Batter L.

Pluraliter.

	Nos.	Vos.
N.	Wir /	Ihr /
G.	vnser /	ewer & ewr.
D.	vns /	euch /
A.	vns /	euch /
V.	Caret,	o jhr /
Ab.	von vns /	von euch.

Cum particula halben & willen Genitiuus vtriusque numeri in t desinit, vt: Meinet halben / Mea caussa. Vmb deinet willen / Tua caussa. Vnsert halben / [85] Nostra caussa. Ewert halben / Vestra caussa. Idem fit in tertia persona, Seinet halben / Ihrent halben.

Secunda Declinatio.

Primitiuum tertiae personae reciprocum & relatiuum.

Singulariter.

	Masc.	Foemin.	Neutr.
N.	Er /	Sie /	Es /
G.	sein & seiner /	jr /	sein & seiner /
D.	jm /	jr /	jm /
A.	jn / sich	sie / sich /	es / sich /
Ab.	von jm / von sich.	von jr / von sich.	von jm / von sich.

Pluraliter.

	Masc.	Foemin.	Neutr.
N.		Sie /	
G.		jrer & jr /	
D.		jnen & jn /	
A.		sie & sich /	
Ab.		von jnen / von sich. [86]	

Accusatiuus & Ablatiuus vtriusque numeri in omnibus generibus discrimen faciunt inter relatiuum & reciprocum, vt: Ihm / jhn / von jhm / Ihr / sie / von jhr / Ihm / es / von jhm / Ihnen / sie / von jhnen / cum

4 ff. unser *etc.* L. 11 Umb Unsert I-L. 12 Euert KL. 20 ff. jhr *etc.* F-L. 33 f. von jhr *bis* sie *fehlt* H-L.

relatiuum est. Ab. Jhm / ſich / von ſich / Jhr / ſich / von ſich / Jhnen ſich / von ſich / cum reciprocum est. Caeteri casus coincidunt, sed discernuntur additione particulae ſelbs / vt: jhm / ipsi, relatiuè, jhm sibi, ſelbs reciprocè, ſein / vel ſeiner / relatiuè, ipsius, ſein ſelbs reciprocè sui. Jhr, relatiuè ipsi, Jhr ſelbs / sibi reciprocè. Jhrer / ipsorum, & jhren / ipsis, relatiuè, Jhrer ſelbs & jhnen ſelbs / reciprocè, sui & sibi.

Tertia Declinatio. Demonstratiuum.

Singulariter.

	Masc.	Foemin.	Neutr.
N.	Der / hic,	Die / haec,	das & dis / hoc,
G.	des / huius,	der / huius,	des / huius,
D.	dem / huic,	der / huic,	dem / huic, [87]
A.	den / hunc,	die hanc,	das & dis / hoc,
Ab.	von dem / ab hoc.	von der / ab hac.	von dem / ab hoc.

Pluraliter.

	Masc.	Foemin.	Neutr.
N.	Die / hi,	hae,	haec.
G.	derer / horum,	harum,	horum.
D.	denen /	his.	
A.	die / hos,	has,	haec.
Ab.	von denen /	ab his.	

Genitiuus & Datiuus plurales cum adduntur substantiuis, concisè dicuntur, der den / cum accentu circumflexo. Idem fit in Ablatiuo, von den.

Possessiuum vnius.

Singulariter.

	Masc.	Foemin.	Neutr.
	Meus,	Mea,	Meum.
N.	Mein /	Meine /	Mein.
G.	meines /	meiner /	meines.
D.	meinem /	meiner /	meinem.
A.	meinen /	meine /	mein.
V.	o mein /	o meine /	o mein.
Ab.	von meinem /	von meiner /	von meinem. [88]

---

4 ff. ſelbſt D *(nur vereinzelt* ſelbs *oder* ſelbß*)* F-L. 13 diß. 14 deß C-F. 16 diß C-L.

Pluraliter.

	Masc.	Foemin.	Neutr.
	Mei,	ae,	a.
N.		Meine.	
G.		meiner.	
D.		meinen.	
A.		meine.	
V.		o meine.	
Ab.		von meinen.	

Sic dein & ſein / tuus & suus declinantur. In Genitiuo & Datiuo singulari e per syncopen non rarò abijcitur, vt: meins Vaters / Patris mei, pro meines / Sic deins / ſeins / tui, sui, pro deines / ſeines. mein dein / ſein meo, tuo, suo, pro meinem / deinem ſeinem / vbi etiam n abijcitur. Accusatiuus quoque apocopen patitur interdum in Masculino & Foeminino, vt: mein allerliebſten Vater / Parentem meum carissimum, pro meinen. Sic mein allerliebſte Mutter / Carissimam Matrem meam, pro meine. Sic dein / ſein / pro deinen & deine / ſeinen & ſeine. [89]

Possessiuum plurium.

Singulariter.

	Masc.	Foemin.	Neutr.
	Noster,	Nostra,	Nostrum.
N.	Vnſer /	Vnſere /	Vnſer.
G.	vnſers /	vnſer /	vnſers.
D.	vnſerm /	vnſer /	vnſerm.
A.	vnſern /	vnſere /	vnſer.
V.	o vnſer /	o vnſere /	o vnſer.
Ab.	von vnſerm /	von vnſer /	von vnſerm.

Pluraliter.

	Masc.	Foemin.	Neutr.
	Nostri,	ae,	a.
N.		Vnſere.	
G.		vnſerer.	
D.		vnſern.	
A.		vnſern.	
V.		o vnſere.	
Ab.		von vnſern.	

25 ff. U . . I-L u . . L. 28 vnſere | vnſer F-L.

Non rarò e finale Foeminini generis & pluralis numeri abijcitur per ápocopen in contextu. Vt: Vnser Seele / Anima nostra, pro vnsere, Vnser hülffe / Auxilium nostrum, pro vnsere. Vnser[90]augen / Oculi nostri, pro vnsere. Genitiuus & Datiuus singularis generis Foeminini per syncopen dicitur, pro vnserer / nostrae. Conciditur & Genitiuus pluralis eodem modo, vt: vnser Veter missethat / delicta Patrum nostrorum, pro vnserer. Idem fit in Pronomine ewer / vester, in ijsdem Casibus, & praeterea accedit Metathesis literarum, vt: Ewers / vel ewres / vestri. Ewerm vel ewrem / vestro. Ewern vel ewren / vestrum. Sic jres & jrs / jrer & jr.

Obseruationes.

I.

Pronomen compositum, derselbige vel derselbe & der jenige / idem, ille ipse, vtraque parte declinantur, priore quidem iuxta tertiam Declinationem Pronominum, posteriore vero iuxta quartam Nominum, vt: Singulariter N. derselbige / der jenige. G. desselbigen / des jenigen. D. demselbigen / dem jenigen. Ac. denselbigen / den jenigen. Ab. von demselbigen / von dem jenigen. Pluraliter. N. dieselbigen / die jenigen. G. derselbi[91]gen / der jenigen. D. denselbigen / den jenigen. Ac. dieselbigen / die jenigen. Ab. von denselbigen / von den jenigen. Sic in Foeminino, dieselbige / die jenige / ꝛc. Et in Neutro, dasselbige / das jenige.

---

3 Hülffe F-L. 4 Augen F-L. 8 Väter C-L Missethat F-L. 9 Euer L. 12 Ewerm *bis* vestrum] Ewrem vel ewren / vestro. Ewern vel ewren / vestrum C-E *dazu* Ewrn vel ewren D Eurem vel ewerm / vestro, ewrn vel ewren / vestrum F-K Eurem vel eurem / vestro, eurn vel euren / vestrum L (*Verwirrung!*). 17 der jenige] die jenige C-L. 21 deß jenigen C-L. 25 *Ablativ fehlt* KL.

II.

Particula ſelbs vel ſelber / ipse, omnium generum, numerorum, personarum, & casuum, Pronominibus primitiuis, demonstratiuis, relatiuis, & reciprocis additur, absque variatione, vt apud Latinos met, & particulae frugi, nauci, nihili, istiusmodi, &c. vt: Ich ſelbs / Ego ipse. Du ſelbs / Tu ipse. Er ſelbs / Ille ipse. Sie ſelbs / Illa ipsa. Wir ſelbs / Nos ipsi. Ihr ſelbs / Vos ipsi. Meiner vel mein ſelbs / Mei ipsius. Mir ſelbs / Mihi ipsi. Mich ſelbs / Me ipsum. Vns ſelbs / Nos ipsos. Euch ſelbs / Vos ipsos, &c.

III.

Pronomen Neutrum relatiuum Es saepè contrahitur cum dictione praecedente, vt: Geſchihets / man ſihets / pro geſchihet es / man ſihet es. Si factum fuerit, videbitur .i. Exitus acta probat. Er [92] hats geſagt / Dixit, pro, Er hat es geſagt. Ich wils thun / Faciam, pro, Ich wil es thun. Gibs jm / pro, gib es jm / Da illi. Gib mirs / Da mihi, pro, gib mir es. Haſtus / Habésne, pro, haſtu es. Vbi praeterea obseruandum, quod etiam Pronomen Du / Tu, cum verbo postponitur, coalescit cum illo in vnam dictionem abiecto D / vt: Frageſtu vel fragſtu / pro frageſt du / num interrogas. Du frageſt / Quaeris. Hatteſtu / pro Habebasnè, Hatteſt du. Du hatteſt / Habebas.

DE VERBO.

VErbum aliud est Personale, aliud Impersonale. Personale est cui praeponuntur personae Ich / du / der / Wir / jr / die. Ego, tu, ille, Nos, vos, illi. Vt: Ich leſe / Lego. Du liſeſt / Der liſet. Wir leſen /

---

7 ff. ſelbſt F-L. 14 Geſchiehets BCEG-L. 15 geſchiehet BCEG-L ſiehets ſiehet KL. 18 f. jhm F-L. 29 jhr F-L.

Ihr leſet / Die leſen. Impersonale est, cui praeponitur particula es vel man / & in sola tertia persona singulari flectitur, vt: Es ſchneiet / es donnert / es blitzt / Mugit, Tonat, Fulgurat: Man ſagt / man jſſet / man tantzt / Dicitur, Edi[93]tur, Saltatur. Sed de Impersonalibus dicetur infra in fine Verbi.

Verbo accidunt: Genus, Tempus, Modus, Figura, Persona, Numerus & Coniugatio.

GENVS.

Genera Verborum sunt tria: Actiuum, Passiuum & Neutrum.

Actiuum est, cui praeponitur in Indicatiuo praesenti Ich / du / der / Wir / jr / ſie. Et in praeterito Perfecto, Ich habe / du haſt / er hat / Wir haben / jr habet ſie haben. Cum augmento ge seu cum Participio praeterito Passiuo, vt: Ich leſe / Lego. Ich habe geleſen / Legi.

Passiuum est, cui praeponitur in praesenti Indicatiuo, Ich werde / du wirſt / der wird / Wir werden / / jr werdet / ſie werden / cum Participio praeterito Passiuo. Et in praeterito Perfecto, Ich bin worden / du biſt worden / der iſt worden / Wir ſind worden jr ſeid worden / ſie ſind worden / interposito Participio praeteriti Passiui, inter Ich bin / & worden / Vt: Ich werde geleſen / Legor. Ich bin gele[94]ſen worden Lectus sum vel fui. Interdum particula worden omittitur, Vt: Ich bin geleſen / Lectus sum, vel, Ich bin geleſen worden / Lectus fui.

Neutrum est, cui praeponitur in praesenti Indicatiuo, Ich / du / der / Wir / jr / ſie / vt in Actiuo: Et in praeterito Perfecto, Ich bin / du biſt / der iſt / Wir ſind / jr ſeid / ſie ſind / vt in Passiuo, sed particula

---

3 ſchneyet C-L blitzet G-L. 4 ſaget F-L iſſet E-L. 5 tantzet G-L. 13 ff. jhr F-L. 19 er wird KL. 22 er iſt KL. 23 ſeyd G-L. 31 er iſt KL. 32 ſeyd F-L.

worden non additur, vt: Ich ſterbe Morior. Ich bin geſtorben / Mortuus sum. Quaedam etiam coniugantur vt Actiua, sed Passiuum ex se non formant, vt: Ich lebe / Viuo. Ich habe gelebet / Vixi. Sed non, Ich werde gelebet. Quaedam etiam vtroque modo formant praeteritum, vt: Ich ſtehe / sto. Ich bin geſtanden / &, Ich habe geſtanden / Steti. Ich gehe / Eo. Ich bin gegangen / & Ich habe gegangen / Iui. Ich ſitze / Sedeo. Ich bin geſeſſen / & Ich habe geſeſſen / Sedi. Sub Neutro comprehenditur Substantiuum Ich bin / Sum, & Neutropassiuum, Ich werde / Fio, & ex hoc composita, quae Latinis inchoatiua sunt, vt: Ich werde innen / Ich werde ge[95]war / Praesentisco. Ich werde warm / Calesco &c.

TEMPVS.

Tempora in Verbis sunt quinque: Praesens, Imperfectum, Perfectum, Plusquamperfectum, & Futurum.

Praesens est ipsum verbi thema, cui praeponuntur nominatiui personae, Ich / du / er / ſie / das / es / Wir / jr / ſie / vt: Ich liebe / Amo. Du liebeſt / Amas. Er liebet / Amat. Wir lieben / Amamus. Ihr liebet / Amatis. Sie lieben / Amant. Sed in secunda & tertia persona singulari mutantur quaedam vocales & diphthongi in disyllabis, vt: Ich ziehe / Traho, Proficiscor, Du zeuchſt / Er zeucht. Wir ziehen / Ihr ziehet / Sie ziehen. Ich gebe / Do, Du gibſt / Er gibt. Wir geben / Ihr gebet / Sie geben. Ich liege / Mentior, Du leugeſt / Er leuget. Wir liegen / Ihr lieget / Sie liegen. Cum verò verbum est monosyllabum in prima persona singulari Indicatiui praesentis, tres personae singulares habent easdem vocales & diphthongos, quae in plurali mu[96]tantur in alias, &

---

4 habe gelebt F-L. 13 gewahr DF-D. 21 jhr F-L. 27 giebſt B giebeſt CEKL gibeſt DF-I giebet B-L.

tertia primae similis est, vt: Ich kan / Possum. Du kanst / Potes. Er kan / Potest. Wir können / Possumus. Ihr könnet / Potestis. Sie können / Possunt. Ich mag / Licet mihi. Du magst / Licet tibi. Er mag / Licet illi. Wir mögen vel mügen (Saepè enim inter se permutantur o & u / ö & ü) Licet nobis. Ihr möget vel müget / Licet vobis. Sie mögen vel mügen / Licet illis. Ich will / Volo. Wir wöllen / Volumus. Ich soll / Debeo. Wir sollen / Debemus. Ich weiss / Scio. Wir wissen / Scimus. Ich taug / Aptus sum, Frugi sum. Wir tügen / Apti sumus. Ich thar / Ausim. Wir thüren Audemus. Ich darff / Fas mihi. Wir dürffen / Fas nobis. Ich muss / Oportet me. Wir müssen / Oportet nos. Se de hac mutatione dicetur infrà post coniugationes.

Imperfectum mutat vocales & diphthongos sui Thematis in alias, vt: Ich zihe Ich zoch & zog. Ich schiesse / Iaculor, Ich schoss. Ich keuffe / Emo, Ich kauffte. Desinit verò in aliquibus in consonantem verbi, vt: Ich schreibe / [97] Scribo. Ich schreib / Scribebam. Ich lese / Lego. Ich las Legebam. In aliquibus verò in te syllabam ad thema verbi assumtam, vt: Ich liebe / Amo. Ich liebete / Amabam. Ich lere / Doceo. Ich lerete / Docebam. Et in talibus aliquando e penultimum per syncopen, aliquando vltimum per apocopen, aliquando vtrumque abijcitur breuitatis caussa, vt: Ich liebete / vel liebte / vel liebt / Amabam. Prima & tertia singulares sunt similes, & prima ac tertia plurales itidem similes, vt: Ich liebete / Amabam. Er liebete / Amabat. Wir liebeten / Amabamus. Sie liebeten / Amabant. Ich gab / Dabam. Er gab / Dabat. Wir gaben / Dabamus. Sie gaben / Dabant. Secunda singularis in quibusdam mutat vocales primae personae in alias,

---

6 o & u *fehlt* F-L. 8 wil C-K wollen F-L sol CEG-L. 9 söllen BCEF weis BCG-I weiß D-FKL. 13 mus B muß D-L. 17 ziehe DF-L. 18 schoß D-L. 20 schrieb DF-L. 21 lass BC laß D-L. 24 lehre F-L lehrete DF-L.

quam sequuntur tres personae plurales, vt: Ich sang / Canebam. Du sungest / Canebas. Wir sungen / Canebamus. Ihr sunget / Canebatis, &c. Cum thema verbi est monosyllabum, omnes Imperfecti personae habent easdem vocales, vt: Ich mag / Licet mihi Ich [98] mochte / Licebat mihi. Du mochtest / Licebat tibi. Er mochte / Licebat illi. Wir mochten / Licebat nobis. Ihr mochtet / Licebat vobis. Sie mochten / Licebat illis. Ich will / Ich wolte. Ich soll / Ich solte. Ich weis / Ich wuste. Ich taug / Ich tochte. Ich thar / Ich thurste. Ich darff / Ich durffte. Ich muss / Ich muste. Ich kan / Ich kundte. Sed de hac quoque mutatione vocalium & diphthongorum in Imperfecto, dicetur infrà post Coniugationes.

Perfectum praeponit themati in Actiuis, Ich habe. In Passiuis, Ich bin worden. In Neutris, Ich bin / & in aliquibus, Ich habe / in aliquibus vtrumque, & in initio assumit augmentum ge / cum mutatione vocalium & diphthongorum in penultima, vt: Ich habe gelesen / Legi. Ich bin gelesen worden / Lectus sum vel fui. Ich bin gestorben / Mortuus sum. Ich habe gelebet / Vixi. Ich bin oder habe gestanden / gegangen / Steti, Iui. Quae in Imperfecto in Consonantem verbi desinunt, eorum praeteritum Perfectum exit in en / vt: Ich schreib / [99] Scribebam. Ich habe geschrieben / Scripsi. Ich las / Legebam. Ich habe gelesen / Legi. Quae verò in Imperfecto assumunt te / eorum praeteritum Perfectum desinit in et / vt: Ich liebete / Amabam. Ich habe geliebet / Amaui. Ich lerete / Docebam. Ich habe geleret / Docui. Et in talibus e in vltima ante t non raró abijcitur, vt: Geliebt / Gelert.

Composita augmentum recipiunt in medio, id est, inter vtramque partem compositionis, vt: Ich

---

6 ff. möchte *etc.* B-L. 9 wil B-L sol C-L. 10 weiß DF. 11 muß C-L. 12 kunte G-L. 17 in aliquibus, Ich habe] *fehlt* F-L. 25 schrieb G-L. 26 laß DF-L. 29 lehrete D-L. 30 gelehret D-L. 31 Gelehrt DF-L.

habe ausgelesen / Elegi. Ausgeschrieben Descripsi. Vmbgestossen / Euerti. Zugemacht / Clausi. Quaedam etiam a principio recipiunt augmentum, vt: Ich habe geweissaget / Prophetaui, Matth. 7. Quaedam etiam augmento carent, vt composita cum be ver / zer / & quae composita accentum habent in posteriore parte compositionis, vt: Bekümmern / Molestia afficere, Bekümmert. Befehlen / Mandare, Befohlen. Verachten / Contemnere, Verachtet. Zerstören / Destruere, Zerstöret. Ich vberlese / Perlego. Ich habe vberlesen / Perlegi. Ich vbergebe Trado. [100] Ich habe vbergeben / Tradidi. Quaedam etiam augmentum praeteriti in praesenti recipiunt, vt: Dencken uel Gedencken / Cogitare, Ich habe gedacht. Thun uel Gethun / Gethan. vt apud Graecos τλῆμι vel τέτλημι, κεκορεσσάμενος pro κορεσσάμενος, πεπαλών pro παλών. De mutatione vocalium & diphthongorum in penultima praeteriti, dicetur infrà post absolutas Coniugationes.

Plusquamperfectum fit à praeterito Perfecto mutando, Ich habe in Ich hatte / in Actiuis. Ich bin worden / in, Ich war worden / in Passiuis. Ich bin in, Ich war. & Ich habe / in, Ich hatte / in Neutris, vt: Ich hatte gelesen / Legeram. Ich war gelesen worden / Lectus eram uel fueram. Ich war gestorben / Mortuus eram. Ich hatte gegangen / uel, Ich war gegangen / Iueram.

Futurum formatur à praesenti Infinitiui, cuius & vocales ac diphthongos retinet, praeponendo, Ich will uel werde / vt: Ich will / uel, Ich werde lesen / Legam. Ich wil uel, Ich werde gelesen [101] werden / Legar. Ich will / uel, werde sterben / gehen / Moriar, Ibo.

---

1 außgelesen CDF-H Außgeschrieben CDF-I. 2 Umbgestossen I Umgestossen KL. 10 f. überlese überlesen übergebe übergeben H-L. 29 ff. wil B-I. 30 Legam. Ich wil] will L.

MODVS.

Modi sunt ijdem qui apud Latinos & Graecos.

Indicatiuus suam habet in singulis temporibus formationem, & vocalium ac diphthongorum mutationem, de qua iam dictum est, & dicetur infrà amplius.

Imperatiuus, quo non tantùm imperamus, sed etiam oramus & hortamur, caret prima persona singulari, quae in plurali circumscribitur per Imperatiuum verbi Laſſen / vt: Laſſet vns lieben / Amemus. Laſſet vns gehen, Eamus.

Praesens retinet vocales & diphthongos praesentis Indicatiui secundae personae vtplurimum, vt: Ich leſe / Lego. Du liſeſt / Legis. Liſs du / Lege. Ich gieſſe / Fundo. Du geuſſeſt / Fundis. Geuſs du / Funde.

In aliquibus tamen primae personae vocales & diphthongos recipit, vt: Ich [102] laſſe / Sino. Du leſſeſt / Sinis. Laſs du / Sine. Ich sauffe / Poto. Du ſeuffeſt / Potas. Sauff du / Pota. Ich lauffe / Curro. Du leuffeſt / Curris. Lauff du / Curre. Sauff oder Lauff / ἢ πίθι ἢ ἄπιθι Graecorum & Germanorum prouerbium. Nam ut hoc παρέργως addam:

Turpe quidem dictu, sed si modò vera fatemur,
Nos bibuli Graecis hac sumus arte pares.

In contextu orationis dissimulantur pronomina, vt: Gib mir / Da mihi. Thu das / Fac hoc, nisi discretionis uel Emphasis caussa addi necesse sit, Vt: Gib du mir / Thu du das / q. d. tu & non alius.

Futurum Imperatiui effertur assumtione verbi ſollen per omnes personas Indicatiui praesentis ad infinitiuum verbi, excepta prima singulari, qua Imperatiuus caret, vt: Du ſolt / Er ſol / Wir ſollen / Ihr ſollet / Sie ſollen lieben / leſen / ſchreiben / gehen / & amato,

---

10 Laſſet *fehlt* B-D. 11 uns H-L. 14 lieſeſt B-F Liß C-EG-L Ließ F. 15 Geuß C-L. 18 Laß CEFI-L Las GH. 32 ſoll DF.

legito, scribito, ito. Monosyllaba verba carent Imperatiuo, qualia sunt: Ich kan / mag / will / soll muss / taug / thar darff. Excipitur, Ich weiss Scio, quod in Impera[103]tiuo facit, Wiss / Scito: Et substantiuum, Ich bin / Sum, quod facit Imperatiuum Bis & Sey / Sis uel Es.

Optatiuus assumit Aduerbium optandi, Wolt Gott / Vtinam, uel o / uel ah / uel o das / uel ah das & mutat vocales & diphthongos Indicatiui, quae sunt in penultima secundae personae singularis Imperfecti, uidelicet a in e / o in ö / u in ü / & au in eu / in quibusdam, caeteras retinet, vt: Ich gab / Dabam, du gabest / Dabas. Wolt Gott ich gebe / Vtinam darem. Ich solte / Debebam. Wolt Gott ich solte / Vtinam deberem. Ich fand / Inueniebam, Du fundest / Inueniebas. Wolt Gott ich fünde / Vtinam inuenirem. Ich kauffte / Emebam, Du kaufftest / Emebas. Wolt Gott ich keuffte / Vtinam emerem. Ich liebete / Amabam, Du liebetest / Amabas. Wolt Gott ich liebete / Vtinam amarem. Ich schreib / Du schriebest Scribebas. Wolt Gott ich schriebe Vtinam scriberem. In praeterito mutat a Plusquamperfecti in e / vt: Ich hatte gefunden / Inuenerem. Wolt Gott ich hette gefunden / Vtinam inue[104]nissem. Ich war gegangen / Iueram. Wolt Gott ich were gegangen / Vtinam iuissem. Ich war gelesen worden Lectus eram. Wolt Gott ich were gelesen worden / Vtinam lectus essem, &c. Imperfectum sub Praesenti, & Plusquamperfectum sub Perfecto comprehenditur. In Futuro mutatur e in ü / vt: Ich werde lesen / Legam. Wolt Gott ich würde lesen / Vtinam legam. Idem fit in Passiuo praesenti, vt: Ich werde gelesen / Legor. Wolt Gott ich würde gelesen / Vtinam legerer. Effertur etiam Futurum

---

2 wil F-L sol CE-L muß CEFI-L mus DGH. 3 weis CEG-I weiß DFHL. 4 Wiß C-L. 5 Biß D. 8 daß F-L. 14 f. sölte BCE. 18 käuffte F kauffte G-L. 20 Ich schreibe DF schriebe G-L Du schreibest BCE. 24 gangen / Iueram G-L. 25 wäre L.

Optatiui per verbum Sollen / vt: Wolt Gott ich solte lesen / Vtinam legam. Wolt Gott ich solte gehen / Vtinam eam. Wolt Gott ich solte gelesen werden / Vtinam legerer. Modus potentialis effertur, si Infinitiuo alicuius verbi praeponas Optatiuum verbi debeo, possum, ausim, vt: Du möchst sprechen / Diceres. Du soltest gesagt haben / Dixisses. Er kundte vorwenden / Dixerit.

Coniunctiuus praeponit verbo particulas, So si, wenn / als / da / cum, das / auff das / vt, & retinet vocales & [105] diphthongos Indicatiui uel Optatiui. Praesens & Perfectum mutuatur ab Indicatiuo: Imperfectum & Plusquamperfectum uel ab Indicatiuo uel ab Optatiuo. Id sic distingue: Cum particulis als & da / imitatur Indicatiuum: At cum particulis, So / wenn / das / auff das / imitatur Optatiuum, vt: Als ichs that / Cum facerem. Als ichs gethan hatte / Cum fecissem. Sic, Da ichs that / Da ichs gethan hatte. So ichs thete / Wenn ichs thete / Si facerem. So ichs gethan hette / Wenn ichs gethan hette / Si fecissem. Sic das uel auff das ichs thete / Vt facerem. Das uel auff das ichs gethan hette / Vt fecissem. Futurum Coniunctiui tripliciter formatur, uel ut in Indicatiuo, vt: So ich werde lesen / Cum legero: Vel ut in Optatiuo, So ich würde lesen / Si legero: Vel peculiari modo, ex particula Futuri Indicatiui, Ich werde / & Infinitiuo Praeteriti, vt: So ich werde gelesen haben.

Infinitiuus caret numeris & personis, & retinet vocales & diphthongos Indicatiui, à quo formatur adiectione [106] literae n / vt: Ich schreibe / Scribo. Schreiben / Scribere. Ich habe geschrieben / Scripsi. Geschrieben haben / Scripsisse. Ich werde schreiben / Scribam. Schreiben werden / Scriptum ire uel scripturum esse. Imperfectum sub Praesenti, & Plus-

---

1 sölte B (*öfter*). 7 kündte B-D köndte E-I könte KL. 10 alß F daß FH-L. 16 daß F-L. 17 Alß F. 21 f. daß F-L.

quamperfectum sub Perfecto comprehenditur. Futuro Infinitiui non indigent Germani nisi quòd in Thuringia uulgò dicitur, Er wirds jm wol ſagen werden, Futuro Infinitiui usurpato pro praesenti, pro, Er wirds jhm wol ſagen. Tale est apud Latinos, non habiturus erit, pro, non habiturus est, gemino Futuro pro simplici, pro, non habebit. Verba monosyllaba in Infinitiuo disyllaba fiunt, sed vocales & diphthongos thematis mutant, uidelicet a / i / o / in ö uel ü / & ei in i / ut: Jch kan / Können. Jch mag / Mögen. Jch will / Wöllen. Jch ſoll / Söllen. Jch darff / Dürffen. Jch thar / Thüren. Jch muſs / müſſen. Jch taug / Tügen. Jch weiſs / Wiſſen. Substantiuum, Jch bin / Sum, irregularem habet Infinitiuum Sein / [107] Esse, cum sit inconsequentis coniugationis.

Gerundia & Supina efferuntur per Infinitiuum, cum Praepositione zu / mit / von / vt: Peritus canendi, Geſchickt zu ſingen. Paratus ad dicendum, Bereit zu ſagen. Tacendo refellere, Mit ſtillſchweigen verantworten. Canendo defatigatus sum, Jch bin von ſingen müde. Eo spectatum, Jch gehe zu ſchawen. Turpe est dictu, Es iſt ſchande zu ſagen.

Cum uerò adduntur articuli, fiunt nomina generis Neutri, iuxta tertiam regulam generalem, suprà de generibus nominum traditam, vt: Das ſchreiben / Ipsum scribere .i. Scriptio. Jch bin des ſchreibens vberdrüſſig / Pertaesum est scriptionis.

FIGVRA.

Figurae duae sunt verborum: Simplex, ut: Leſen / Legere. Stoſſen Trudere. Composita, ut: Auslesen

---

3 jhm B-L wohl L. 5 wohl L. 11 wil B-L wollen ſollen DF-L. 12 muß F-L. 13 weiß CEFI-L weis GH. 14 Seyn F-L. 19 Stillſchweigen L. 21 Singen ſchauen L. 22 Schande KL. 26 f. Schreiben K-L deß CE Schreibens L überdrüſſig HI überdrüßig KL. 30 Außleſen CDF-I.

/ Eligere. Ausstossen / Extrudere. Sed hîc obseruandum, composita in Indicatiuo praesenti & Imperfecto dissecta inuerti, & [108] Praepositionem uerbo postponi, alijs quibusdam interiectis, vt: verbum abschreiben describere ita diuellitur, Ich schreibe jetzt dis Buch ab / Describo iam librum hunc. Non, Ich abschreibe dis Buch: Sic in Imperfecto: Ich schreib ab / Describebam. Non, Ich abschreib. Perfectum uerò & Plusquamperfectum recipit augmentum inter utramque partem compositionis, ut: Ich habe abgeschrieben / Descripsi. Ich hatte abgeschrieben / Descripseram. Idem fit in caeteris modis, ut: Schreib ab / Describe. Wolt Gott ich schriebe ab / Vtinam describerem. Sed intercedente particula das / dicimus, Wolt Gott das ich abschriebe / integrè. Idem fit in Coniunctiuo Praesenti & Imperfecto, ut: So ich abschreibe / Si describam. So ich abschriebe / Si describerem. Infinitiuus compositus verbo subiectus praepositionem recipit inter se & partem cum qua componitur, ut: Auslesen / Eligere. Ich komme auszulesen / Venio electum uel ad eligendum, Non zu auslesen. Sic abschreiben / describere. Gib mirs abzu[109]schreiben / Da mihi describendum, Non zu abschreiben. Composita cum be / ge / ver / zer / manent ubique integra, ut: Ich beware / Asseruo. Ich bewarete / Asseruabam. Ich habe bewaret / Asseruaui. Ich gebe dirs zu bewaren / Do tibi asseruandum. Sic gedencken / versorgen / zerstören. Idem fit in compositis, in quibus verbum, non praepositio sustinet accentum, vt: Vberlesen / Perlegere. Ich vberlese / Perlego. Du vberlisest / Perlegis. Ich vberlas / Perlegebam. Ich habe vberlesen / Perlegi. Ich

---

1 Außstoßen CDF-H. 5 jetzt KL. 6 das KL diß C-I. 7 diß C-L schrieb G-L. 8 abschrieb G-L. 14 daß F-L. 19 ff. außlesen außzulesen F-H *(teilw.* I-L*)*. 24 ff. bewahre bewahrete DF-L Ich habe bewaret| *fehlt* B-L zu bewahren DE zu verwahren F-L. 27 verstöhren F verstören G-L. 29 Uberlesen I-L. 30 f. überlese I-L vberliesest BDFI vberliessest C vberlissest E überliesest KL vberlaß B vberlaß C-K überlaß L überlesen L.

gebe dirs zu vberleſen Do tibi perlegendum. Et haec augmento carent. Idem fit, cum relatiuum verbo additur, vt: Der ich abſchreibe Qui describo. Der du abſchreibeſt / Qui describis. Der ich abſchrieb / Qui describebam, &c.

PERSONA.

Personae sunt tres: Prima singularis in singulis temporibus uel in consonantem verbi uel in e desinit, vt: Ich leſe / Lego. Ich las / Legebam. Ich liebe / Amo. Ich liebete / Amabam. Ich habe / [110] ich hatte geleſen / geliebet / Legi, legeram, Amaui, amaueram. Ich wil oder werde leſen / lieben / Legam, amabo. Lis du / liebe du Lege, ama. Wolt Gott ich leſe / liebete / Vtinam legerem, amarem. Secunda singularis assumit ſt / vt: Du liſeſt / liebeſt / ſchreibeſt / Legis, amas, scribis. Excipitur secunda persona verbi volo & debeo, quae ſ abijcit, vt: Du wilt / Vis. Du ſolt / Debes. Cum Pronomen Du verbo postponitur, coalescit cum illo in unam dictionem, d abiecto, vt: Schreibeſtu? Scribisné? Liſeſtu? Num legis? Hetteſtu / Si haberes. Tertia singularis assumit solum t / vt: Er liebet / Amat. In Imperfecto & Plusquamperfecto & in caeteris modis similis est primae, vt: Ich liebete / Amabam. Er liebete / Amabat. Ich hatte geleſen / Legeram. Er hatte geleſen / Legerat. Wolt Gott ich leſe / Vtinam legerem. Wolt Gott er leſe / Vtinam legeret. In Perfecto & Futuro tertia persona ex secunda formatur abiecto s / vt: Du haſt geliebet / Amasti. Er hat geliebet / Amauit. Du wirſt lieben / Amabis. [111] Er wird lieben / Amabit. vbi etiam t in d mutatur ad differentiam cum nomine Wirt / Hospes. Idem fit in Passiuo praesenti, Du wirſt ge-

---

1 überleſen L. 4 abſchrieb] abſchreibe BCEK abſchriebe DFG-I abſchreib L. 9 laſs C laß D-L. 13 Liſs B Liß C-EG-L Ließ F. 15 lieſet DG. 20 Lieſeſtu? DF. 31 Wirth F-L.

liebet / Amaris. Er wird geliebet / Amatur. Prima & tertia plurales semper sunt similes, & in en desinunt, sed distinguuntur pronominibus, vt: Wir lieben / Amamus. Sie lieben / Amant. Wir liebeten / Amabamus. Sie liebeten / Amabant. Wir haben geliebet / Amauimus. Sie haben geliebet / Amauerunt. Wir werden lieben / Amabimus. Sie werden lieben / Amabunt. Idem fit in prima & tertia singulari Imperfecti, vt: Jch gab / Dabam. Er gab / Dabat. Jch ſang / Canebam. Er ſang / Canebat. Et in praesenti verborum monosyllaborum, vt: Jch mag / Er mag. Jch will / Er will. Jch ſoll / Er ſoll. Jch muſs / Er muſs / ꝛc. Secunda pluralis in t desinit, ut tertia singularis, cum qua coincidit in praesenti, vt: Er liebet / Amat. Jhr liebet / Amatis. Concisiones Germanis admodum familiares sunt, ideoque saepè abijcitur e / modò in ultima, modò in penultima, modò utro[112]bique, vt: Jch liebete / Amabam, per apocopen Jch liebet / per syncopen Jch liebte / per vtramque Jch liebt. Sic Du liebeſt & liebſt / Amas. Jch habe geliebet / & Jch hab geliebt / Amaui. Contrà per paragogen interdum e additur personis monosyllabis in Imperatiuo, vt: Schreibe pro ſchreib / Scribe. Sage pro ſag / Dic. Lere pro ler / Doce. Sihe pro ſih / Vide. Secunda & tertia singulares in quibusdam mutant vocales & diphthongos, ut dictum est suprà de temporibus, & dicetur infrà post Coniugationes.

NVMERVS.

Numeri duo sunt in Verbis: Singularis, vt: Jch leſe / Lego. Pluralis, vt: Wir leſen / Legimus. Infinitiuus caret numeris & personis, vt: Leſen / Legere. Geleſen haben / Legisse. Leſen werden / Lectum ire uel lecturum esse.

---

9 Jch gabe D. 12 f. wil ſol C-L Jch mus / Er muß CE muß D-L. 15 Jr B. 22 interdum *fehlt* F-L. 24 Lere pro lehr D Lehre pro lehr F-L Siehe D.

CONIVGATIO.

Coniugationes Verborum tres sunt. Prima est Actiuorum. Secunda Passi[113]vorum. Tertia Neutrorum. Propriè uerò Actiua & Neutra duo tantùm tempora formant, uidelicet Praesens & Imperfectum: Caetera omnia formantur adminiculo quorundam verborum, uidelicet Futurum additione verbi werden / uel wöllen uel ſöllen / ad Infinitiuum praesentem: Praeteritum verò Perfectum Actiuorum, additione Ich habe / & Plusquamperfectum Ich hatte / ad Participium praeteritum. In Neutris uerò additione Ich bin & Ich war ad idem Participium praeteritum. Totum uerò Passiuum formatur ex Participio praeterito, adiecto in Praesenti Ich bin / In Imperfecto, Ich war / In Perfecto, Ich bin worden / In Plusquamperfecto, Ich war worden / & in Futuro, Ich will uel werde werden / ut uidere est ex paradigmatis quae sequuntur.

PRIMA CONIVGATIO. INDICATIVO. [114]

Praesenti.

Sing. Amo, Ich liebe / du liebeſt / er liebet.
Scribo, Ich ſchreibe / du ſchreibeſt / er ſchreibet.
Plur. Wir lieben / jhr liebet / ſie lieben.
Wir ſchreiben / jhr ſchreibet / ſie ſchreiben.

Imperfecto.

Sing. Amabam, Ich liebete / du liebeteſt / er liebete.
Scribebam, Ich ſchreib / du ſchriebeſt / er ſchreib.
Plur. Wir liebeten / jr liebetet / ſie liebeten.
Wir ſchrieben / jhr ſchriebet / ſie ſchrieben.

Perfecto.

Sing. Amaui, Ich habe geliebet / du haſt geliebet / er hat geliebet.
Scripsi, Ich habe geſchrieben / du haſt geſchrieben / er hat geſchrieben. [115]

16 wil F-L. 17 paradigmatibus F-L. 23 jr B. 27 Ich ſchrieb DF-L er ſchrieb H-L. 28 liebten DF-L.

Plur. Wir haben geliebet / jhr habet geliebet / ſie haben geliebet. Wir haben geſchrieben jhr habet geſchrieben ſie haben geſchrieben.

Plusquamperfecto.

Sing. Amaueram, Ich hatte geliebet / du hatteſt geliebet / er hatte geliebet. Scripseram, Ich hatte geſchrieben / du hatteſt geſchrieben / er hatte geſchrieben.

Plur. Wir hatten geliebet jhr hattet geliebet / ſie hatten geliebet. Wir hatten geſchrieben / jhr hattet geſchrieben / ſie hatten geſchrieben.

Futuro.

Sing. Amabo, Ich will / oder werde lieben / du wilt oder wirſt lieben / er will / oder wird lieben. Scribam, Ich will / oder werde ſchreiben / du wirſt / oder wilt ſchreiben / er will / oder wird ſchreiben. [116]

Plur. Wir wöllen / oder werden lieben / jhr wöllet / oder werdet lieben / ſie wöllen / oder werden lieben. Wir wöllen / oder werden ſchreiben / jhr wöllet / oder werdet ſchreiben / ſie wöllen / oder werden ſchreiben.

IMPERATIVO.

Praesenti.

Sing. Prima caret. Ama, Liebe du / er liebe. Scribe, Schreib du / er ſchreibe.

Plur. Laſſet vns lieben / liebet jhr / ſie lieben. Laſſet vns ſchreiben / ſchreibet jhr / ſie ſchreiben.

Futuro.

Sing. Prima caret. Amato, Du ſolt lieben / er ſoll lieben. Scribito, Du ſolt ſchreiben / er ſoll ſchreiben.

Plur. Wir ſollen lieben / jhr ſollet lieben / ſie ſollen lieben. [117] Wir ſollen ſchreiben / jhr ſollet ſchreiben / ſie ſollen ſchreiben.

OPTATIVO.

Praesenti & Imperfecto.

Sing. Vtinam Amarem, Wolt Gott ich liebete / du liebeteſt / er liebete.

---

13 wil B-L. 15 f. wilſt oder wirſt E-L. 17 ff. wollen DF-L wollet F-L. 24 Schreibe du F-L. 25 f. uns H-L ihr liebet H-L. 28 Du ſólt lieben B er ſol C-L. 29 er ſol C-L.

Vtinam Scriberem, Wolt Gott ich ſchriebe / du ſchriebeſt / er ſchriebe.

Plur. Wolt Gott wir liebeten / jhr liebetet / ſie liebeten.
Wolt Gott wir ſchrieben / jr ſchriebet / ſie ſchrieben.

Perfecto & Plusquamperfecto.

Sing. Vtinam Amassem, Wolt Gott ich hette geliebet / du hetteſt geliebet / er hette geliebet.
Vtinam Scripsissem. Wolt Gott ich hette geſchrieben / du hetteſt geſchrieben / er hette geſchrieben. [118]

Plur. Wolt Gott wir hetten geliebet / jhr hettet geliebet ſie hetten geliebet.
Wolt Gott wir hetten geſchrieben / jhr hettet geſchrieben / ſie hetten geſchrieben.

Futuro.

Sing. Vtinam Amem, Wolt Gott ich ſolte / oder würde lieben / du ſolteſt / oder würdeſt lieben / er ſolte oder würde lieben.
Vtinam Scribam, Wolt Gott ich ſolte / oder würde ſchreiben / du ſolteſt / oder würdeſt ſchreiben / er ſolte / oder würde ſchreiben.

Plur. Wolt Gott wir ſolten / oder würden lieben / jr ſoltet / oder würdet lieben / ſie ſolten / oder würden lieben.
Wolt Gott wir ſolten / oder würden ſchreiben / jr ſoltet / oder würdet ſchreiben / ſie ſolten oder würden ſchreiben. [119]

CONIVNCTIVO.

Praesenti.

Sing. Cum Amem, So ich liebe / ſo du liebeſt / ſo er liebet.
Cum Scribam, So ich ſchreibe ſo du ſchreibeſt / ſo er ſchreibet.

Plur. So wir lieben / ſo jr liebet / ſo ſie lieben.
So wir ſchreiben / ſo jr ſchreibet ſo ſie ſchreiben.

Praesens Coniunctiui simile est Praesenti Indicatiui, praeposita particula So / uel wenn uel nach dem: At cum particula das uel auff das Singularis numerus habet vocalem & diphthongum Pluralis Indicatiui, & tertia persona primae similis est, vt: Auff das ich wiſſe, du wiſſeſt / er wiſſe / vt Sciam, &c. Auff das ich könne du könneſt er könne vt Possim, &c.

---

15 ff. ſolte *etc.*] B ǒ *ausser in 1. 3. ps. plur.*; CE *meist* ǒ DF *meist* o. 31 f. jhr C-L. 35 ff. daß F-L auf L *(so regelmässig)*.

Imperfecto.

Sing. Cum Amarem. So ich liebete ſo du liebeteſt ſo er liebete. [120]
So ich ſchriebe ſo du ſchriebeſt ſo er ſchriebe.
Plur. So wir liebeten / ſo jr liebetet / ſo ſie liebeten.
So wir ſchrieben / ſo jr ſchriebet / ſo ſie ſchrieben.

Imperfectum hic formatur vt in Optatiuo: At cum particula Als / vt in Indicatiuo, vt: Als ich ſchreib ꝛc.

Perfecto.

Sing. Cum Amauerim, So ich habe geliebet ſo du haſt geliebet ſo er hat geliebet.
Cum Scripſerim, So ich habe geſchrieben / ſo du haſt geſchrieben / ſo er hat geſchrieben.
Plur. So wir haben geliebet / ſo jr habet geliebet / ſo ſie haben geliebet.
So wir haben geſchrieben ſo jr habet geſchrieben / ſo ſie haben geſchrieben.

Perfectum Coniunctiui formatur vt Perfectum Indicatiui, praeposita particula So / wenn / nach dem: At cum particula das / & auff das / tertia singularis [121] primae similis est, vt: Auff das er geliebet habe.

Plusquamperfecto.

Sing. Cum Amauissem, So ich hette geliebet, ſo du hetteſt geliebet / ſo er hette geliebet.
Cum Scripsissem, So ich hette geſchrieben / ſo du hetteſt geſchrieben / ſo er hette geſchrieben.
Plur. So wir hetten geliebet / ſo jr hettet geliebet / ſo ſie hetten geliebet.
So wir hetten geſchrieben ſo jr hettet geſchrieben / ſo ſie hetten geſchrieben.

Plusquamperfectum hic formatur vt in Optatiuo: At cum particula Als / & da / vt in Indicatiuo, vt: Als ich geliebet hatte / Als ich geſchrieben hatte.

Futuro.

Sing. Cum Amauero, So ich werde geliebet haben / ſo du wirſt geliebet haben / ſo er wird geliebet haben. [122]
Cum Scripsero, So ich werde geſchrieben haben / ſo du wirſt geſchrieben haben ſo er wird geſchrieben haben.

---

2 du liebteſt F-L. 5 f. jhr C-L *(von F ab regelmässig)*. 8 Alß F *(durchgehend)*. 20 f. daß *(von F an regelmässig)* similis est *etc.*] s. est, & particula hab participio verbi postponitur, ut: Auff das ich vel er g. habe B-L.

Plur. So wir werden geliebet haben / so jr werdet geliebet haben so sie werden geliebet haben.
So wir werden geschrieben haben so jr werdet geschrieben haben / so sie werden geschrieben haben.

Formatur etiam, vel vt in Indicatiuo, vt: So ich schreiben werde. Vel vt in Optatiuo, vt: So ich schreiben würde.

INFINITIVO.

Praesenti & Imperfecto, Lieben Amare. Schreiben Scribere.

Perfecto & Plusquamperfecto, Geliebet haben Amauisse. Geschrieben haben / Scripsisse.

Futuro, Lieben werden Amatum ire. Schreiben werden Scriptum ire.

Participium vnum formatur ab Actiuis, videlicet Praesens in end vt: Lie[123]bend Amans. Schreibend Scribens. De motione eius dicetur infrà in Participio.

SECVNDA CONIVGATIO. INDICATIVO.

Praesenti.

Sing. Amor, Ich werde geliebet du wirst geliebet er wird geliebet.
Scribor, Ich werde geschrieben du wirst geschrieben er wird geschrieben.
Plur. Wir werden geliebet / jr werdet geliebet / sie werden geliebet.
Wir werden geschrieben jr werdet geschrieben sie werden geschrieben.

Imperfecto.

Sing. Amabar, Ich ward geliebet du wurdest geliebet er ward geliebet.
Scribebar, Ich ward geschrieben [124] du wurdest geschrieben er ward geschrieben.
Plur. Wir wurden / & worden geliebet jhr wurdet & wordet geliebet / sie wurden & worden geliebet.
Wir wurden / & worden geschrieben / jr wurdet & wordet geschrieben sie wurden & worden geschrieben.

Perfecto.

Sing. Amatus sum vel fui, Ich bin geliebet worden / du bist geliebet worden / er ist geliebet worden.

---

1 f. geliebet] geschrieben FG.

Scriptus sum vel fui, Ich bin geſchrieben worden du biſt geſchrieben worden er iſt geſchrieben worden.

Plur. Wir ſind geliebet worden / jr ſeid geliebet worden / ſie ſind geliebet worden.

Wir ſind geſchrieben worden / jr ſeid geſchrieben worden / ſie ſind geſchrieben worden. [125]

Plusquamperfecto.

Sing. Amatus eram vel fueram, Ich war geliebet worden du warſt geliebet worden er war geliebet worden.

Scriptus eram vel fueram, Ich war geſchrieben worden / du warſt geſchrieben worden / er war geſchrieben worden.

Plur. Wir waren geliebet worden jr waret geliebet worden ſie waren geliebet worden.

Wir waren geſchrieben worden / jr waret geſchrieben worden ſie waren geſchrieben worden.

Futuro.

Sing. Amabor, Ich will werde geliebet werden du wilt wirſt geliebet werden / er will wird geliebet werden.

Scribar, Ich will werde geſchrieben werden du wilt / wirſt geſchrieben werden er will wird geſchrieben werden. [126]

Plur. Wir wöllen / werden geliebet werden / jr wöllet / werdet geliebet werden / ſie wöllen / werden geliebet werden.

Wir wöllen / werden geſchrieben werden / jr wöllet / werdet geſchrieben werden / ſie wöllen / werden geſchrieben werden.

IMPERATIVO.

Praesenti.

Sing. Prima caret. Amare tu, Werde du geliebet er werde geliebet.

Scribere tu, Schreib du er werde geſchrieben.

Plur. Laſſet vns werden geliebet / werdet jr geliebet / ſie werden geliebet.

Laſſet vns werden geſchrieben / werdet jr geſchrieben / ſie werden geſchrieben.

---

3 ſeyd E-L. 17 ff. wil B-L. 22 ff. wollen *etc.* D *(einmal)* F-L. 31 Schreibe du B-E Werde du geſchrieben F-L. 32 ff. uns H-L.

Futuro.

Sing. Prima caret. Amator, du ſolt geliebet werden er ſoll geliebet werden. [127]

Scribitor, du ſolt geſchrieben werden er ſoll geſchrieben werden.

Plur. Wir ſollen geliebet werden jr ſollet geliebet werden / ſie ſollen geliebet werden.

Wir ſollen geſchrieben werden jr ſollet geſchrieben werden / ſie ſollen geſchrieben werden.

OPTATIVO.

Praesenti & Imperfecto.

Sing. Vtinam Amarer, Wolt Gott ich wúrde geliebet du wúrdeſt geliebet er wúrde geliebet.

Vtinam Scriberer, Wolt Gott ich wúrde geſchrieben du wúrdeſt geſchrieben er wúrde geſchrieben.

Plur. Wolt Gott wir wúrden geliebet jr wúrdet geliebet ſie wúrden geliebet.

Wolt Gott wir wúrden geſchrieben jr wúrdet geſchrieben ſie wúrden geſchrieben. [128]

Perfecto & Plusquamperfecto.

Sing. Vtinam Amatus essem, Wolt Gott ich were geliebet worden / du wereſt geliebet worden er were geliebet worden.

Vtinam Scriptus essem, Wolt Gott ich were geſchrieben worden du wereſt geſchrieben worden er were geſchrieben worden.

Plur. Wolt Gott wir weren geliebet worden jr weret geliebet worden / ſie weren geliebet worden.

Wolt Gott wir weren geſchrieben worden jr weret geſchrieben worden ſie weren geſchrieben worden.

Futuro.

Sing. Vtinam Amer, Wolt Gott ich ſolte / wúrde geliebet werden / du ſolteſt / wúrdeſt geliebet werden / er ſolte wúrde geliebet werden.

Vtinam Scribar, Wolt Gott ich ſolte / wúrde geſchrieben wer[129]den / du ſolteſt / wúrdeſt geſchrieben werden / er ſolte / wúrde geſchrieben werden.

---

2 ff. ſol CEG-L *(aber nicht consequent)*. 21 ich wáre L. 32 ff. ſólte *usw.* BCE.

Plur. Wolt Gott wir ſolten würden geliebet werden / jr ſoltet würdet geliebet werden ſie ſolten würden geliebet werden.

Wolt Gott wir ſolten würden geſchrieben werden jr ſoltet würdet geſchrieben werden ſie ſolten würden geſchrieben werden.

CONIVNCTIVO.

Praesenti.

Sing. Cum Amer, So ich geliebet werde ſo du geliebet wirſt / ſo er geliebet wird.

Cum Scribar, So ich geſchrieben werde ſo du geſchrieben wirſt ſo er geſchrieben wird.

Plur. So wir geliebet werden ſo jr geliebet werdet ſo ſie geliebet werden.

So wir geſchrieben werden / ſo jr geſchrieben werdet / ſo ſie geſchrieben werden. [130]

Praesens Coniunctiui simile est praesenti Indicatiui: At cum particula das & auff das retinetur in singulari vocalis pluralis numeri, Auff das ich geliebet werde / auff das du geliebet werdeſt das er geliebet werde / & tertia primae similis est.

Imperfecto.

Sing. Cum Amarer, So ich geliebet würde / ſo du geliebet würdeſt / ſo er geliebet würde.

Cum Scriberer, So ich geſchrieben würde ſo du geſchrieben würdeſt / ſo er geſchrieben würde.

Plur. So wir geliebet würden / ſo jr geliebet würdet / ſo ſie geliebet würden.

So wir geſchrieben würden / ſo jr geſchrieben würdet / ſo ſie geſchrieben würden.

Imperfectum formatur hic vt in Optatiuo: At cum particula Als / vt in Indicatiuo, vt: Als ich geſchrieben ward / ꝛc. [131]

Perfecto.

Sing. Cum Amatus sim vel fuerim, So ich bin geliebet worden / ſo du biſt geliebet worden / ſo er iſt geliebet worden.

Cum Scriptus sim vel fuerim, ſo ich bin geſchrieben worden / ſo du biſt geſchrieben worden / ſo er iſt geſchrieben worden.

18 ff. daß F-L auf L *(durchgehend)*. 31 Alß F.

Plur. So wir ſind geliebet worden ſo jr ſeid geliebet worden ſo ſie ſind geliebet worden.

So wir ſind geſchrieben worden / ſo jr ſeid geſchrieben worden ſo ſie ſind geſchrieben worden.

Formatur hic Perfectum vt in Indicatiuo: At cum particula das & auff das / sic formatur:

Auff das ich ſey du ſeieſt er ſey geliebet worden.
Auff das ich ſey / du ſeieſt er ſey geſchrieben worden.
Auff das wir ſeien jr ſeiet ſie ſeien geliebet worden. [132]
Auff das wir ſeien / jr ſeiet ſie ſeien geſchrieben worden.

Plusquamperfecto.

Sing. Cum amatus essem vel fuissem, So ich were geliebet worden / ſo du wereſt geliebet worden / ſo er were geliebet worden.

Cum Scriptus essem vel fuissem, So ich were geſchrieben worden / ſo du wereſt geſchrieben worden ſo er were geſchrieben worden.

Plur. So wir weren geliebet worden ſo jr weret geliebet worden ſo ſie weren geliebet worden.

So wir weren geſchrieben worden ſo jr weret geſchrieben worden ſo ſie weren geſchrieben worden.

Plusquamperfectum hic formatur vt in Optatiuo: At cum particula als & da vt in Indicatiuo, vt: Als ich war geliebet worden: Als ich war geſchrieben worden. [133]

Futuro.

Sing. Cum Amatus ero vel fuero, So ich werde geliebet ſein worden / ſo du wirſt geliebet ſein worden ſo er wird geliebet ſein worden.

Cum Scriptus ero vel fuero, So ich werde geſchrieben ſein worden / ſo du wirſt geſchrieben ſein worden ſo er wird geſchrieben ſein worden.

Plur. So wir werden geliebet ſein worden ſo jr werdet geliebet ſein worden / ſo ſie werden geliebet ſein worden.

So wir werden geſchrieben ſein worden / ſo jr werdet geſchrieben ſein worden ſo ſie werden geſchrieben ſein worden.

Formatur etiam, vel vt in Indicatiuo, vt: So ich werde geliebet werden / vel vt in Optatiuo, vt: So ich würde geliebet

---

1 ff. ſeyd E-L. 7 f. ſeyſt DFG ſeyeſt EH-L. 9 f. ſein ſeid D ſeyn ſeyd E-L. 26 ff. ſein] *bald* ſein *bald* ſeyn E ſeyn F-L *(so durchgehend)*.

werden: Et cum particula, das & auff das retinetur in singulari vocalis pluralis numeri, vt: das du werdeſt das er werde ꝛc. [134]

INFINITIVO.

Praesens & Imperfecto. Geliebet werden Amari. Geſchrieben werden Scribi.

Perfecto & Plusquamperfecto, Geliebet worden ſein / Amatum esse. Geſchrieben ſein worden Scriptum esse vel fuisse.

Futuro. Werden geliebet werden Amatum iri. Werden geſchrieben werden Scriptum iri.

Participium vnum formatur à Passiuis, videlicet Praeteritum, ex quo tota Coniugatio Passiua constat, vt: Geliebet / Amatus, Geſchrieben / Scriptus. De motione eius dicetur infrà in participio.

TERTIA CONIVGATIO. INDICATIVO.

Praesenti.

Sing. Morior, Ich ſterbe dü ſtirbeſt, er ſtirbet. [135]
Plur. Wir ſterben jr ſterbet / ſie ſterben.

Imperfecto.

Sing. Moriebar, Ich ſtarb du ſturbeſt & ſtorbeſt er ſtarb.
Plur. Wir ſturben & ſtorben / jr ſturbet & ſtorbet ſie ſturben & ſtorben.

Perfecto.

Sing. Mortuus sum &c. Ich bin geſtorben du biſt geſtorben er iſt geſtorben.
Plur. Wir ſind geſtorben / jr ſeid geſtorben ſie ſind geſtorben.

Plusquamperfecto.

Sing. Mortuus eram &c. Ich war geſtorben du warſt geſtorben / er war geſtorben.
Plur. Wir waren geſtorben jr waret geſtorben ſie waren geſtorben.

8 Geſchrieben worden ſeyn F-L. 26 ſeyd E-L *(durchgehend)*. 28 du wareſt KL.

Futuro.

Sing. Moriar, Ich will oder werde sterben du wilt oder wirst sterben er will oder wird sterben. [136]
Plur. Wir wollen oder werden sterben, jr wollet oder werdet sterben sie wollen oder werden sterben,

IMPERATIVO.

Praesenti.

Sing. Prima caret. Morere, stirb du, er sterbe.
Plur. Lasset vns sterben sterbet jr / sie sterben.

Futuro.

Sing. Prima caret. Moritor, Du solt sterben er soll sterben.
Plur. Wir sollen sterben jr sollet sterben sie sollen sterben.

OPTATIVO.

Praesenti & Imperfecto.

Sing. Vtinam Morerer, Wolt Gott ich stúrbe, du stúrbest stúrbe.
Plur. Wolt Gott wir stúrben jr stúrbet sie stúrben.

Perfecto & Plusquamperfecto. [137]

Sing. Vtinam Mortuus essem, Wolt Gott ich were gestorben du werest gestorben er were gestorben.
Plur. Wolt Gott wir weren gestorben jr weret gestorben sie weren gestorben.

Futuro.

Sing. Vtinam Moriar, Wolt Gott ich solte oder wúrde sterben du soltest oder wúrdest sterben er solte, oder wúrde sterben.
Plur. Wolt Gott wir solten oder wúrden sterben, jr soltet oder wúrdet sterben sie solten oder wúrden sterben.

CONIVNCTIVO.

Praesenti.

Sing. Cum Moriar, So ich sterbe so du stirbest, so er stirbet.
Plur. So wir sterben so jr sterbet, so sie sterben.

---

2 f. wil BCE-L. 9 uns H-L. 11 sol BCE-L. 24 ff. sólte *usw.* BCE. 31 sterb H-L stirbst stirbt KL.

Praesens Coniunctiui simile est Praesenti Indicatiui: At cum particula das [138] & auff das retinetur in singulari vocalis & diphthongus pluralis numeri, & tertia primae similis est, vt: Auff das ich sterbe / das du sterbest / das er sterbe.

Imperfecto.

Sing. Cum Morerer, So ich stürbe / so du stürbest / so er stürbe.
Plur. So wir stürben / so jr stürbet / so sie stürben.

Imperfectum hic formatur vt in Optatiuo: At cum particula als / formatur vt in Indicatiuo, vt: Als ich starb / ꝛc.

Perfecto.

Sing. Cum Mortuus sim &c. So ich bin gestorben / so du bist gestorben / so er ist gestorben.
Plur. So wir sind gestorben / so jr seid gestorben / so sie sind gestorben.

Formatur hic Perfectum, vt in Indicatiuo: At cum particula das / & auff das / sic formatur: Auff das ich gestorben sey / auff das du gestorben seiest / auff das er gestorben sey / Auff das wir gestor[139]ben seien / auff das jr gestorben seiet / auff das sie gestorben seien.

Plusquamperfecto.

Sing. Cum Mortuus essem &c. So ich were gestorben / so du werest gestorben / so er were gestorben.
Plur. So wir weren gestorben / so jr weret gestorben / so sie weren gestorben.

Formatur hic Plusquamperfectum vt in Optatiuo: At cum particula als / & da / formatur vt in Indicatiuo, vt: Als ich gestorben war / ꝛc.

Futuro.

Sing. Cum Mortuus ero &c. So ich werde gestorben sein / so du wirst gestorben sein / so er wird gestorben sein.
Plur. So wir werden gestorben sein / so jr werdet gestorben sein / so sie werden gestorben sein.

Formatur etiam vt in Optatiuo & Indicatiuo, vt: So ich sterben werde / &, So ich sterben würde. Et cum particula [140]

---

8 f. I. hic f. vt in O. *(ende der seite)* tur vt in Ind *usw.* C *ohne* tur E Imp. hic form. ut in O., ut: Als (alß F) ich starb F-L. 17 seyst DF-L seyest E. 18 sein seid D seyen seyet E seyn seid F-L. 19 seyn F-L. 26 alß FG *(nur einmal)*. 29 ff. sein] *bald* sein *bald* seyn E seyn F-L.

das & auff das retinetur in singulari vocalis pluralis numeri, vt: Das ich werde sterben das du werdest sterben das er werde sterben vel gestorben sein.

INFINITIVO.

Praesenti & Imperfecto, Sterben Mori.
Perfecto & Plusquamperfecto, Gestorben sein Mortuum esse.
Futuro, Sterben werden / Moriturum esse.
Participium Praesens, Sterbend Moriens.
Participium Praeteritum, Gestorben, Mortuus.
De motione horum dicetur infrà in Participio.

DE FORMATIONE TEMPORVM. DE MVTATIONE VOCALIVM & DIPHTHONGORVM IN FORMANDIS VERBORVM TEMPORIBVS.

VT apud Latinos cognitio Praeteriti & Supini, & apud Graecos Futuri, [141] Praeteriti & Indefinitorum necessaria est: Ita apud Germanos formatio praesentis, Imperfecti, & participij praeteriti Perfecti. Solum praesens & Imperfectum Actiuorum & Neutrorum flectitur, & mutantur in quibusdam personis vocales & diphthongi: Caetera tempora omnia, & totum Passiuum formantur ex praeterito Participio adiectione verborum, Ich habe / bin / werde / bin worden / rc. praeter Futurum, quod ex Infinitiuo componitur, vt docent paradigmata suprà tradita. In praesenti Indicatiuo prima persona singularis, & tres plurales easdem habent vocales & diphthongos, quas secunda & tertia singularis in quibusdam mutant, vt: Ich gebe / du gibst / er gibt / Wir geben jr gebet / sie geben. Excipiuntur monosyllaba, quae in singulari primae personae vocalem & diphthongum retinent, & in tribus pluralibus in aliam mutant, vt: Ich kan / du kanst / er kan / Wir kønnen / jr kønnet / sie kønnen. Ich will du wilt / er will / Wir wøllen / jr

28 gibest gibet DF-L. 33 wil CE-L wollen F-L.

wöl[142]let sie wöllen. Ich mag Wir mügen. Ich taug / Wir tügen / ꝛc.

In Imperfecto prima & tertia singulares sunt similes, caeterae personae omnes habent easdem vocales & diphthongos, vt: Ich sang / Canebam, er sang / du sungest / Wir sungen jr sunget / sie sungen. Ich starb er starb / du storbest / Wir storben / jr storbet / sie storben / vel sturben. Sunt enim cognatae vocales, o & u ideoque saepè permutantur. Excipiuntur rursus monosyllaba verba, quae in praeterito Imperfecto easdem habent vocales & diphthongos in omnibus personis vtriusque numeri, vt: Ich wolte / Volebam, du woltest / er wolte / Wir wolten / jr woltet sie wolten. Ich mochte / du mochtest / er mochte / Wir mochten / jr mochtet / sie mochten.

Praeteritum Perfectum peculiares habet vocales & diphthongos cum augmento praefixo. Hanc igitur varietatem mutationis indicabimus secundum Infinitiui terminationes. [143]

en purum.

1. Quae vocalem aut diphthongum habent ante en Infinitiui, retinent illam inuariatam pleraque in omnibus temporibus & personis, vt: Ich see / Semino, du seest. In Imperfecto, Ich seete / Seminabam, du seetest. In Perfecto, Ich habe geseet. Sic Dreen / Tornare. Item haec: bawen / schawen / blawen / brawen / krawen / grawen / tawen / drawen / trawen: Strewen / dewen / frewen / schewen / rewen / kewen / drewen / blewen / brewen / veruntrewen / vernewen: Glüen / brüen / sprüen / & freien / Siue de manumissione siue de sponsalibus dicatur.

2. Excipiuntur haec, quae mutationem patiuntur: Ich hawe / Caedo, du hewest / er hewet / Wir hawen / ꝛc.

---

1 wollet *usf.* F-L mögen G-L. 26 ff. bawen *bis* vernewen] bauen *usw.* L. 33 haue *usw.* L.

In Imperfecto, Ich hieb du hiebest. In Perfecto, Ich habe gehawen. Ich schreie Clamo, du schreiest. Imperfecto, Ich schrey / du schriest. Perfecto, Ich habe geschrien. Thun / Facere, contractum est pro thuen du thust / er thut / Wir [144] thun / jr thut / sie thun. Imperfecto, Ich that / du thetest er that / Wir theten / ꝛc. Perfecto, Ich habe gethan / Feci. Inuenitur tamen hoc verbum in Imperfecto vtroque modo, cum a & e in omnibus personis, more monosyllaborum, quibus per contractionem simile factum est, vt: Ich thet du thetest / er thet / Wir theten / jr thetet / sie theten. Et: Ich that / du thatest / er that / Wir thaten / jr thatet / sie thaten. Exempla vbique obuia sunt in Biblijs.

ben.

1. In ben desinentia, quae ei in penultima habent, mutant illam in toto Praeterito & ex illo formatis in ie / item in secunda persona singulari Imperfecti & omnibus pluralibus, vt: Ich schreibe / du schreibest ꝛc. Imperfecto, Ich schreib / du schriebest / er schreib / Wir schrieben jr schriebet / sie schrieben. Perfecto, Ich habe geschrieben. Passiuo, Ich werde geschrieben / Ich ward geschrieben, ꝛc. Sic reiben / Terere, Friare, Fricare. Treiben / Agere, vt pecus. Bleiben / Manere. [145] Excipiuntur, Kleiben / Limo obstruere, & Einleiben / Incorporare, quae diphthongum invariatam retinent. At bekleiben / quod de plantis dicitur, & radices agere significat, regulam sequitur.

2. Quae ie ante ben habent, mutant ie in o in Imperfecto & Perfecto, in Praesenti verò secunda & tertia singulari in eu / vt: Ich schiebe / quod Pistoris est, qui panem in furnum immittit, & eius qui globum mittit, du scheubest er scheubet / Wir schieben / ꝛc.

---

2 gehauen L schreye Clamo du schreyest C-L. 3 Ich schrie D schrye schryest FGH; *das ganze Impf. fehlt* I-L. 4 geschryen F-L pro thun G-L. 19 Ich schrieb DF-L er schrieb B-L.

Imperfecto, Ich schob du schobest ꝛc. Perfecto, Ich habe geschoben. Sic Stieben Dissipari pulueris aut farinae instar, & vtriusque composita, einschieben / auffschieben bestieben / verstieben. Excipitur Lieben Amare, quod diphthongum suam inuariatam retinet, vt: Ich liebe / du liebest / Ich liebete / Ich habe geliebet.

3. Quae caeteras vocales & diphthongos ante b habent, retinent illas inuariatas, vt: Ich schabe / Scalpo, Rado, du schabest / ꝛc. Imperfecto, Ich schabete / du schabetest / ꝛc. Perfecto, Ich habe gescha[146]bet. Sic traben / laben / leben / schweben / streben / steben .i. palare seu palo adiungere, & baculo niti, weben / beben / loben / toben / rauben klauben / lauben / enturlauben / schnauben / Actor. 9. gleuben / steuben / quod est transitiuum à stieben & significat puluerem excitare, vberteuben / üben / trüben / betrüben. Excipiuntur duo quae a habent ante b / & totidem quae e habent, & vnum quod au habet, quae vocales & diphthongum mutant hoc modo: Ich grabe / Fodio, du grebest / er grebet / Wir graben. Imperfecto, Ich grub / du grubest / ꝛc. Perfecto, Ich habe gegraben. Ich habe / Habeo, du hast / er hat / abiecto b / Wir haben / ꝛc. Imperfecto, Ich hatte / du hattest / ꝛc. Perfecto, Ich habe gehabt / cum compositis. Ich gebe / Do, du gibst / er gibt / Wir geben / ꝛc. Imperfecto, Ich gab / du gabest. Perfecto, Ich habe gegeben / cum compositis. Ich hebe / Tollo, Attollo, du hebest / ꝛc. Imperfecto, Ich hub / du hubest / ꝛc. Perfecto, Ich habe gehaben / a crasso tanquam gehoben / cum compositis. Ich schaube / Voluo, Trudo, du scheu[147]best / er scheubet / Wir schauben / ꝛc. Imperfecto, Ich schob / du schobest / ꝛc. Perfecto, Ich habe geschoben / quod cum schieben in 2. regula coincidit.

4. Quae consonantem ante b habent, si sunt Neutra, mutant vocales: Sin Actiua, manent inuariata. Neutra, vt: Ich sterbe / Morior, du stirbest /

---

4 aufschieben L. 7 be F-L. 13 beben] leben G-L. 16 überteuben H-L vben DFG. 21 hab L. 24 gibest gibet DF-L.

er ſtirbet / Wir ſterben / ꝛc. Imperfecto, Ich ſtarb du ſturbeſt & ſtorbeſt / er ſtarb / Wir ſturben & ſtorben ꝛc. Perfecto, Ich bin geſtorben. Sic verderben / perire, & werben cum composito erwerben. Actiua, vt: Ich verderbe / Perdo, du verderbeſt / ꝛc. Imperfecto, Ich verderbete / du verderbeteſt / ꝛc. Perfecto, Ich habe verderbet / quod aliqui per t scribunt differentiae caussa. Sic Ferben / Colorare. Gerben quod cerdonum est. Scherben / Concidere olus. Kerben Incidere, à Caedo. Darben Egere.

den.

I. In den desinentia, praecedente a e / i sunt immutabilia, vt: Ich bade / Lauo, du badſt. Imperfecto, Ich badte / [148] du badteſt. Perfecto, Ich habe gebadt / per syncopen, pro gebadet. Sic begnaden / reden / ſchmiden. Excipitur laden / inuitare, vel onera plaustro imponere, quod a mutat hoc modo: Ich lade / du ledſt / er ledt / Wir laden / ꝛc. Imperfecto, Ich lud / du ludeſt / ꝛc. Perfecto, Ich habe geladen.

II. Quae ei ante d habent, trifariam formantur. 1. Quaedam ei in ie mutant, vt: Ich ſcheide / Separo, du ſcheideſt / ꝛc. Imperfecto, Ich ſcheid / du ſchiedeſt / er ſcheid / Wir ſchieden / ꝛc. Perfecto, Ich habe vel bin geſchieden / cum compositis abſcheiden / verſcheiden / vnterſcheiden. Sic meiden / vitare. 2. Quaedam ei in i / & d in tt mutant, vt: Ich ſchneide / Scindo, Seco, du ſchneideſt / er ſchneidet. Imperfecto, Ich ſchneid / du ſchnitteſt. Perfecto, Ich habe geſchnitten / cum compositis beſchneiden / abſchneiden / verſchneiden / zuſchneiden / ꝛc. Sic Leiden / Pati, du leideſt. Imperfecto, Ich leid / du liddeſt / ꝛc. Perfecto, Ich habe gelitten & gelidden /

---

16 ſchmieden DF-L. 22 du ſcheideſt / ꝛc. Imperfecto, Ich ſcheid] *fehlt* B-L. 23 ſchied B-L. 24 f. unterſcheiden H-L. 25 f. & d *fehlt* KL. 28 ſchnidteſt DFG ſchnideſt H-L. 31 leideſt B-L gelidden] geliden B-L.

cum composito erleiden / propati. 3. Quaedam inuariata manent, [149] vt caetera omnia, vt: Ich weide / Pasco, du weideſt / ꝛc. Imperfecto, Ich weidete / du weideteſt. Perfecto, Ich habe geweidet. Sic neiden / inuidere, & verleiden .i. nauseam inijcere.

3. Quae ie ante d habent, formantur vt quae ie ante b habent, nisi quod d in tt mutant, vt: Ich ſiede / quod de aqua feruenti, & de coctione piscium dicitur, du ſeudſt / er ſeudt / Wir ſieden / ꝛc. Imperfecto, Ich ſod / du ſotteſt / ꝛc. Perfecto, Ich habe geſotten.

4. Quae en ante d habent, duo sunt quae e in a mutant in Imperfecto & Perfecto, videlicet ſenden / mittere, & wenden / vertere, cum compositis, vt: Ich ſende / du ſendeſt / ꝛc. Imperfecto, Ich ſandte / du ſandteſt / ꝛc. Perfecto, Ich habe geſandt. Ich wende / du wendeſt. Imperfecto, Ich wandte / du wandteſt / ꝛc. Perfecto, Ich habe gewandt: Inuenitur et gewendet in carmine. Caetera omnia retinent e inuariatum, vt: Ich ſchende / du ſchendeſt / ꝛc. Imperfecto, Ich ſchendte / du ſchendteſt. Perfecto, Ich habe geſchendet. Sic enden / cum composito vol[150]lenden / anlenden / pfenden / verſchwenden / blenden / ſpenden / zehnden / ꝛc.

5. Quae in ante d habent, mutant i in a in prima & tertia Imperfecti, in caeteris vero eius personis & in Perfecto in u / vt: Ich finde / Inuenio, du findeſt / er findet / ꝛc. Imperfecto, Ich fand / du fundeſt / er fand / Wir funden / ꝛc. Perfecto, Ich habe gefunden. Sic binden / winden / ſchwinden / verſchwinden / cum compositis. Excipiuntur verblinden .i. excaecari, & ſchinden excoricare seu deglubere, quae i suum retinent, quanquam vulgus facit geſchunden.

6. Eodem modo inuariata manent, quae u vel ú vel eu ante n habent, vt: verwunden / ſpúnden / grúnden / verkúnden / erkunden / anzúnden / befreunden. Sic

---

9 er ſeud G-L. 15 ſandeſt I-L geſand DF. 16 wandeſt I-L. 17 gewand DF-L. 20 ſchendeſt I-L. 22 zehenden DF-L. 29 i. excaecari, &] *fehlt* F-L. 30 ſchinden *fehlt* FG. 34 er= künden H-L.

verleumden. Et quae l vel r ante d habent, vt: hulden / dulden / verſchulden / melden / fürbilden / einbilden / binden / morden. Excipitur Neutrum seu Neutropassiuum Ich werde / Fio, quod vocales mutat, vt: du wirſt / er wird / Wir werden / ꝛc. Imperfecto, Ich ward / du wurdeſt & wordeſt / ꝛc. Perfecto, Ich bin [151] geworden / & sine augmento worden.

ſſen.

I. In ſſen desinentia, quae mutationem patiuntur, sunt haec:

1. Ich ſchlaffe / Dormio, du ſchleffeſt. Imperfecto, Ich ſchlieff du ſchliefſt. Perfecto, Ich habe geſchlaffen.

2. Ich ſchaffe / Creo, du ſchaffeſt. Imperfecto, Ich ſchuff / du ſchuffeſt. Perfecto, Ich habe geſchaffen.

3. Ich treffe Tango, du triffſt. Imperfecto, Ich traff / du traffſt. Perfecto, Ich habe getroffen / cum compositis.

4. Ich ruffe / Voco, du rüffſt. Imperfecto, Ich rieff / du rieffſt. Perfecto, Ich habe geruffen / cum compositis.

5. Ich trieffe / Stillo, du treuffſt. Imperfecto, Ich troff / du troffeſt. Perfecto, Ich habe getroffen.

6. Ich greiffe / Palpo, Prehendo, du greiffſt. Imperfecto, Ich greiff / du griffeſt. Perfecto, Ich habe gegriffen / cum compositis. Sic ſchleiffen / subigendo acuere.

7. Ich ſauffe / Potando ingurgi[152]to, du ſeuffſt. Imperfecto, Ich ſoff / du ſoffſt. Perfecto, Ich habe geſoffen / cum compositis.

8. Ich lauffe / Curro, du leuffſt. Imperfecto, Ich lieff / du lieffſt. Perfecto, Ich habe vel bin gelauffen.

9. Ich keuffe / Emo, du keuffſt. Imperfecto, Ich kauffte du kauffteſt. Perfecto, Ich habe gekaufft / cum

---

1 verleumbden B-K. 7 geworden] worden C-L. 12 ſchliff DF-I ſchliffeſt F-K ſchlieffeſt L. 27 ſeuffeſt B-F. 32 käuffe G-L käuffſt GKL. 33 hab I-L.

compositis. Sic reuffen & teuffen / nisi quod hoc etiam Ich teuffte facit in Imperfecto, Iohan. 1.

10. Ich helffe / Iuuo, du hilffst. Imperfecto, Ich halff / du hulffst. Perfecto, Ich habe geholffen.

11. Ich werffe / Iacio, du wirffst. Imperfecto, Ich warff / du wurffst & worffest / ꝛc. Perfecto, Ich habe geworffen.

12. Et monosyllabum, Ich darff / du darffst er darff / Wir dúrffen / ꝛc. Imperfecto, Ich durffte du durfftest / ꝛc. Perfecto, Ich habe gedurfft. Sic compositum eius, Ich bedarff.

II. Caetera omnia retinent vocales & diphthongos praesentis immutabiles, vt: Straffen / schaffen / negociari, [153] agere, rem facere, schlaffen / accentu acuto, remissum esse, gaffen / raffen / treuffen / betreuffen / heuffen / schleuffen / streuffen / weiffen / reiffen / vmbschweiffen / schleiffen / solo aequare, schiffen / hoffen / schroffen / dempffen / kempffen / zapffen / schepffen / húpffen / rúpffen / schúpffen / knúpffen / schlippfen / klopffen / pfropffen / stopffen / zöpffen / köpffen / kröpffen / ꝛc.

gen.

I. In gen desinentia, praecedente quacunque vocali, nihil mutant, vt: Ich sage / Dico, du sagest. Imperfecto, Ich sagte / du sagtest. Perfecto, Ich habe gesaget. Sic jagen / fragen / klagen / nagen / plagen / ragen / tagen / wagen / zagen / zwagen / behagen: regen / hegen / segen / legen / rugen: Et à nominibus deducta, heiligen / reinigen / steinigen / peinigen / vereinigen / zúchtigen / berúchtigen / vernichtigen / ꝛc. Excipiuntur tria, quae vocales mutant, vt: Ich schlage / Verbero, Caedo, du schlegst / er schlegt / Wir schlagen / ꝛc. Imperfecto, Ich schlug / du schlugest / ꝛc. Perfecto, Ich habe ge=

---

4 hulffest F-L. 16 f. weiffen *bis* aequare] *fehlt* I-L. 18 schroffen] scherffen B-L dempffen] hempffen H-L schrepffen H-L. 25 gesagt DF-L. 31 schlegest F-L.

ſchla[154]gen. Ich trage Fero, Porto, du tregeſt er treget / Wir tragen / ꝛc. Imperfecto, Ich trug / du trugeſt ꝛc. Perfecto, Ich habe getragen. Ich lige / Iaceo, Cubo, du ligeſt / er ligt / Wir ligen. Imperfecto, Ich lag du lageſt. Perfecto, Ich habe gelegen.

II. Quae ie diphthongum ante g habent, mutant ipsam in eu in secunda & tertia persona Praesentis: In Imperfecto verò & Perfecto in o / vt: Ich liege Mentior, du leugeſt er leuget / Wir liegen. Imperfecto, Ich log / du logeſt. Perfecto, Ich habe gelogen. Sic fliegen / betriegen. Excipitur wiegen / cunas mouere, & kriegen / bellare uel impetrare, quae diphthongum habent immutabilem.

III. Quae caeteras diphthongos habent ante g nihil mutant, vt: Ich zeuge / Testor uel Gigno, du zeugeſt. Imperfecto, Ich zeugete / du zeugeteſt. Perfecto, Ich habe gezeuget. Ich zeige / Monstro, Ostendo, du zeigeſt. Imperfecto, Ich zeigete / du zeigeteſt. Perfecto, Ich habe gezeiget. Sic beugen / ſeugen / la[155]ctare, mammam dare, treugen ereugen / geigen / reigen / neigen / ſúgen / pflúgen / rúgen / gnúgen. Excipiuntur haec, Ich ſauge / Lacto, Sugo, du ſeugeſt. Imper. Ich ſog / du ſogeſt. Per. Ich habe geſogen. Ich ſteige / Scando, Ich ſchweige / Taceo, du ſteigeſt / ſchweigeſt. Imper. Ich ſteig / ſchweig / du ſtiegeſt / ſchwiegeſt. Per. Ich bin uel habe geſtiegen / ich habe geſchwiegen: Et quae in Praesenti Indicatiuo monosyllaba sunt, túgen / múgen uel mögen. Ich taug / ich mag du taugeſt / magſt Wir túgen múgen uel mögen. Imper. Ich tochte mochte / du tochteſt / mochteſt. Per. Ich habe getocht / gemocht. Sic & compositum vermúgen uel vermögen.

IIII. Quae n ante g habent praecedente i / mutant ipsum in Imperfecti prima & tertia singulari in a / & in caeteris personis & in Perfecto in u / vt:

---

3 liege F. 4 liget DF-L. 18 du zeigeteſt] *fehlt* H-L. 20 ereigen G-L. 25 ſchweig du ſtiegeſt / ſchwiegeſt. Per. Ich bin] ſchweig / du ſteigeſt / ſchweigeſt. Imperf. Ich bin H-L.

Ich ſinge / Cano, du ſingeſt ꝛc. Imper. Ich ſang du ſungeſt / er ſang / Wir ſungen. Per. Ich habe geſungen. Sic klingen / dringen / zwingen / ringen / ſpringen / ſchlingen / ſchwingen / gelingen. Ex[156]cipitur bringen afferre, quod in vtroque tempore a habet cum mutatione consonantis g in ch / abiecto n / vt: Ich bringe / du bringeſt. Imper. Ich brachte / du brachteſt. Per. Ich habe gebracht: Et dingen .i. pacisci cum compositis, quod suum i retinet, vt: Ich dinge / du dingeſt. Imper. Ich dingete / du dingeteſt. Per. Ich habe gedinget.

V. Quae l uel r ante g habent uel n praecedente a uel e ea nihil mutant, vt: Ich folge / Sequor, du folgeſt / ꝛc. Imper. Ich folgete / du folgeteſt. Per. Ich habe gefolget. Ich ſorge / Curo, du ſorgeſt. Imper. Ich ſorgete / du ſorgeteſt. Per. Ich habe geſorget. Ich lange / Attingo, Porrigo, du langeſt. Imper. ich langete / du langeteſt. Per. ich habe gelanget / cum compositis nachfolgen / verfolgen / verſorgen / erlangen / anlangen. Sic balgen / felgen / ſchwelgen / tilgen / kargen / verargen / bergen / borgen / würgen / verbürgen / ſengen / ſprengen / drengen / erlengen / cum compositis. Excipiuntur duo, quae a ante n habent, fangen & hangen / quae a in Praesenti in 2. & 3. singulari in e / in [157] Imperfecto in ie mutant, & in Perfecto a recipiunt, vt: Ich fange / Capio, du fengeſt / er fenget / Wir fangen. Imper. ich fieng / du fiengeſt / ꝛc. Per. ich habe gefangen. Sic eius composita. Ich hange / Pendeo, du hengeſt & hengſt / ꝛc. Imper. ich hieng / du hiengeſt. Per. ich habe gehangen / cum compositis. Quam formationem sequitur & transitiuum eius, Ich henge / Suspendo, sed in Praeterito facit gehenget / quod alij per ck scribunt hencken: Sed hoc carnificis est, illud aliarum rerum. Differentia tamen ista non est perpetua. Excipitur & compositum à bergen / quod in Praesenti 2. & tertia i, in Imperfecti 1. & 3. a / & in Perfecto & caeteris personis Imperf. o habet, vt: Ich verberge

---

26 fing F-L fingeſt G-L.

/ du verbirgeſt / er verbirget Wir verbergen. Imper. ich verbarg / du verbargeſt / er verbarg / Wir verbargen / ꝛc. Per. ich habe verborgen.

hen chen / ſchen.

I. In hen desinentia variè formantur. Mutationem patiuntur haec, 1. Ich ſchlahe / Percutio, du ſchleheſt. Imper. ich [158] ſchlug / du ſchlugeſt. Per. ich habe geſchlagen & geſchlahen. 2. Ich fahe / Capio, du feheſt. Imper. ich fieng / du fiengeſt. Per. ich habe gefangen / cum compositis, entſchlahen / empfahen / anfahen / coincidentibus quibusdam cum verbis ſchlagen & fangen / de quibus in praecedenti terminatione dictum est, ut apud Latinos Statuo statui, & sisto statui. 3. Ich ſehe / Video, du ſiheſt. Imper. ich ſah & ſahe du ſaheſt. Per. ich habe geſehen / cum compositis. Sic impersonale geſchehen. 4. Ich gehe / Eo, du geheſt. Imper. ich gieng / du giengeſt / ꝛc. Per. ich habe & bin gegangen / cum compositis. 5. Ich ſtehe / Sto, du ſteheſt. Imper. ich ſtund / du ſtundeſt / ꝛc. Per. ich habe & bin geſtanden / cum compositis. 6. Ich ziehe / Traho & Proficiscor, du zeuchſt / er zeucht / Wir zihen. Imper. ich zoch & zog / du zogeſt. Per. ich habe & bin gezogen / cum compositis. 7. Ich flihe / Fugio, du fleuchſt. Imper. ich floh & flohe / du floheſt. Per. ich bin geflohen / cum compositis. 8. Ich leihe / Mutuum do, du leiheſt. Imper. ich leih / du lieheſt / er leih / Wir [159] liehen. Per. ich habe geliehen / cum compositis. Sic zeihen / cum composito verzeihen. Caetera sunt immutabilia, vt: nahen / nehen / behen / ſchmehen / weihen / erhöhen / bemühen / ꝛc.

II. Quae in chen desinunt, praecedente e / mutant e in Praesenti singulari in i / in Imperfecto in a / & in Perfecto in o / vt: Ich breche / Frango, du brichſt

---

2 verborgeſt verborgen BCE-L. 6 ſchlage G-L ſchlegeſt H-L. 9 fing fingeſt F-L. 11 ſchlahen F-L. 14 ſieheſt G-L. 21 ziehen C-L. 23 fliehe DF-L. 26 ich liehe DF-L er lieh BCE liehe DF-L.

er bricht / Wir brechen ꝛc. Imper. ich brach / du brachſt. Per. ich habe gebrochen. Sic ſtechen & ſprechen. Excipitur ſchwechen / violare, infirmare, quod vocalem suam retinet immutabilem, vt: Ich ſchweche / du ſchwecheſt. Imper. ich ſchwechete / du ſchwecheteſt / ꝛc. Per. ich habe geſchwechet. Et rechen / vlcisci quod in Praeterito o habet, vt superiora, in caeteris vocalem e retinet, vt: Ich reche / du recheſt. Imper. ich rechete / du recheteſt. Per. ich habe gerochen. Quae verò aliam vocalem aut diphthongum habent ante chen / nihil mutant, vt: Ich lache / Rideo, du lacheſt. Imper. ich lachte / du lachteſt. Per. ich habe gelacht. Sic machen / wachen / krachen / verurſachen / cum compo[160]sitis: kochen / pochen / ſuchen / ſluchen / brauchen / rauchen / hauchen / ſtauchen / tauchen / beuchen / ſcheuchen / bleichen / eichen / leichen / reichen / ſeichen / vergleichen, cum comparationem seu exaequationem significat, nam cum significat componere, in Imperfecto & Perfecto ei in i mutat, vt: Sie verglichen ſich / ſie ſind verglichen / composita est inter illos controuersia. Idem fit in verbo verbleichen / pallescere, in Praeterito, vt: verblichen: Et in his duobus ſchleichen & weichen / cum compositis, vt: Ich ſchleiche / weiche / du ſchleicheſt / weicheſt. Imper. ich ſchleich / weich / du ſchlicheſt / wicheſt. Per. ich habe uel bin geſchlichen / gewichen. Mutat etiam diphthongum suam riechen / odorari, vt: Ich rieche / du reuchſt / er reucht / Wir riechen. Imper. ich roch / du rocheſt / ꝛc. Per. ich habe gerochen.

III. Quae in ſchen desinunt, nullam patiuntur mutationem, vt: Ich haſſche / Apprehendo, du haſſcheſt. Imper. ich haſſchte / du haſſchteſt. Per. ich habe gehaſſchet. Sic naſſchen / leſſchen / miſſchen / ziſſchen / wiſſchen / tiſchen / fiſchen / tau[161]ſchen / rauſchen / teuſchen /

---

1 bracheſt L. 15 ſtauchen] ſtrauchen C-L beuchen] heuchen H-L. 24 ſchlich G-L wich H-L. 30 ff. haſſche *usw.*] B *teils* ſch, *teils auch da, wo* A *nur* ſch *hat,* ſſch; *selten ist* ſſch *in* C; *von* D *ab (nur* E *noch zweimal* ſſch) *stets* ſch.

wündschen / herrschen / forschen / zerknirschen feilschen. Excipiuntur haec tria, Ich wassche / du wesschest. Imper. ich wussch / du wusschest. Per. ich habe gewasschen. Ich dressche / Tribulo excutio, du drisschest. Imper. ich drassch / du drasschest. Per. ich habe gedroschen. Ich heissche / Postulo, du heisschest. Imper. ich hiesch / du hiesschest. Per. ich habe geheisschen.

cken.

I. In cken desinentia manent inuariata pleraque, praeter haec pauca, quae vocales mutant, quaedam etiam consonantes, vt: Ich backe / Pinso, du beckst. Imper. ich buch / du buchst. Per. ich habe gebacken. Ich dencke / Cogito, du denckest. Imper. ich dachte / du dachtest. Per. ich habe gedacht / cum compositis. Ich trincke / Bibo, du trinckst. Imperf. ich tranck / du trunckest. Per. ich habe getruncken / cum compositis. Sic stincken & sincken. Quaedam etiam duplici modo efferuntur, vt: Ich schencke / Dono, du schenckest. Imper. ich schenckte & schanckte / du [162] schencktest / rc. Per. ich habe geschenckt & geschanckt. Sic decken / schmecken / trecken / recken / strecken / stecken. Sed in his formatio per e vsitatior est.

II. Caetera omnia sunt immutabilia, vt: Ich hacke ligone fodio, du hackest. Imper. ich hackte du hacktest. Per. ich habe gehackt. Sic packen / sacken / zwacken / wecken / hecken / blecken / lecken / necken / schicken / sticken / flicken / blicken / nicken / klicken / picken / erquicken / ersticken / brocken / locken / bücken / drücken / schmücken / tücken / dücken / jücken / rücken / stücken / zucken / mucken / klucken / paucken / walcken / kelcken / welcken / melcken / dancken / zancken / wancken / trencken / lencken / schwencken / hencken / bencken / krencken / verrencken / wincken / hincken /

---

1 feilschen] felschen FL. 11 beckest C-L. 15 trinckest C-L. 21 stecken] flecken H-L. 27 blicken] bicken F-L. 29 tücken] *fehlt* H-L, *wofür* lücken dücken] *fehlt* F-L zucken] zücken KL.

ſchmincken / tuncken runcken / harcken / ſtercken / mercken / wircken / ꝛc. Ex his tamen bücken / drücken jücken / & rücken / aliqui etiam per u efferunt in Imperfecto & Perfecto, vt: Jch druckte / du druckteſt / Jch habe gedruckt / ꝛc. [163]

len ln.

I. In len desinentia non variantur quacunque vocali praecedente, vt: ich bezale / du bezalſt. Imper. ich bezalte / du bezalteſt. Per. ich habe bezalet. Sic ſchalen / pralen / malen / cum pingere significat, welen / zelen / ſchelen / quelen / pfelen / ſtrelen / vermehlen / zielen / dielen / ſchielen / ſpielen / holen / fülen / külen / wülen / ſpülen / bulen / faulen / kaulen / heulen / eilen / feilen / heilen / teilen / ſchallen / ballen / wallen / kallen / lallen / ſtallen / fellen / ſtellen / prellen / ſchnellen / geſellen / wellen / ſtillen / wöllen / ſöllen / zollen / rollen / trollen / füllen / brüllen / verhüllen / ſamlen / ſtamlen / querlen. Excipiuntur haec pauca: 1. Jch ſtele / Furtum facio, du ſtilſt / er ſtilt / Wir ſtelen / ꝛc. Imper. ich ſtal / du ſtoleſt. Per. ich habe geſtolen. Sic befehlen. 2. Jch male / Molo, du meleſt. Imper. ich mul / du muleſt. Per. ich habe gemalen. 3. Jch ſchwelle / Tumesco, du ſchwilleſt. Imper. ich ſchwall / du ſchwolleſt. Per. ich bin geſchwollen. Sic bellen / Latrare, & quellen / Scaturire. 4. Jch falle / Cado, du felleſt. [164] Imper. ich fiel / du fieleſt. Per. ich bin gefallen. Vulgus à ſtellen tendere insidias uel locare, facit in Imperfecto, ich ſtalte / & in Perfecto, ich habe geſtalt: Sed regulariter vocalis est immutabilis. Monosyllaba Jch will / Volo, Jch ſoll / De-

---

8 f. bezahle bezahleſt bezahlete DF-L bezahleteſt F-L habe bezahlet C-L. 10 ff. mahlen wehlen zehlen fühlen kühlen DF-L wühlen F-L. 13 f. feilen *bis* ballen] *fehlt* H-L theilen B-G. 18 ſtehle G-L. 19 f. ſtehlen *usw.* G-L. 20 f. mahle *usw.* DF-L du meeleſt CE. 24 quelen KL. 28 geſtaldt G-I. 29 wil B-H ſol BCGH.

beo, abijciunt s ex terminatione ſt in secunda persona singulari Praesentis, du wilt / du ſolt / pro du wilſt / du ſolſt. Pluraliter, wir wöllen / ſöllen / ꝛc. Imper. ich wolte / ſolte / du wolteſt / ſolteſt. Per. ich habe gewolt geſolt. In contextu orationis abijcitur augmentum, aut Infinitiuus pro Praeterito vsurpatur, vt: Ich habe wolt uel wöllen das thun / Volui hoc facere. Er hat ſolt uel ſöllen komen / Debuit venire.

II. Deriuata à nominibus dissyllabis in l desinentibus, abijciunt e ex terminatione len / uel assumunt n ad terminationem nominis, & vocalem ac diphthongum eius retinent immutabilem, & in Indicatiuo Praesenti in prima persona cum terminatione nominis coincidunt, vt: Ich handel / du handelſt. Imper. ich handelte / du handelteſt. Per. ich [165] habe gehandelt / à nomine der handel. Sic wandeln / mandeln / fideln / mangeln / angeln / wechſſeln / geiſſeln / zweiffeln / wurtzeln / teſſeln / nageln / haſpeln / ſchauffeln / hobeln uel hübeln / gengeln / zabeln uel zappeln / ſtrampeln / Ezech. 6.

men.

I. In men desinentia, quae vocales mutant, sunt haec: 1. Ich kome Venio, du kömeſt / & per syncopen kömſt / quidam etiam p interponunt, du kömpſt / er kömet & kömpt / Wir komen. Imper. ich kam / du kameſt. Per. ich bin gekomen & sine augmento, ich bin komen. 2. Ich neme / Accipio, du nimeſt / & per syncopen du nimſt / uel nimpſt. Imper. ich nam / du nameſt. Per. ich habe genomen. Quidam mm geminant, Ich bin

3 wollen ſollen DF-L. 7 wollen F-L. 8 ſollen F-L kommen H-L. 16 der Handel F-L. 17 fiedeln F-L wechſeln EG-L. 23 f. Ich komme C-L du kómeſt F kúmmeſt G-L per sync. kómpſt B-EG-L kómbſt F b interp. F-L du kómbſt F-L. 25 kómmet F-L & kómbt F wir kommen C-L. 26 gekommen kommen E-L. 27 nehme DF-L. 28 vel nimbſt F-L ich nahm L. 29 genommen D-L.

kommen / Ich habe genommen. 3. Ich ſchwimme / Nato, du ſchwimmeſt. Imper. ich ſchwam / du ſchwummeſt. Per. ich habe uel bin geſchwummen, cum compositis omnia.

Caetera retinent vocales & diphthongos inuariatas, vt: Ich beſame / Semen edo, du beſameſt. Imper. ich beſa[166]mete / du beſameteſt. Per. ich habe beſamet. Sic zunamen / verlamen / claudum fieri. ſchemen. remen. bremen. verlemen / claudum facere seu eneruare. zemen / gremen / geziemen / ſcheumen / reumen trewmen / ſewmen / zeumen / ſeimen / keimen / leimen / reimen / verſchleimen / ömen / rhümen / verblümen / glümen / verthümen / abbrümen / zermalmen / ſchwemmen / kemmen / ergrimmen / krimmen / ſtimmen / erbarmen / erwarmen / ſchwarmen / ſchwermen / hermen / erwermen / beſchirmen / ſtürmen / 2c.

nen.

I. In nen desinentia pleraque manent inuariata, vt: Ich mane / debitorem vrgeo, du maneſt. Imper. ich manete / du maneteſt. Per. ich habe gemanet / cum compositis. Sic wehnen / entlehnen / threnen / denen / genen / ſehnen / dienen / wohnen / ſchonen / lohnen / cum compositis. Item, höhnen / grünen / bünen / weinen / greinen / meinen / verneinen / cum compositis omnia. Et quae consonantem habent ante n / vt: öffnen / ſegnen & [167] ſegenen / regnen / begegnen / verdamnen / quod & verdammen dicitur, wapnen / ſpannen / wannen / zannen / bannen warnen / erarnen / lernen / zürnen / 2c.

II. Quae nn geminant, & e uel i in penultima habent, vocales sic mutant: Ich kenne / Noui, du kenneſt. Imper. ich kandte / du kandteſt. Per. ich habe gekandt / cum compositis. Inuenitur tamen & erkennet.

---

3 geſchwommen KL. 10 treumen L ſeumen F-L. 11 öhmen F-L rühmen C-L. 12 verthünen H-L. 18 mahne C-L mahneſt F-L. 19 mahnete mahneteſt gemahnet F-L. 20 thränen G-L dehnen F-L. 22 grunen F-L bünen] brünen I-L. 23 verneinen] vernemen G-K vernehmen L. 25 verdamnen] verdammen G-L. 31 gekant B-E.

Sic brennen / ardere uel vrere, Ich brenne / du brenneſt. Imper. ich brandte / du brandteſt. Per. ich habe gebrandt cum compositis. Dupliciter efferuntur, nennen / rennen / trennen / vt: Ich nenne / du nenneſt. Imper. ich nennete & nandte. Per. ich habe genennet & genandt. Ich renne / trenne. Imper. ich rennete / trennete & randte / trandte. Per. ich habe gerennet / getrennet / & gerandt / getrandt. Inuenitur tamen & geronnen / in praefatione minoris Catechismi Lutheri. Ich ſpinne / Colum neo, du ſpinneſt. Imper. ich ſpann / du ſpunneſt. Per. ich habe geſpunnen. Sic zerrinnen & gewinnen / nisi quod haec o habent in Praeterito, zerronnen / gewonnen / quod tamen non [168] rarò in u mutatur. Ich ſcheine / Fulgeo, Splendeo, du ſcheineſt. Imper. Ich ſchein / du ſcheineſt. Per. ich habe geſchienen / cum compositis. Ich kan / Possum, du kanſt / er kan / Wir können / ꝛc. Imper. ich kundte & kondte / du kundteſt / ꝛc. Per. ich habe gekundt & gekondt.

pen.

In pen desinentia pauca sunt, & nihil mutant, vt: Ich ſteupe / Virgis caedo, du ſteupeſt. Imper. ich ſteupte / du ſteupteſt. Per. ich habe geſteupt. Sic graupen / tappen / klappen / ſchnappen / ſchleppen / raſpen / knoſpen / plumpen / ꝛc.

ren / rn.

I. In ren desinentia pauca sunt, quae vocales aut diphthongos mutant, & sunt haec: Ich fare / Curru vehor, du fereſt. Imper. ich fur / du fureſt. Per.

---

2 f. gebrand B-E gebrant G-I. 5 genand B-E. 8 gerand B-H getrand B-K. 11 geſponnen G-L. 14 f. du ſcheineſt. Imper. Ich ſchein] *fehlt* H-L Ich ſchien DFG du ſchieneſt DF-L. 18 gekund BCE. 21 f. ich ſteupte *bis* Per.] *fehlt* H-L geſteupet G-L. 27 ff. fahre *usw.* B-L (*doch* B fur).

ich habe uel bin gefaren. Ich schwere / Iuro, du schwerest. Imper. ich schwur / du schwurest. Per. ich habe geschworen cum compositis. Dicitur etiam hoc verbum de vlcere seu apostemate. Sic geren quod [169] est cereuisiae fere feruentis & spumantis, & geberen / parere, nisi quod hoc a habet in Imperfecto, vt: ich gebar. Ich verliere / Amitto, du verleurest. Imper. ich verlor / du verlorest. Per. ich habe verloren. Sic frieren / Algere. Et monosyllabum, Ich thar / Ausim à θαῤῥέω, du tharst / Wir thüren. Imper. ich thurste / du thurstest. Per. ich habe gethurst.

II. Caetera nihil mutant, vt: Ich spare / Parco, du sparest. Imper. ich sparte / du spartest. Per. ich habe gespart. Sic bewaren / paren / gebaren / geweren / geschren / mehren / wehren / keren / leren / zeren / neeren / verheeren / beschweren / Onerare, stoltzieren / hoffieren / zieren / schmieren & boren / schoren / hören / empören / stören / bethören / huren / glasuren / gebüren / füren / rüren / spüren / schnüren / schüren / dauren / lauren / mauren / scheuren / stewren / vberthewren. Et à Latinis deducta, jubilieren / regieren / vexiren / agieren / disputieren / &c.

III. Quae rr geminant, etiam nihil mutant, vt: Ich harre / Expecto, Praestolor, du harrest. Imper. ich harrete / du [170] harretest. Per. ich habe geharret. Sic karren / knarren / narren / scharren / schnarren / starren / zerren / sperren / dörren / verdorren / murren / schnurren / kürren / cicurare, jrren / kirren / anschirren / verwirren / quod etiam in Praeterito facit verworren.

---

1 f. du schwerest *bis* schwur] *fehlt* KL. 4 jeren F-L. 7 gebahr DF-L. 8 verlohr *usw.* DF-L. 14 bewahren I-L geparen B-L gewehren G-L. 15 kehren B-L lehren zehren F-L neheren B neren C-E nehren F-L. 16 hofieren F-L. 17 schoren] *fehlt* F-L. 18 betören G-L gebühren H-L führen B-L rhüren B rühren C-L. 20 schewеren stewеren vber(über H-K)thewеren B-K scheueren steueren übertheueren L. 21 jubiliren C-L regiren agiren disputiren F-L vexieren B-E. 23 harrst DF-I. 25 karren] *fehlt* F-L. 26 dürren H-L. 27 irren I-L kirren] *fehlt* H-L.

IIII. Quae à nominibus in r veniunt, abijciunt e ex terminatione ren / vel ad terminationem nominis assumunt n / & nihil mutant, vt: Jch acker / Aro, du ackerst. Imper. ich ackerte / du ackertest. Per. ich habe geackert. Sic lagern / haddern / schnattern / flattern / schmettern / wittern / zittern / erbittern / vergittern / keltern / wintern / zaubern / redern / widern / fidern / rudern / endern / meistern / schustern / zimmern / hemmern / vetern / müttern / füttern / hüngern / wundern / opffern / wessern / bessern / ergern / geringern / mindern / hindern / fördern / fodern / erinnern / ꝛc. Huius formae sunt quae Latinis imitationem significant.

sen.

I. Quae in sen desinunt, pleraque ni[171]hil mutant, vt: Jch grase / Gramen seco, du grasest. Imper. ich grasete / du grasetest. Per. ich habe gegraset. Sic rasen / lösen / pösen / brausen / sausen / lausen / mausen / hausen / grausen / pausen / zausen / reisen / weisen / preisen / speisen / wichssen / prassen / hassen / fassen / verblassen / missen / spissen / lossen / bossen / flössen / büssen / grüssen / küssen / zinsen / ꝛc. Excipitur müssen / Oportere, quod ü & u habet vt: Jch muss / du müssest / Wir müssen. Imper. ich muste / du mustest. Per. ich habe gemust / pro quo tamen saepè vsurpatur Infinitiuus, ich habe müssen gehen.

II. Quae autem ex hac terminatione variant, sunt haec: 1. Jch blase / Flo, Spiro, du blesest / er bleset. Wir blasen. Imper. ich blies / du bliesest. Per. ich habe geblasen. 2. Jch lese / Lego, du lisest. Imper. ich las du lasest. Per. ich habe gelesen. 3. Jch wachse / Cresco, du wechsest. Imper. ich wuchs / du wuchsest.

---

7 *nach* wintern] stebern F-L. 8 vettern C-L. 10 fördern] fürdern C-F findern G-L. 15 f. du grasest *bis* grasete] *fehlt* I-L. 18 haussen GH graussen DF-H. 19 wichsen C-L. 22 muß CE-L mussest B-F. 28 bließ DF-L. 29 liesest F-L. 30 laß DF-L.

Per. ich habe & bin gewachſen. 4. Ich laſſe / Sino, du leſſeſt. Imper. ich lies / du lieſſeſt. Per. ich habe gelaſſen. 5. Ich eſſe / Edo, du iſſeſt. Imper. ich aſs du aſſeſt. Per. ich habe [172] geſſen / contractè pro geeſſen. Sic meſſen / freſſen / vergeſſen. 6. Ich weis / Scio, Noui, du weiſſeſt / er weis. Wir wiſſen. Imper. ich wuſte / du wuſteſt. Per. Ich habe gewuſt. 7. Ich ſtoſſe / Trudo, pugno uel cornu peto, du ſtöſſeſt. Imper. ich ſtieſs / du ſtieſſeſt. Per. ich habe geſtoſſen.

III. Quae ſſ geminant, & ei in penultima habent, retinent ipsum in toto Praesenti, & in Imperfecti prima & tertia singulari: in caeteris verò personis, & in Perfecto mutant in i simplex, vt: Ich reiſſe / Lacero, Rumpo, du reiſſeſt. Imper. Ich reiſs / du riſſeſt. Per. ich habe geriſſen. Sic ſchmeiſſen / ſcheiſſen / befleiſſen / ſchleiſſen / beiſſen / gleiſſen. At weiſſen / Dealbare, diphthongum suam retinet inuariatam, vt: Ich weiſſe / du weiſſeſt. Imperf. ich weiſte / du weiſteſt. Perf. ich habe geweiſt uel geweiſſet. Simile huic est ſchweiſſen / Stillare sanguinem, Ich ſchweiſte. Ich habe geſchweiſt uel geſchweiſſet. Heiſſen & verheiſſen in Imperfecto ie habent, vt: Ich hieſs / Iubebam. Ich verhieſs / Promittebam. Ich habe ge[173]heiſſen / Iussi. Ich habe verheiſſen / Promisi.

IIII. Quae ie ante ſſ habent ea in secunda & tertia singulari praesentis eu habent, & in Imperfecto ac Perfecto o / vt: Ich gieſſe / Fundo, du geuſſeſt / er geuſſet / & geuſt. Wir gieſſen / ꝛc. Imper. ich gos / du goſſeſt / er gos. Wir goſſen. Per. ich habe gegoſſen / cum compositis. Sic flieſſen / ſchlieſſen / genieſſen / entſprieſſen / verdrieſſen / cum compositis omnia.

---

2 ließ DF-L. 3 aß CE-L. 5 weiß DF-L. 6 er weiß F-L. 9 ſties CE ſtieß DF-L. 14 reis CE reiß DF-L. 22 f. hies verhies CE hieß verhieß DF-L. 29 goß C-L.

ten.

I. In ten desinentia pleraque nihil mutant, vt: Jch bete / Oro, Precor, du beteſt. Imper. ich betete & per syncopen, ich bette / du beteteſt uel betteſt. Per. ich habe gebetet / & gebett. Sic waten / gaten / verſpeten / drometen / ſchroten / lauten / kauten / leuten / teuten / deuten / beiten / leiten / breiten / arbeiten / mieten / genieten / löten / tödten / brüten / wüten / hüten / cum compositis. Excipiuntur haec, quae vocales & diphthongos mutant. 1. Jch brate / Asso, du breteſt. Imper. ich briet / du brieteſt. Per. ich habe gebraten. Sic raten [174] cum compositis. 2. Jch biete / Liceor, du beuteſt & beutſt. Imper. ich bot / du botteſt. Per. ich habe gebotten. Sic eius composita, gebieten / imperare. verbieten / prohibere. anbieten / deferre. entbieten / nunciare. erbieten / offerre. 3. Jch ſtreite / pugno, certo, du ſtreiteſt. Imper. ich ſtreit / du ſtritteſt. Per. ich habe geſtritten. Sic beſtreiten / ſchreiten / reiten / cum compositis.

II. Quae consonantem ante t habent, etiam pleraque nihil mutant, vt: Jch achte / Existimo, du achteſt. Imper. ich achtete / du achteteſt. Per. ich habe geacht / cum compositis, verachten / erachten. Sic ſchlachten / verſchmachten / trachten / rechten / richten / tichten / ſchlichten / vernichten / berichten / beichten / falten / ſpalten / walten / erkalten / warten / faſten / raſten / taſten / meſten / niſten / miſten / roſten / huſten / röſten / tröſten / brüſten / gelüſten / rüſten / verwüſten / leiſten / gatten / erſtatten / getten / wetten. Excipiuntur haec, quae vocales mutant. 1. Jch halte / Teneo, du helteſt. Imper. ich hielt / du hielteſt. Per. ich habe gehalten / cum compositis. 2. Jch [175] ſchelte / Increpo, Obiurgo, du ſchilteſt. Imper. ich ſchalt du ſcholteſt. Per. ich habe geſcholten.

---

4 per s. ich betet DF-L du betteteſt BCE uel beteſt DF-L. 5 gebett] gebet C-L. 7 mietten DF. 8 töten H brüeten D. 10 bretteſt DF-L. 13 boteſt geboten F-L. 15 entbiten BC. 17 ſtritteſt] ſtreiteſt B-L geſtrietten DF. 29 hälteſt KL.

Sic gelten cum compositis vergelten entgelten. 3. Ich trette Calco, du tritteſt & tritſt. Imper. ich trat du tratteſt. Per. ich habe getretten cum compositis. 4. Ich bitte Rogo, Obsecro, du bitteſt. Imper. ich bat du bateſt. Per. ich habe gebeten / cum compositis. 5. Ich flechte Tricas plecto, du flichſt / er flicht. Imper. ich flacht / du flochteſt. Per. ich habe geflochten. Sic fechten & berſten.

zen.

In zen desinentia pleraque t assumunt ante z & non variantur, praeter duo haec: 1. Ich ſitze Sedeo, du ſitzeſt. Imper. ich ſaſs / du ſaſſeſt. Per. ich habe geſeſſen. 2. Ich ſchmeltze Liquesco instar cerae uel metalli uel pinguedinis, du ſchmiltzeſt. Imper. ich ſchmaltz / du ſchmoltzeſt. Per. ich bin geſchmoltzen / cum compositis. At cum est transitiuum, & significat liquefacio, manet inuariatum, vt: Ich ſchmeltze / du ſchmeltzeſt. Imper. ich ſchmeltzte / du ſchmeltzteſt. Per. ich habe [176] geſchmeltzet. Caetera omnia sunt immutabilia, vt: Ich kratze Frico, du kratzeſt. Imper. ich kratzte / du kratzteſt. Per. ich habe gekratzt. Sic ſchwatzen / ſchmatzen / ſetzen netzen / hetzen / wetzen / etzen / verletzen / ergetzen etzen cibum dare. hitzen / ſchwitzen / ſpitzen / ritzen / ſchlitzen / ſchmitzen ſchnitzen witzen / blitzen / trotzen / rotzen / ſchmarotzen / butzen / mutzen / ſtutzen / nützen ſtützen / ſprützen / ſpützen / ſeufftzen beitzen / heitzen / geitzen / reitzen / ſaltzen / waltzen / weltzen / filtzen / ſültzen / tantzen / ſchantzen / grentzen / entgentzen / faullentzen / bruntzen / müntzen / würtzen / ſtürtzen / kürtzen / cum compositis. Et quae sine t scribuntur, jauchzen Psal. 66. 98. 100. Kröchzen / Mich. 4.

---

2 trete C-L tritteſt] triteſt F-L. 3 trateſt DF-L getreten F-L. 6 5] *fehlt* A-L. 7 ich flach F-K floch L. 12 ſaß CE-L. 19 geſchmeltzt B-L. 22 etzen] *fehlt* F-L. 25 rötzen G-I. 27 ſültzen] ſaltzen KL. 30 jauchtzen B-L kröchtzen I-L.

VERBVM SVBSTANTIVVM INCONSEQVENTIS CONIVGATIONIS.

INDICATIVO.

Praesenti.

Sing. Sum, Ich bin / du biſt / er iſt.
Plur. Wir ſind / jr ſeid / ſie ſind. [177]
Pro ſind in 1. & 3. saepè vsurpatur ſein.

Imperfecto.

Sing. Eram, Ich war / du warſt / er war.
Plur. Wir waren / jr waret / ſie waren.
Pro war vsurpatur aliquando was.

Perfecto.

Sing. Fui, Ich bin geweſen / du biſt geweſen / er iſt geweſen.
Plur. Wir ſind geweſen / jr ſeid geweſen / ſie ſind geweſen.
Vt in Praesenti, ita etiam hîc pro ſind vsurpatur ſein.

Plusquamperfecto.

Sing. Fueram, Ich war geweſen / du warſt geweſen / er war geweſen.
Plur. Wir waren geweſen / jr waret geweſen ſie waren geweſen.

Futuro.

Sing. Ero, Ich werde ſein / du wirſt ſein / er wird ſein. [178]
Plur. Wir werden ſein / jr werdet ſein / ſie werden ſein.

IMPERATIVO.

Praesenti.

Sing. Prima caret. Sey uel bis du / Sis uel es. er ſey.
Plur. Laſſet vns ſein / ſeid jr / ſie ſeien.

Futuro.

Sing. Prima caret. Du ſolt ſein / Esto. er ſol ſein.
Plur. Wir ſollen ſein / jr ſollet ſein / ſie ſollen ſein.

---

6 ff. jhr E *(meist)* FG ihr H-L *(durchgehend)* ſeyd ſeyn E-L *(durchgehend)*. 25 biß I-L. 26 uns H-L ſie ſein B-D ſeyn E-L *(so durchgehend e synkopiert)*.

OPTATIVO.

Praesenti & Imperfecto.

Sing. Vtinam Essem, Wolt Gott ich were / du werest / er were.
Plur. Wolt Gott wir weren / jr weret sie weren.

Perfecto & Plusquamperfecto.

Sing. Vtinam fuissem, Wolt Gott ich were gewesen / du werest gewesen er were gewesen. [179]
Plur. Wolt Gott wir weren gewesen / jr weret gewesen / sie weren gewesen.

Futuro.

Sing. Vtinam Sim, Wolt Gott ich würde uel solte sein / du würdest uel soltest sein / er würde uel solte sein.
Plur. Wolt Gott wir würden uel solten sein / jr würdet uel soltet sein / sie würden uel solten sein.

CONIVNCTIVO.

Praesenti.

Sing. Cum Sim, So ich bin / so du bist / so er ist.
Plur. So wir sind / so jr seid / so sie sind.

Vt in Indicatiuo. At cum particula das & auff das sic coniugatur:

Sing. Das ich sey / das du seiest / das er sey.
Plur. Das wir seien / das jr seiet / das sie seien.

Dysyllabae personae efferuntur per syncopen, seist / sein / seit. [180]

Imperfecto.

Sing. Cum Essem, So ich were / so du werest / so er were.
Plur. So wir weren / so jr weret / so sie weren.

Vt in Optatiuo. At cum particula da & als / vt in Indicatiuo, Als ich war / als du warst / ꝛc.

---

8 f.] *fehlt* KL. 11 ff. sölte B; C-H *bald mit*, *bald ohne Uml.* 21 seyest BE seyst D. 22 seyen seyet BCE sie seyen CE (F-L *synkop. Formen*, *wie oben angemerkt).* 24 seyd F-L 28 alß F *(immer).* 29 warest H-L.

Perfecto.

Sing. Cum Fuerim, So ich gewesen bin so du gewesen bist so er gewesen ist.
Plur. So wir gewesen sind ꝛc.
Vt in Indicatiuo.

Plusquamperfecto.

Sing. Cum Fuissem, So ich gewesen were so du gewesen werest so er gewesen were.
Plur. So wir gewesen weren ꝛc.
Vt in Optatiuo. At cum particula da & als, vt in Indicatiuo, Als ich gewesen war als du gewesen warst ꝛc. [181]

Futuro.

Sing. Cum Fuero, So ich werde gewesen sein so du wirst gewesen sein so er wird gewesen sein.
Plur. So wir werden gewesen sein so jr werdet gewesen sein / so sie werden gewesen sein.

Formatur etiam uel ut in Indicatiuo, So ich werde sein Vel ut in Optatiuo, So ich würde sein / ꝛc.

INFINITIVO.

Praesenti & Imperfecto, Sein / Esse.
Perfecto & Plusquamperfecto, Gewesen sein Fuisse.
Futuro, Sein werden / Futurum esse.

Participia tria habet, quorum duo anomala sunt:
Praesens, Wesend / ens, subsistens.
Praeteritum, Gewesen / qui fuit γεγονώς.
Futurum, Künfftig & Zukünfftig Futurus. [182]

DE IMPERSONALIBVS.

IMpersonalia sunt, quibus non praeponitur certa persona, Ich / du / er: Sed particula es uel man & flectuntur in sola tertia persona singulari, vt: man sagt / dicitur, aiunt, es regnet / pluit. Fiunt autem Impersonalia ab omnibus verbis, & quae Latinis efferuntur terminatione Passiua, his praeponitur particula man / vt: man sagt / fertur, man fragt / quaeritur, man gehet itur, man stehet statur, man

7 wer F-L. 10 f. alß F-H *(G nur einmal).*

lacht ridetur, man weint fletur, man jſſet editur, man trincket bibitur, man ſpielt luditur, man tantzt saltatur, &c. Quae verò apud Latinos actiuam terminationem habent, illis praeponitur particula es / vt: Es gebüret es geziemet decet. es pflegt solet. es gelüſt iuuat. es rewet poenitet. es taget / diescit. es ſchneiet ningit. es regnet pluit. es donnert tonat. es blitzt fulgurat. Et hoc modo formantur, quae apud Latinos Desideratiua sunt, vt: Mich [183] hüngert esurio. mich dürſtet / bibiturio. mich ſchleffert / dormiturio, &c.

In formandis horum temporibus, quaeratur Infinitiuus, & iuxta eius terminationem fingatur verbum Personale, & iuxta regulas supra traditas formetur, vt: Es geſchihet fit. Huius Infinitiuus est geſchehen / à quo formantur tempora, vt à ſehen / vt: Es geſchihet / Sicut er ſihet. Imperfecto, Es geſchah uel geſchahe Sicut er ſah uel ſahe. Perfecto, Es iſt geſchehen / Sicut er hat geſehen. Sic in caeteris temporibus & modis.

Paradigma.

INDICATIVO.

Praesenti, Man ſaget Es regnet.
Imperfecto, Man ſagte / Es regnete.
Perfecto, Man hat geſagt / Es hat geregnet.
Plusquamperfecto, Man hatte geſagt / Es hatte geregnet.
Futuro, Man wird ſagen / Es wird regnen. [184]

IMPERATIVO.

Praesenti, Man ſage / es regne.
Futuro, Man ſoll ſagen / Es ſoll regnen.

1 man weint] *fehlt* H-L iſſet E-L. 5 gebühret DG-L gebührt F pfleget DF-L. 6 gelüſtet F-L reuet L tagt E. 7 ſchneyet DF-L ſchneit regnt E. 10 ſchläffert I-L. 15 geſchiehet B-DF-L. 16 f. geſchiehet DF-L ſiehet K-L geſchach B-L. 30 ſol B *(einmal)* CE-L.

OPTATIVO.

Praesenti & Imperfecto, Wolt Gott man ſagte / Wolt Gott es regnete.

Perfecto & Plusquamperfecto, Wolt Gott man hette geſagt / Wolt Gott es hette geregnet.

Futuro, Wolt Gott man würde ſagen / Wolt Gott es würde regnen.

CONIVNCTIVO.

Praesenti, So man ſaget / So es regnet. Cum particula das & auff das / Das man ſage / Das es regne.

Imperfecto, So man ſagte / Das es regnete.

Perfecto, So man geſaget hat / So es geregnet hat. Cum particula das & auff das / Das man geſagt habe / Das es geregnet habe.

Plusquamperfecto, So man geſagt hette / So es geregnet hette. Cum particula [185] als & da / vt in Indicatiuo. Als man geſagt hatte / Da es geregnet hatte.

Futuro, So man wird geſagt haben / So es wird geregnet haben. Vel vt in Indicatiuo, So man wird ſagen / So es wird regnen. Vel vt in Optatiuo, So man würde ſagen / So es würde regnen.

INFINITIVO.

Praesenti & Imperfecto, Sagen / Regnen.

Perfecto & Plusquamperfecto, Geſagt haben / Geregnet haben.

Futuro, Sagen werden / Regnen werden.

Participium, Geſagt / Geregnet.

DE PARTICIPIO.

PArticipium est tanquam nomen verbale, significans non tam tempus, quàm actionem & passionem praesentem vel praeteritam. Tempora duo sunt: Praesens vt liebend / amans. leſend / legens. Praeteritum vt geliebet / amatus. geleſen / lectus. Significationes itidem [186] duae sunt, Actiua & Passiua: Actiuè significat praesens, vt leſend / qui legit:

---

12 geſaget I-L. 30 liebent leſent D.

Passiuè significat praeteritum, vt gelesen qui lectus est.

Formatur autem ab actiuis verbis solum praesens: A passiuis solum praeteritum: A neutris verò vtrumque. Praesens in end desinit: Praeteritum in en uel et praecedente in vtroque consona primitiui, paucis exceptis. Participium in et saepè patitur syncopen vocalis e breuitatis & Euphoniae caussa, vt gemacht pro gemachet getaufft pro getauffet. Componuntur participia cum particula priuatiua vn / vt wissend sciens. vnwissend insciens, nescius. gethan factum. vngethan infectum.

Mouentur participia omnia, vt adiectiua, tribus generibus, sed trifariam. 1. Cum adduntur substantiuis cum articulo indefinito ein mouentur tribus terminationibus, & tunc Masculinum desinit in er / Foemininum in e Neutrum in es vt: ein reitender Bote eine geberende Frawe ein reissendes Thier: Ein verkerter sinn eine verkerte weise ein [187] verkertes hertz. Eadem est ratio, cum pronomina possessiua praeponuntur, vt: Mein geliebter Man meine geliebte Frawe mein geliebtes Kind. 2. Cum praeponuntur ipsis articuli, der / die das / mouentur vna terminatione, & in e desinunt, vt: Der wütende Hund / die wütende Beerin / das wütende Thier: Der verkerte sinn / die verkerte art / das verkerte hertz. 3. Cum participia absolutè, id est, sine articulo, uel praedicati loco ponuntur, mouentur etiam vna terminatione, & in consonantem desinunt, Praesens in end / Praeteritum uerò in en uel et / vt: Er hats gethan vnwissend / Fecit insciens uel inscius. Sie hats gethan wissend / Fecit sciens. Das ding ist eilend / Hoc est festinans

---

7 in te H-L. 9 pro gemachte pro getauffte B-L. 10 un L. 11 f. unwissend ungethan H-L *(durchgehend)*. 17 Reittender CE. 18 gebehrende D Fraw F-H Frau I-L. 19 verkehrter *usw.* DG-L Sinn F-L Weise L. 20 Hertz BCE-L. 21 Mann C-L. 22 Fraw GH Frau I-L. 25 f. Bährin G-L verkehrte *usw.* F-HKL Sinn Art Hertz F-L.

uel festinatum. Er ist bereit sie ist bereit das ist bereit Paratus, a, um, est. Declinantur autem participia iuxta quartam declinationem nominum.

DE ADVERBIO.

ADuerbia alia sunt primitiua, vt: heute / gestern hodie, heri: Alia [188] aliunde deriuata, vt lieblich amabiliter, à lieb. zertlich / tenerè, à zart. heuffig cumulatè, ab hauffen.

Admittunt quaedam compositionem, vt morgen cras. vbermorgen post biduum. gestern heri. ehgestern nudiustertius. Quaedam etiam comparantur, vt: lieblich / lieblicher am lieblichsten.

Significationes sunt plurimae, cum praesertim Interiectiones sub Aduerbio compraehendamus. Adiectiua neutro genere seu absolute posita fiunt aduerbia, & aliae partes orationis, pro ratione circumstantiarum.

Loci, quorum alia significant in loco, alia ad locum, alia de loco.

In loco significant, hie / hic. da ibi. dort illic. oben droben / suprà. vnten drunten infrà. hinden / retrò, à tergo. ferne / procul. nahe propè. daheim domi. anderswo alibi. darin darinnen / drinnen intus. inwendig intrinsecus. auswendig / extrinsecus. aussen / extra. haussen draussen / disseit cis, citra. jenseit / vltrà. vmbher / circum circa, in circuitu. [189] allenthalben / vbique. jrgend / vsque. nirgend / nusquam, &c.

Ad locum significant, her / hûc. hin / eò. hieher / hûc. daher / istuc, contractè dar / dahin / dorthin /

---

1 er ist bereitet, sie ist bereitet G-L. 10 Vbermorgen H *(so meist* V, *aber* u*)* Ubermorgen I-L. 11 ehegestern B-L. 22 nah H-L. 23 daheime F-L darin] darinn E-L. 24 außwendig CDF-H. 25 diesseit D. 26 umher L. 27 irgend H-L.

illûc. anderſwohin aliò. hinauſſ herauſſ sursum, & per aphaeresin nauſſ rauſſ. Sic darein drein. herein rein. hinein nein. herab rab. hinab nab / deorsum. herunder / runder. hinunter nunter. heraus raus. hinaus / naus. hieheraus hieraus hàc. dahinaus danaus istàc. dorthinaus dortnaus / illàc. fort / porrò. fürder vlterius. ferner weiter / longius. neher / propius. bis / vsque. werts in compositione, versus, vt: heimwerts domum versus. anheim domum. für-über / praeter. gen versus.

De loco significant, von hinnen hinc. von dannen istinc. dorther illinc. von oben desuper. von vnten / subtus, infernè. von forne / antrorsum. anders-woher aliunde. vom morgen ab oriente. vom abend / ab occidente. vom mittag / à meridie. von mitter-nacht / à septentrione, &c. [190]

Temporis, uel Praesentis, uel Praeteriti, uel futuri, quaedam etiam sunt indefinita. Praesentis, vt: heute / hodie. nu / nunc. jtzt / jtzund / iam. bald / mox, statim. alsbald extemplo. erſt / primulum. allererſt / modò. Praeteriti, vt: geſtern heri. ehgeſtern / vorgeſtern / nudiustertius. neulich / dudum nuper. vnlengſt / modò. langſt / tamdiu. vorlangſt / pridem. vorzeiten / olim. einsmals quondam. zuuor / antea. vorhin / antehac. Futuri, vt: morgen / cras. vber-morgen / perendie. hinfort fortan / deinceps. nach-mals / darnach / postea, postmodò. als denn / tunc. ſchier / tandem. mit der zeit / tandem aliquando. bis / vt: bis montag / die lunae, seu ad diem lunae. Inde-

---

1 hinauf *usf.* L. 3 hienein C-H. 4 herunter I-L hinunder DF-H nunder DF-L. 8 biß F-L. 9 f. fürber L. 13 f. anderß-woher C-F. 14 ff. vom Morgen vom Abend von Mittag von Mitternacht G-L. 19 nun DF-L jetzt C-G ietzt H-L jetzund C-GKL ietzund HI. 20 alßbald F-H. 21 ehegeſtern B-L. 22 newlich F-I. 23 unlängſt L längſt KL vorle(ä L)ngſt F-L. 24 einßmals C einßmahls GH einsmahls I-L zuwor F zuvor G-L. 25 ff. übermorgen H-L nachmahls G-L alß F-H. 28 biß DF-L. 29 biß F-L.

finita: vt: wenn cum. stets frequenter. allzeit semper. bis donec. bis so lang quoad. jmer jmerdar vsque. in des interim. sint uel seit dem mal ab eo tempore, ex illo. seit der zeit ex quo. ehe prius, cicius. eh denn priusquam. frúe mane, maturè. spat langsam serò. mitler zeit interea temporis. [191]

Numeri, einest semel. zwir bis. einmal semel, vna vice. zwey mal bis. drey mal ter. viermal / quater. hundert mal centies. tausend mal millies, & sic in infinitum vsque. offt saepè. offtmal / vielmal / saepenumero. so offt quoties, toties. manchmal / aliquoties. abermal / iterum. widerrumb / rursus, denuo, selten raro.

Affirmandi, ja ita. jo etiam. je equidem. freilich sanè. fúrwar certè. trawen / verè, profecto. ohn zweiffel / haud dubiè. gentzlich omninò. allerdinge / allermassen / in allwege omnibus modis, & ignauorum húhh. Sunt & haec affirmandi, quibus vtimur cum dictis aut scriptis aut pactis alicuius aliquid comprobamus, laut / krafft / vermóge / id est, vt sonant verba, vi verborum, iuxta sensum verborum.

Iurandi, warlich warlich nae nae, certè certè. amen amen / auff meine trew do fidem. auff guten glauben / bona fide. bey meinen ehren / astringo fidem meam. bey Gott Deo teste. So war ich lebe ne sim saluus. so war Gott lebet / per Deum. [192] auff meine Seel / per animam meam. bey allen Heiligen / Iuro tibi diuos. als mir Gott helffe / vt me Deus amet uel iuuet, &c.

---

1 allezeit L. 2 biß so lang C-L j(i H-L)mmer j(i H-L)mmerdar C-L. 3 deß C-L seyt GH seyd I-L. 5 ehe denn C-L. 6 spatt K. 8 zwier DF-L. 9 zweymal *usf.* C-L. 10 tausentmal CEG-L. 13 abermahl G wiederumb EG-K wiederum L. 16 freylich F-L trawn F-K traun L. 17 ohne C-L. 18 allewege B-DFG. 24 mein F-L treu L. 25 Glauben H-L Ehren F-L. 26 so wahr ich FG. 28 Seele B-L.

Negandi, Nein / non, nicht / haud. mit nichten nequaquam, minimè. weder dis noch jens neque hoc neque illud. keins weges nullo modo. nie / niemal nunquam. nirgend nusquam.

Demonstrandi. Sih & sihe en. sih da ecce, hem tibi. Sunt & haec demonstrandi, cum exemplis aliquid declaramus, vt: als vt. als nemlich vtpote, videlicet, nimirum.

Optandi, Wolt Gott vtinam. Gott gebe faxit Deus. o / o das ô si. ah uel ach vtinam. ach das o das ich solte ach das ich hette si licet mihi, si sit mihi.

Obsecrandi, Vmb Gottes willen propter Deum, durch Gott per Deum. vmb Christus willen / propter Christum. durch Christum per Christum.

Hortandi, Lieber / amâbo. ey lieber obsecro, quaeso. wolan / age. hui / hui doch / euge. nu wolan / age, nunc. nu [193] doch / ἄγεδή. wenn denn? quando tandem?

Interrogandi, Warumb? cur? weshalben? quamobrem? wenn? quando? wo? vbi? wie? quomodo? wie so? quid ita? wohin? quo? wo aus? quorsum? woher? vnde? wozu? adquid? womit? qua re? wo von? à quo? wobey? wodurch? per quid? wofür? pro qua re? &c.

Vocandi, Hôr / hôr her / horch / hem, ausculta. halt / sta. hôrstu? audin? hoia / heus. hôrt / aduertite. kom her / adesdum.

Respondendi, Was da? quid vis? wer da? quis me vult? hie bin ich / adsum. was sol ich? quid me vis? was wiltu? quid vis? was wolt jr? quid vis? cum ad honoratiorem sermo est.

---

2 diß C-L jenes DF-L. 3 keines EH-L niemals E niemahl G-K. 7 alß F-H nehmlich KL. 10 Oh KL. 11 hätte KL. 13 Umb IK Um L. 14 umb H-K Um L. 20 Warum L weß-halben C-L. 26 her] hör B-L. 27 hoja BCE-L.

Dubitandi, Vielleicht forsan. ob obs / num, an. ob vielleicht num fortè. jrgend forsitan. etwa etwan / fortè.

Congregandi, Zugleich simul. miteinander vnà. vntereinander / inuicem. allzumal ſemptlich ſampt heuffig collectim, aceruatim. [194]

Separandi, Sonderlich in primis. beſonders seorsum. in ſonderheit separatim. in geheim secretò. beſeits / seorsim. anderſt aliter. vnterſchiedlich / distinctè. nur / tantum, modo. allein duntaxat, saltem.

Eligendi, Lieber potius. viel lieber imò. viel mehr multò magis. ſo mehr quantò. ehe / citius, prius. ehdenn priusquam.

Prohibendi, Nicht non. du ſolt nicht ne. mit nichten / nequaquam. in keinem wege nullo modo.

Concedendi, Es ſey ſo esto. ich wils ſetzen / fac sit. ich gebs zu / sit sanè. ich gebe dir recht concedo. dein wort war / sit ita.

Comparandi, Mehr magis. weniger minus. drüber vltra, plus. drunter / minus, citra. beſſer / melius. am beſten / optimè. am meiſten / plurimum.

Similitudinis, Wie / vt, quemadmodum, als sicut. gleich wie / velut. gleich als veluti. ſo sic. alſo / ita. gleicher geſtalt itidem. gleicher weiſe similiter. gleichſam / tanquam. dermaſſen / perinde. [195] nichts anders denn ac si, non aliter quam. nichts weniger / non minus. ebenſo perinde. gleich ſo / desgleichen item. weiſe / δίκην instar in compositione, vt reimweiſe / rythmicè. versweiſe / carminicè.

Euentus, On gefehr / fortè. zufellig forte fortuna. beyfellig / fortuitu, per accidens, ſchlumps / casu.

---

1 Vieleicht DF. 2 irgend H-L. 5 allzumahl G-L ſámptlich C-EG-L ſámbtlich ſambt F. 10 alleine H-L. 14 ehedenn D-G *fehlt* HK. 16 Wege H-K. 19 Wort G-L wahr F-L. 23 f. alß F-H. 28 deßgleichen C-K. 30 verßweiſe CE-L. 31 Ohn C-L.

Quantitatis, Viel multum. wenig parum. nicht viel non ita multum. allzuviel / nimium. allzu wenig minimum.

Qualitatis, Fein / pulcrè. wol benè. húbsch scitè. hósslich / ciuiliter. zertlich / tenerè. reinlich / purè. schrifftlich / per literas. múndlich / coràm. bóslich / perperam. úbel / malè. arg / prauè. & alia à nominibus & verbis deriuata, & adiectiua absolutè.

Intendendi, Sehr / valde. alzusehr / nimium. gar / penitus. all omninò. gantz vnd gar / prorsus. gentzlich / penitus. fast admodum. wie gar wie sehr / quàm. hefftig / vehementer. grausam nimisquam. vberaus / excellenter. geschwinde mi[196]rum in modum. mechtig / gewaltig / trefflich / admodum, &c.

Remittendi, Schier / ferè. gar schier / penè. kaum uel kaumet / vix. nur / modò, saltem. allein / tantum. nur allein / solummodo. gemach / allgemach / sensim. seuberlich / pedetentim. mehlich / paulisper. schwerlich / aegrè.

Exclamandi, Awe / zeter / mordio / fewer.

Admirandi. Wanne wanne / vah. hilff Gott / bone Deus. behúte Gott / hui, papae.

Abominandi & detestandi, Da sey Gott vor / Deus auertat. da behút Gott vor / Deus prohibeat. Gott gebe das ich liege nullum sit in omine pondus. Gott gebe das es nicht geschehe / *μὴ γένοιτο*. Troll dich / pack dich / heb dich / apage. an galgen / in malam rem. zum Teuffel / ad orcum. pfu / *φεῦ*.

Comminandi, Weh dir / vae tibi. weh jm vae. illi. weh euch vae vobis. weh deinem halse / vae capiti tuo.

---

5 hóflich F zártlich KL. 6 bóßlich C-L. 7 vbel DFG arg] H *abgesprungene lettern; fehlt* I-L. 9 allzusehr CE-L. 11 gántzlich I-L wie gahr H-K. 12 grawsam G-I. 13 úberaus H-L. 14 máchtig I-L. 18 sáuberlich KL. 20 Aue Feuer L. 24 behúte B-L. 26 Trol B-F. 27 Galgen F-L. 30 weh euch] *fehlt* G-L Halse KL.

Dolendi, Ey ey ey / ach ach ach awe.
Indignandi, Och och / proh. [197]
Gaudendi, Hui / jauch hoscha.
Approbandi, Da da / da recht o wie recht. Euge.
Ridendi, Hahaha.
Vocem autem sonum imitandi, muff / mauff wuff / maw / brim bram klinck / klanck / ꝛc.

DE CONIVNCTIONE.

COniunctioni accidunt: Potestas. Figura, & Ordo.

POTESTAS.

Potestates Coniunctionum sunt septem: Sunt enim aliae Copulatiuae, aliae Disiunctiuae, aliae Aduersatiuae, aliae Causales, aliae Ratiocinatiuae, aliae Ordinales, aliae Expletiuae.

Copulatiuae, Vnd / & auch quoque. darzu etiam.

Disiunctiuae, Entweder oder aut aut. denn quàm.

Aduersatiuae, Wiewol ob wol / ob schon Etsi, quanquam, licet, quamuis. doch [198] jedoch tamen. aber doch / veruntamen. ja viel mehr / imò. aber verum, verò. sondern / sed. anders / alioquin.

Causales, Denn / nam. weil / cum. dieweil / quoniam. sintemal / siquidem. wo nicht / nisi. so si. das auff das / vt. damit quò. als / da cum. nach dem / quandoquidem.

Ratiocinatiuae, Halben causa. derhalben / deshalben / ergo, igitur. derwegen / quapropter. darumb / itaque. darauff / ideo. demnach idcirco, proinde. wegen / causa. willen / gratia, propter.

---

1 aue L. 7 mau L. 17 Endweder CI. 19 Wiewohl ob wohl L. 24 sintemahl G-L. 27 f. deßhalben C-L darum L.

Ordinales, Darnach postea. weiter ferner / porrò. vber das / praeterea. darzu insuper. endlich denique. letzlich tandem. darauff / posthaec. demnach deinceps.

Completiuae, Zwar wol quidem. denn ergo, & ne Enclitica, vt habésne, hastu denn? vis ergo? wiltu denn?

FIGVRA.

Coniunctiones aliae sunt simplices, vt: Vnd / denn doch. Aliae compositae, vt: Jedoch / darnach. [199]

ORDO.

Coniunctiones aliae praeponuntur tantum in oratione, aliae postponuntur, aliae indifferenter & praeponuntur & postponuntur.

Praepositiuae sunt: Vnd / entweder / oder denn weil / dieweil / wiewol / & omnes disiunctiuae, aduersatiuae, & causales.

Postpositiuae sunt, Completiuae zwar / denn.

Indifferentes sunt: darzu / aber / & omnes ratiocinatiuae atque ordinales. Ex his aber praeponitur, vbi Latini vtuntur Sed uel verum, & Graeci ἀλλά: Vbi verò Latini vsurpant uerò uel autem, & Graeci δέ, aber in Germanico postponitur, vt: Ich habs gut mit dir gemeinet / Aber du hast mir nicht gefolget. Benè quidem tibi uolui, sed tu me audire noluisti. Das ist aber alles geschehen / Hoc autem totum factum est, τοῦτο δὲ ὅλον γέγονεν.

DE PRÆPOSITIONE. |200|

PRaepositionum aliae sunt Inseparabiles, quae casus non regunt, sed tantùm cum alijs partibus ora-

---

2 über G-L. 16 endweder CI. 25 gemeynet G-L.

tionis componuntur: Aliae sunt separabiles, quae & cum alijs dictionibus componuntur, & separatim cum suis casibus construuntur.

Inseparabiles sunt vndecim: ab ant / be / ein ent er / miſs / ver / vn / weg / zer.

Separabiles sunt viginti tres: An / auff aus / auſſer bey / durch / für / gegen / hinder / in / mit / nach neben / ob on / vber / vmb / vnter / von / vor wider / zwiſchen.

Construuntur aliae cum Accusatiuo: Aliae cum Ablatiuo: Aliae cum vtroque, more Latinorum.

Cum Accusatiuo construuntur hae quatuor: Durch on / vmb wider.

Cum Ablatiuo construuntur: Aus / auſſer / bey / mit / nach ob / von / vor / zu.

Cum Accusatiuo & Ablatiuo reliquae omnes: An auff / für / gegen hinder in / neben vber vnter zwiſchen. [201]

Significationes Inseparabilium.

Ab significat ab, de, à, con, vt: abthun abrogare. abſetzen / abdicare, deponere. abwenden auertere. abwege auia. abnemen conijcere, coniecturam capere, item decrescere. Significat & deprauationem, vt: Abgötterey idololatria. Abgott idolum. abgünſtig / infensus. Additur saepè per paragogen e / vt abe.

Ant / significat re, vt: antwort / responsio. Descendit ex Graeca ἀντὶ, vt superior ex ἀπὸ.

---

5 miß CE-L un H-L. 8 ohn F-L über HIL uber K umb H-K um L unter H-L wieder DF-L. 13 ohn C-L umb H-K um L wieder F-L. 14 außer F-H. 17 vber] *fehlt* F-L unter H-L. 22 abnehmen F-L.

Be significat con, circum, de, per, ob, vt: bewaren / conseruare. beschliessen / concludere. beschneiden / behawen / circumcidere. beschreiben / describere. begiessen perfundere. bezalen / persoluere. belagern / obsidere.

Ein significat in, & importat motum ad locum uel rem, vt: eingehen / ingredi. einlegen / imponere. einschreiben / [202] inscribere. Et cum aduerbijs, einwerts / introrsum. hinein & nein intro. darein & drein.

Ent significat con, ab, de, è, ex, trans, per, vt: entsetzen abrogare, abdicare. entwerffen / delineare. enthalten / abstinere. entbrennen / exardescere. entgehen / euadere. entwenden / aliò transferre. entgegen / in occursum. empfangen / concipere. empfinden / persentiscere, in quibus postremis duobus Euphoniae causa p interponitur, & t ex praepositione abijcitur, & n in m mutatur, vt apud Latinos impono, & apud Graecos ἐμπαίζω.

Er significat con, re, ad, in, e: erhalten / conseruare. ergreiffen / apprehendere. erlangen / impetrare. erstatten / compensare. ergehen / euenire. erfrischen / refrigerare. erquicken / recreare.

Miss significat dis, vt: misstrawen / diffidere. Significat & deprauationem, vt: missuerstand / deprauatio verborum. missglauben / superstitio. miss[203]hellig / dissentientes. Act. 28.

Ver significat con, re, de, ab, se, trans, ob, vt: verdammen / condemnare. verwerffen / repudiare. verzweiffeln / desperare. verbergen / abscondere. verfûren / seducere. versetzen / transponere. verstopffen / obturare.

Vn significat priuationem, sicut ἀ στερητικὸν

---

1 f. bewahren F-L beschlissen G-L. 3 behauen L. 4 bezahlen F-L. 9 hienein C-L. 18 apud Latinos impono &] *fehlt* I-L. 22 erstaten DFG. 24 Mis C-E (*in den Beispielen aber stets ß*) Miß (*durchgehend*) F-L Mißtrawen F-L. 25 mißverstandt G-I Mißverstand L. 26 Mißglauben H-L. 30 verführen F-L. 32 Un I-L.

Graecis, & Latinis In, vt: vngelert / ἀπαίδευτος indoctus. Descendit à praepositione on, quae & ipsa deriuatur ab ἄντο.

Weg significat ab, re, vt: wegwerffen abijcere. weglegen / reponere. wegnemen auferre. wegtragen asportare.

Zer significat di, dis, de, vt: Zerreissen dilaniare. zerstrewen dispergere. zerstören / destruere. zerhawen / dissecare.

Significationes Separabilium.

An significat ad, in, de, vt: an[204]wenden adhibere. anfangen / incipere. angreifen / inuadere, aggredi. angeben deferre. So viel an mir ist / quantum in me est. Er hat an mich geschrieben / scripsit ad me. Coalescit cum articulo, vt: am ersten / primo.

Auff significat con, ex, de, è, re, in, pro, vt: auffbringen / colligere, congregare. auffangen / excipere. auffdecken / detegere, retegere. auffwecken excitare. auffheben eleuare, reponere. aufflegen / imponere. auffgeben / proponere, dedere. Auff das Rathaus gehen / ascendere in curiam. Er ist auff dem Rathause / est in curia.

Aus significat ex, de, è, dis, vt: ausbreiten expandere, dispergere. ausfüren / educere. ausgeben / expendere, elocare. auserbeiten / elaborare. aus der Stad / ex vrbe.

Ausser / significat extra, praeter, vt: ausser dem lager / extra castra. ausser mir ist kein Gott / praeter me non est Deus. Esaiae 44. [205]

---

1 vngelehrt F-L *(cf. die Anmerkung p.* 119*)*. 3 ἄντυ CE ἄνευ F-L. 5 wegnehmen F-L. 8 zerstreuen IL. 9 zerhawen *fehlt* K-L. 20 das Rahthaus DI-L Rathhauß F Rahthauß G-H. 22 Rahthause DG-L Rathhausse F. 23 außbreiten C-H. 24 außfüren C-E außführen F-H ausführen I-L außgeben C-E. 25 außerbeiten C-G außarbeiten H ausarbeiten I-L auß D. 26 Stadt H-L. 28 Lager F-L.

Bey significat apud, con, de, ad, vt: beywohnen / cohabitare. beyligen / concumbere. beylegen / deducere, reponere. beystehen / adesse. beystand / aduocatus. Significat & aberrationem, beywerffen / beystechen beygiessen / beyschütten .i. darneben. bey mir / apud me. bey acht jaren / annis circiter octo.

Durch significat per, trans, vt: durchgraben / perfodere. durchbrechen / perfringere, perrumpere. durchstechen transfigere. durchleuchtig / illustris, perlucidus. durchsichtig / visu penetrabilis. durch Christum / per vel propter Christum.

Für significat prae, pro, ob, coram, vt: fürnemen / fürgeben / proponere. fürwenden / praetexere. fürschreiben / praescribere. fürwerffen / obijcere. Für Gott vnd den Menschen / coram Deo & hominibus. Für dich vnd die deinen / pro te tuisque.

Gegen significat contra, coram, versus, vt: gegenrede / gegenbericht / re[206]sponsum. gegenteil / contraria uel aduersaria pars. gegenwertig / praesens. gegen mir / erga me. gegen das grab / contra sepulcrum, è regione. gegen abend / versus occidentem. Vulgus prius g in k mutat kegen. Concisè dicitur gen / vt: gen Leipzig / Lipsiam versus.

Hinder significat post, circum, vt: hinderkomen / hindergehen / circumuenire. hinder der thür / post ianuam. Gen. 18. Sich nicht hinder dich / ne respicias post tergum. Gen. 19.

In significat in, vt: in der Kirchen sein / esse in templo. in die Kirche gehen / ire in templum. Coalescit cum articulo, vt: im hause / in domo.

Mit significat cum, con, vt: Mit mir / mecum. Mit Gottes hülff / cum auxilio Dei, auxiliante Deo,

2 beyliegen E-L. 6 jahren E Jahren F-L. 12 fürnehmen F-L. 18 gegentheil DF-L. 19 gegenwärtig KL. 20 Grab F-L. 21 Abend L. 24 Hinter KL *(usf.)* hinderkommen DF-L. 25 hinter der H-L Thür G-L. 26 Sih CE Sihe HI Siehe KL. 28 seyn D-L. 29 Kirchen H-L. 30 Hause F-L. 32 hülffe C-F Hülffe G-L.

ξὺν τῷ θεῷ, b'lohim. Mitgehen / vnà ire. mitwircken cooperari. mitteilen / communicare.

Nach significat post, con, per, vt: Nachsetzen postponere. nachgeben / [207] concedere. nachfragen nachforschen perscrutari, perquirere. nachfolgen persequi, imitari. Nachschreiben / ex ore alicuius excipere, imitari scribendo. nach mir / post me.

Neben significat iuxta, prope, propter, secundum, vt: Neben mir / iuxta me. neben der thür / propter ianuam. Er setzte jn neben sich / collocauit eum iuxta se. Sie legte sein kleid neben sich / Gen. 39.

Ob significat prae, pro, supra, vt: Jch will ob jm halten / propugnabo pro eo. Er gefelt mir ob allen / placet mihi ante omnes uel prae omnibus. Halte ob dem wort das gewis ist. Tit. 1. obgeschrieben / suprà scriptum. obberurt / obgemeldt / obgenandt / suprà dictum, memoratum aut nominatum. In compositione deriuatur ab aduerbio oben per apocopen, cum casu verò à praepositione vber / ὑπὲρ.

On significat sine, absque, vt: On dich / sine te. Et per paragogen one / one [208] uel on geld keuffen / absque pecunia mercari. Des geldes on werden pecuniam omnem erogare. Descendit à praepositione ἄνευ per apocopen, mutata uocali a in o.

Vber significat trans, super, per, con, vt: vberfaren / traijcere. vberschrifft / superscriptio. vberlauffen exundare. vberhoben sein / supersedere. vbergeben / tradere. vberlauffen / percurrere, strictim attingere. vberweisen / conuincere. vber mir supra

---

2 mittheilen DF-L. 4 nachfragen] *fehlt* L. 9 Thür G-L. 10 setzt B-L jhn (ihn) F-L. 12 wil B-L. 13 jhm (ihm) F-L gefellt F-I gefällt KL. 14 allem A allen B-L. 15 Halt E-L Wort G-L gewiss B gewiß F-L. 16 obberürt DF obberührt G-L obgemeld CEHIL obgemelt D obgenand CE obgenant DF-L. 19 über H-L. 20 Ohn F-L; C-E *bald* ohn(e) *bald* on(e). 21 one uel on] ohn vel on F ohn vel ohn G ohn uel ohne H-L käuffen L. 22 ohn F-L. 25 ff. Vber *usw.*] *cf. das früher über* V U v ü *Angeführte* vberfahren DF-L. 27 seyn F-L.

me. er ſetzte jn vber ſich supra se collocauit. Descendit ex Graeca ὑπὲρ, mutata tenui in mediam, & aspirato neglecto, pro quo Latini s scribunt: Vel ex Ebraeo Afer vnde etiam ὑπὲρ uenit.

Vmb significat circum, con, an, re, ἀμφί, vt: vmbfangen complecti, amplecti. vmbgeben / circumdare. vmbwerffen vmbſtoſſen / euertere. vmbkeren / conuerti, redire. vmbtragen / circumferre. vmb mich circum me. vmb meinet willen / propter me, mea caussa. [209]

Vnter significat sub, subter, inter, di, vt: vnterſchreiben / subscribere. vnterwerffen / subijcere. vnterbreiten / substernere. vnternemen / dirimere. vnterreden / colloqui. vnter der erden / sub terra. eins vnter das ander ſetzen / alterum sub altero collocare. vnter allen / inter omnes. & sic formatur ex inter.

Von significat à, ab, abs, de, è, ex, vt: von mir / à me. von Leipzig / Lipsia. Coalescit cum articulo, vt: vom Himel / è coelo.

Vor significat ante, prae, vt: vorſetzen / anteponere. das hinderſte vorwenden / posteriora obuertere. Notat tempus & locum, vt: vor zehen jaren / ante annos decem seu decennium. vor mir / ante me. vor der thür / ante aedes.

Wider significat contra, aduersus, re, vt: widerſprechen / contradicere. wider mich / contra me, aduersus me. widergeben / reddere. widerbringen / redúcere. widerſchreiben / rescribere. wi[210]derſtehen / resistere. Widerſacher / Aduersarius.

Zu significat ad, con, ob, vt: zulegen / apponere. zugeben / addere, concedere. zubringen / consumere. zubrechen / confringere. zugreiffen / comprehendere.

---

1 jhn (ihn) F-L. 3 s] *fehlt* F-L. 4 Afer] *so* CE-L; A *hebräisch*. 5 Um L *(so immer)*. 7 vmbkehren F-L. 9 meynet G-L. 13 vnternehmen G-L. 14 Erden F-L. 19 Himmel E-L. 22 jahren CE Jahren G-L. 24 Thür G-L. 25 ff. *meist* wieder E.

zuschreiben inscribere, ascribere. zustopffen obturare, obstruere. zu mir ad me.

Zwischen significat inter, intra, vt: zwischen mir vnd dir / inter me & te. zwischen das Heer der Egypter vnd das Heer Jsraël inter exercitum Aegyptiorum & populi Israël. Exod. 14. zwischen die Granatäpffel / inter malogranata. Exod. 39. Et cum aduerbio, zwischen abends / sub vesperam Exod. 12. 29. Num. 28.

Praepositiones cum casus suos amittunt, fiunt aduerbia: Et contra aduerbia quaedam casus regunt, vt dicetur infrà in Syntaxi. Atque hactenus de Etymologia. Nunc de Syntaxi breuiter dicemus. [211; 212 *unbedruckt*]

DE SINTAXI
QVARTA PARTE GRAMMATICES.

DE SYNTAXI ARTICVLORVM.

I.

ARticuli cum Nominibus & Participijs in eodem genere, numero, & casu cohaerent, vt: der Man / ὁ ἀνὴρ, des Mans / τοῦ ανδρὸς. die Frawe / ἡ γυνὴ, der Frawen / τῆς γυναικὸς &c.

II.

Proprijs virorum, mulierum, & vrbium nominibus non adduntur articuli, vt: Johannes hat Annen

---

6 f. Granatöpffel CE. 20 der Mann E-L. 21 des Manns F-L Fraue L. 22 Frauen L.

lieb Iohannes Annam amat. Hirtzberg ligt sechs meilen von Wittemberg Hirtzberga sex miliaribus distat ab vrbe Vuittemberga.

III.

Pronominibus quoque non praepo[213]nuntur articuli, nisi possessiuis substantiuè positis, vt: mein Vater / meines Vaters. meine Mutter meiner Mutter. pater meus, patris mei. mater mea, matris meae. Die meinen lassen dich grüssen / Salutant te mei. Die vnsern nostrates.

IIII.

Cum genitiuus, qui substantiuo subijcitur, in contextu orationis praecedit: tunc ipsum substantiuum, cui subijcitur, articulo caret, vt: des Herrn Wort verbum Domini, pro, das wort des Herrn. In meines Vaters hause / in domo patris mei, pro, in dem hause meines vaters.

V.

Nomini Gott non additur articulus in singulari, nisi subijciatur illi genitiuus, vt: Gottes Wort / verbum Dei. Gott sey ehre / Deo sit honor. Fürchte Gott / Time Deum. Alles kömpt von Gott / à Deo sunt omnia. Cum genitiuo uerò, der Gott aller Götter / Deus Deorum. Der Herr der Gott des Him[214]mels / Dominus Deus coeli, Gen. 24.

Idem fit in ijs, quae absolutè ponuntur, hoc est, in quibus non genus aut numerus, sed signi-

---

1 Hertzberg DF-L liegt DF. 2 Wittenberg C-L. 9 Meinen H-L. 16 Hause CE-L. 17 Hause CE-L. 21 Ehre E-L. 22 kömbt F. 24 des Gott BCF des Gotts E.

ficatio & res spectatur, vt: Der Herr Himels vnd Erden Dominus coeli & terrae. Für Gott vnd Menschen. Coram Deo & hominibus. Talia sunt omnia terra nascentia, vt frumenta, legumina, herba, aromata, metalla, materiae uestium, & quae ad penum pertinent, quae uel mensurantur uel ponderantur, vt: rocken seen / serere olyram. Sallat essen / edere lactucam. Pfeffer dran thun / addere piper. Wein trincken / bibere uinum. Bley schmeltzen liquefacere plumbum. Sammat keuffen emere holosericum, &c.

VI.

Articulus infinitiuo additus efficit nomen, vt: Das schreiben / des schreibens / ꝛc. Sic Graeci dicunt, τὸ γράφειν, τοῦ γράφειν, &c.

DE SYNTAXI NOMINVM. [215]

Substantiuorum.

I.

Substantiuum & adiectiuum in eodem genere, numero, & casu cohaerent, & adiectiuum semper praeponitur, vt: Ein fromer Man / Vir bonus. Ein getrewer Knecht / Fidelis seruus. Ein ehrliches Weib / Honesta foemina. Numeralibus adduntur etiam singularia substantiua, vt: Vierhundert Man / Quadringenti viri, Gen. 33. Hundert vnd dreissig jar / Anni centum & triginta, Gen. 47. Vbi obseruandum, in numeralibus à tredecim vsque ad viginti minorem numerum praeponi sine copula, à viginti verò vsque ad centum cum copula, vt: dreizehen / 13.

1 Himmels C-L. 2 der Erden B-L. 7 rockensee B Rockensee C Rockensee̅ E Rocken seen F-L. Salaat E Salat DF-L. 10 Sammet C-L. 13 Schreiben Schreibens L. 20 frommer C-L Mann E-L. 21 getreuer L. 23 Mann E-L. 24 dreyssig CEI-L Jahr CDG-L Jar E jahr F. 28 dreyzehen C-L.

vierzehen 14. funffzehen 15. ſechzehen 16. ſiebenzehen 17. achtzehen 18. neunzehen 19. zwenzig / 20. ein vnd zwenzig 21. zwey vnd zwenzig / 22. drey vnd zwenzig / 23. vier vnd zwenzig / ꝛc. Sic dreiſſig / 30. vierzig / 40. funffzig 50. ſechzig 60. ſiebenzig / 70. achzig / 80. neunzig / 90. neun vnd neunzig / 99. hundert centum. [216] Deinceps centenarius numerus praeponitur vsque ad mille, vt, hundert vnd eins / 101. hundert vnd zwey / 102. hundert vnd drey / 103. ꝛc. hundert vnd zehen / 110. hundert vnd eilffe / 111. hundert vnd zwelffe 112. hundert vnd dreizehen / 113. Deinceps millenarius praeponitur centenario sine copula, vt: tauſend / fünffhundert / und ſieben vnd ſiebenzig jar / anni mille quingenti septuaginta septem. Pro ordinalibus post viginti vsurpantur cardinalia vsque ad vltimum, quod ordinale est, vt: Jm tauſend / fünffhundert / vnd ſieben vnd ſiebenzigſten jar / Anno millesimo quingentesimo septuagesimo septimo, pro Jm tauſenden / fünffhunderten / vnd ſiebenden vnd ſiebenzigſten. Sunt autem ordinalia haec: Der die das erſte / Primus, a, um. ander / 2. dritte / 3. vierde / 4. fünffte / 5. ſechſte / 6. ſiebende 7. achte / 8. neunde / 9. zehende / 10. eilffte / 11. zwelffte / 12. dreizehende / 13. vierzehende / 14. funffzehende / 15. ſechzehende / 16. ſiebenzehende / 17. achzehende / 18. neunzehende / 19. zwentzigſte / 20. [217] dreiſſigſte / 30. vierzigſte / 40.

---

1 funfzehen DF. 2 achzehen DF neuntzehen GH zwentzig CE. 3 ein vnd zwentzig *etc.* E zwanzig *etc.* F zwantzig *etc.* G-L. 4 dreyſſig I-K dreytzig L. 5 viertzig CEG-L funfzig DF funfftzig GHKL fünfftzig I ſechtzig ſiebentzig G-L. 6 achtzig GHL neuntzig G-L. 8 ff. E *öfter* vnnd. 11 zwölffe B-L dreyzehen CE-L. 13 Tauſent G-I vnd ſieben] vnd *fehlt* H-L ſiebentzig G-L Jar F Jahr CEG-L. 15 vsurpantur] quatuor F-L. 16 tauſent G-I. 17 ſiebentzigſten G-L Jahr C-L. 19 tauſenten G-K tauſendten L ſiben... DF ſiebentzigſten G-L. 21 vierdte G-L. 22 neundte L. 23 zwölffte C-L dreyzehende C-L. 24 fünffzehende L. 25 achtzehende CG-L. 26 zwantzigſte F-L dreißigſte L viertzigſte CEG-L (viertzig IK; *so auch im folgenden von* G-K *ord. & card. nebeneinander; stets* tz).

funffzigste 50. sechzigste / 60. siebenzigste 70. achzigste / 80. neunzigste 90. hunderte / 100. tausende 1000.

II.

Substantiuum cum substantiuo genitiuo casu iungitur, vt: Das Wort des Herrn bleibet ewiglich / Verbum Domini manet in aeternum. Die furcht des Herrn ist der Weisheit anfang / Initium sapientiae timor Domini.

III.

Substantiua, quae patriam, gentem, & officium seu professionem significant, cum genitiuo construuntur, vt: Er ist seiner geburt oder landart oder ankunfft ein Meissner / Natione Misnensis est. Er ist seins handwerks ein Schuster / Arte sua sutor est, artem exercet sutoriam. Latini ablatiuo utuntur, vt, natione Syrus, professione medicus.

IIII.

Duo substantiua in eodem casu iun[218]guntur per appositionem, vt: Gott der Herr / Deus Dominus. Herr Gott Vater / Domine Deus pater.

V

Substantiua uoluntatem aut facultatem significantia infinitiuum post se regunt, cum praepositione Zu / vt: Zeit zu sagen / Tempus dicendi. Gelegenheit zu thun / Occasio faciendi. Fürsatz recht

1 funfzigste DF fünfftzigste L achtzigste C-EG-L. 2 tausente G-K tausendte L. 5 deß C-E. 6 Furcht CEG-L deß C. 7 Weißheit CE-L Anfang G-L. 12 f. Geburt Landart CE-L oder ankunfft] oder *fehlt* A Ankunfft G-L Meißner C-L. 14 seines Handwercks CE-L. 20 Vatter L.

zu thun Propositum rectè faciendi. Begirde zu haben / Cupiditas habendi.

Adiectiuorum.

I.

Duo adiectiua uni substantiuo adduntur, uel intercedente copula, uel sine copula, vt: Ein fromer vnd getrewer Knecht / Bonus & fidelis seruus. Ein fein gut hertze / Cor bonum & purum. Ein lang weis kleid Stola candida.

II.

Numeralia à tredecim ad viginti efferuntur sine copula, minore numero [219] praeposito: Innumerabilibus post uiginti interponitur copula, vt dictum est in prima regula de substantiuis.

III.

Adiectiua neutro genere pro substantiuis usurpata substantiuorum more genitiuos assumunt, vt: Viel des bösen / Multum mali. Wenig des guten / Parum boni. Der narrheit ist viel in jm / der klugheit wenig / Multum est in ipso stultitiae, sapientiae parum.

IIII.

Comparatiuo subijcitur particula Denn / cum nomine eius rei, cum qua fit comparatio, vt: Gold ist besser denn Silber / Aurum melius est quam argentum. Latini ablatiuo vtuntur. Adduntur etiam compa-

---

1 Begierde C-L. 6 frommer C-L. 7 vnnd CE getreuer L. 8 Hertze F-L weiß F-L Kleid F-L. 19 Narheit CE Narrheit F-L mit jhm (ihm) F-L Klugheit G-L. 23 Golt B-D.

ratiuo particulae je & deſto vt: Je lenger je lieber / Quanto diutius, tanto gratius. Je elter je erger Quanto aetate prouectior, tanto deterior. Je reicher / je kerger quo ditior, eò tenacior. [220]

V.

Superlatiuo subijcitur praepositio vnter uel vber uel in vt: Der beſte vnter allen Optimus inter omnes. Der fürtrefflichſte vber alle Praestantissimus omnium. Der reichſte in der gantzen ſtad Ditissimus in vrbe.

VI.

Adiectiua quae copiam, noticiam, participationem, dignitatem, reatum, & his contrarium significant, genitiuo construuntur, vt: Sie ſind voll ſüſſes Weins / Pleni sunt musto. Des ſchreibens ſatt vnd vberdrüſſig / Satur & pertaesus scriptionis. Ich will dein eingedenck uel eindencken ſein / ero tui memor. Ich bin des gewiſs / Certus sum huius rei. Du biſt des nicht werdt uel wirdig Non es hoc dignus. Teilhafftig der Sünden / Peccati particeps. Des Gerichts ſchüldig / Reus iudicij.

VII.

Quae desiderium & studium significant, requirunt praepositionem nach [221] uel auff cum suo casu, uel infinitiuum cum praepositione zu / loco gerundij, vt: Lüſtern nach dieſem oder jenem / Appetens

---

1 länger KL. 2 älter I-L ärger G-L. 3 profectior A. 4 kärger F-L. 6 über H-L *(so immer)*. 8 fürtreflichſte F Fürtrefflichſte G-L. 9 Stad CE-G Stadt H-L. 14 Deß F Schreibens L. 15 vberdröſſig D wil B-L. 16 eindencken] eingedenck FL eindenck G-K ſeyn E-L. 17 des gewiſs] *fehlt* des KL gewiß D-L biſt des] deß FG. 18 f. werd B werth C-L würdig KL Theilhafftig F-L. 20 ſchuldig I-L.

huius uel illius. Beſliſſen auff ſauffen Compotationi deditus. Beſliſſen auff die narung / Studiosus rei familiaris. Begirig zu ſehen / Cupidus uidendi.

VIII.

Quae partitionem aut collectionem significant, requirunt genitiuum pluralem, uel praepositionem vnter / aus / in / cum suo casu, perinde ut superlatiui, vt: Vnſer einer / Vnus ex nobis uel nostrum. Der Bürger einer / Vnus ex ciuibus, quidam ex numero ciuium. Einer vnter jnen / Vnus ex ipsis. Einer aus dem hauffen / Vnus ex numero. Etliche aus der Stad / Aliqui ex oppidanis. Viel Volcks / Magna turba. Jhrer viel / Multi illorum.

IX.

Datiuo construuntur, quae fauorem, vtilitatem, facilitatem, similitudinem, uicinitatem & cognationem signifi[222]cant, uel contrà, vt: Er iſt mir günſtig / geneigt / wolgewegen / vngünſtig / feind / geheſſig / ꝛc. Est mei studiosus, propenso & beneuolo animo in me, infensus, inimicus, mihi &c. Es iſt mir ſchedlich / nütz / gut / geſund Est mihi noxium, utile, bonum, salubre. Es iſt jhm leicht / ſchwer / lieb angenem / Est illi facile, difficile, gratum, acceptum. Das iſt jenem gleich / ehnlich / vngleich / frembd / Hoc illi simile est uel aequale, deforme, dissimile uel inaequale, alienum. Er iſt vns nahe / befreund / verwand / ꝛc. Est nobis propinquus uel uicinus, coniunctus, cognatus.

2 Narung CE nahrung F Nahrung G-L. 3 Begierig E-L. 10 jhnen (ihnen) F-L. 11 Hauffen L. 12 Stadt BG-L. 16 facilitatem] *fehlt* F-L. 18 wolgewogen F-L geheßig L. 20 ſchädlich G-L. 22 angenehm DF-L. 24 ähnlich L. 26 nah F-L befreundet DF-L verwandt F-L.

X.

Accusatiuo construuntur, quae mensuram, magnitudinem, spacium, distantiam, tempus, & aetatem significant, vt: Drey ellen lang / breit / hoch / tieff weit / dicke / Tres ulnas seu cubitos longum, latum, altum, profundum, amplum, crassum. Drey meilen lang / Longitudine trium milliarium. Zwo stunden lang Spacio duarum horarum. [223] Zwelff jar alt / Annos natus duodecim, &c. Vsurpatur & genitiuus, vt: Einer hand breit / Latitudine palmi. Eines fusses breit / Latitudine pedis. Eins jars alt Anniculus.

XI.

Ablatiuus instrumentum, caussam, materiam, aut partem significans, subijcitur adiectiuis & participijs cum praepositione: Instrumentum quidem cum praepositione mit / vt: mit ruten gesteupt / Virgis caesus. Mit der faust geschlagen / Pugno percussus. Mit dem Schwerdte getödtet: Caussa uerò cum praepositione von uel an / vt: Er ist müde von arbeit / Fessus labore. Truncken vom wein / Ebrius uino. Kranck an Fiber / Gestorben an der Schwindsucht / Laborans febri, mortuus phthisi: Materia autem cum praepositione aus uel von / vt: Von gold gemacht / Ex auro factus. Aus holtze geschnitzt / Exculptus è ligno: Pars denique cum praepositione an / vt: Er ist lahm an henden vnd füssen / Pedibus manibusque claudus. Zart / [224] rein am leibe / Corpore tenero, Mundus corpore.

---

4 Ellen G-L. 6 Meilen H-L. 7 Stunden H-L. 8 Zwölff C-L jahr F Jar G Jahr H-L. 10 Hand G-L. 11 Eines F-L Jahrs CE-L. 16 Ruten CEG-L Rutten DF gestäupt KL. 17 Faust CEG-L. 18 Schwerte BC. 20 Arbeit G-L von DF-L Wein CE-L. 21 Fieber DF-L. 23 Gold F-L. 24 Holtze I-L. 26 Henden CE händen F Händen G-L Füssen CEG-L. 27 Leibe CE-L.

XII.

Adiectiua voluntatem aut facultatem significantia requirunt praepositionem zu cum suo casu uel infinitiuo, vt: Er iſt geſchickt zu dem dinge / Aptus seu idoneus ad hoc. Bereit vnd willig zu thun / Paratus & promtus ad faciendum.

XIII.

Formulae laudandi & vituperandi efferuntur trifariam: 1. Vel per geminum genitiuum adiectiui & substantiui, vt: Ein Weib ſchöner geſtalt / Foemina vultus speciosi. Ein Man groſſes verſtandes / Vir magni iudicij. Böſer art / Prauae naturae: 2. Vel per geminum ablatiuum adiectiui & substantiui, cum praepositione von / vt: Ein weib von ſchöner geſtalt / Forma speciosa. Von guter art / Bona natura. Von groſſer kunſt / Praestans arte: 3. Vel per praepositionem an uel von cum suo [225] casu post adiectiuum, vt: Klar am leibe / Corpore tenello. Geſchlanck am leibe uel von leibe Corpore gracili. Schön von geſtalt / Pulcra forma.

DE SYNTAXI PRONOMINVM.

I.

PRonomina cum substantiuis eodem Genere Numero & Casu cohaerent, vt: Der Man / Hic vir. Jens Weib / Illa mulier. Mein Vater Pater meus. Meins Vaters / Patris mei. Meinem Vater / Patri meo. Meinen Vater / Patrem meum. Meiner Mutter / Matris & matri meae.

9 ff. *Abschn. 1 fehlt* I-L. 11 Mann E-H Verſtandes GH. 14 Geſtalt H-L. 15 Art H-L. 16 Kunſt CE-L. 18 f. Leibe CE-L Geſchlang F-L. 20 Geſtalt L. 24 Mann E-L.

II.

Relatiuum cum antecendente substantiuo in eodem genere & numero consentit, casu uerò verbo respondet, vt: Der Bote / welchen du zu mir geſandt haſt Tabellarius quem ad me misisti. Die Magd welche bey dir ge[226]dient hat / Ancilla quae tibi seruiuit. Das Buch welchs ich dir geſchickt habe / Liber, quem ad te misi. Alle die an jhn gleuben / Omnes qui credunt in eum. Relatiui loco ponitur aliquando particula ſo, vt: Alle ſo an jhn gleuben: Aliquando particula da uel das / cum praepositione postposita, vt: Das Buch dauon du mir ſchreibeſt / Liber de quo scribis. Das Pferd darauff er reit / Equus quo vehebatur.

III.

Pronomen interrogatiuum was / cum particula für / omnium generum, numerorum & casuum substantiuis praeponitur, vt: Was für ein Man / Qui vir uel qualis vir, uel cuiusmodi vir? Was für eine Frawe Quae foemina? Was für ein Thier Quod uel quale animal? Was für Leute / Qui homines? Was für Leute meinſtu? Quos homines dicis? Was für Bücher ſoll ich keuffen? Quos aut quales aut cuiusmodi libros emam? [227].

IIII.

Cum actio in agentem transit, vtimur accusatiuo primitiui, vt: Er hat ſich getödtet / Interfecit se, Manus sibi attulit: Cum uerò in alium, utimur accusatiuo relatiui, vt: Er hat jn getödtet / Interfecit ipsum. Caeteri Casus distinguuntur particula ſelbs quae

---

4 geſand F geſant G-K. 6 gedienet C-F. 7 welches I-L. 8 jn CE glauben L. 10 glauben L. 13 drauff DF. 18 Mann E-L. 20 Fraue L. 23 ſol CE-L. 29 jhn CE-L.

plerumque reciproco additur, vt: Er hat ſeiner vergeſſen Oblitus est ipsius. Er hat ſein ſelbs vergeſſen / Oblitus est sui. Er hat jm das leben genomen / Eripuit ipsi uitam. Er hat jm ſelbs das leben genommen / Eripuit sibi uitam. Ablatiuus accusatiuo similis est, vt: Er hats von jm geſtoſſen / Repulit ab illo. Er hats von ſich geſtoſſen / à se repulit. Post verbum primae uel secundae personae nunquam sequitur reciprocum, vt: Wir haben vns vertragen / Composita est inter nos controuersia, non wir haben ſich vertragen.

V.

Personarum seu indiuiduorum numerus indicatur praeposita particula [228] ſelb numeralibus ordinalibus, vt: Er kȯmpt ſelbdritte / Habet duos comites .i. venit cum duobus, & ipse est tertius. Er reit ſelb vierde / .i. mit vier Pferden / Equis quatuor, seu stipatus equitibus tribus, ipse quartus.

DE SYNTAXI VERBORVM PERSONALIVM.

Nominatiuus ante Verbum.

I.

NOminatiuus pręcedit verbum personale finitum simili numero & persona, vt: Ich will / Du ſchreibeſt / Er ſaget. Mein Bruder hat mir geſchrieben / Scripsit ad me frater meus. In interrogationibus postponitur verbo nominatiuus, vt: Soll ich? Wiltu? Hat er? Sagts Johannes? Kȯmpt der Vater? Debeo'ne? Vis'ne? Ait'ne Iohannes? Venit'ne pater? [229]

---

2 Er hat ſein ſelbs vergeſſen] *fehlt* H-L. 3 f. jhm CE-L Leben EG-L genommen C-L. 4 ſelbſt G-L. 6 jhm E-L. 10 vertragen, quo tamen Slesij (Silesij *von* F *ab)* utuntur B-L. 14 kȯmbt F kȯmmt L. 16 vierdte KL. 21 f. finitum simili numero & persona] *fehlt* G-L wil B-HK. 25 Sol B-L. 26 Kȯm̄t F Kȯmmt L.

II.

Duo singularia postulant verbum plurale, vt: Mein Vater vnd Bruder sind komen / Pater meus & frater meus uenerunt. Cum nominatiui sunt diuersarum personarum, respondet uerbum personae digniori. Est autem prima dignior secunda, & secunda dignior tertia, vt: Ich vnd du wöllen gehen / Ego & tu ibimus, non wöllet. Du vnd er söllet / non söllen.

III.

In conclusionibus & relationibus saepe dissimulantur pronomina, & auxiliares particulae praeteritorum habe & bin per omnes personas, vt: Begere derhalben / Peto igitur, pro ich begere. Wollest derhalben / Velis igitur, pro du wollest. Ist derhalben an euch meine bitte / Peto igitur à uobis, pro, es ist. Solt derhalben wissen / Scito igitur. Es ist also wie ich dir geschrieben / Est ita, ut scripsi, pro, geschrieben habe. Wie du geschrieben / Wie er gesagt / subintelligitur hast & hat. Wie wir droben angezeiget / Vt [230] suprà demonstrauimus. Wie jr vns bericht gethan / Vt certiores nos fecistis. Wie sies befunden / Vt cognouerunt, subintelligitur haben / habet. Nach dem es also geschehen / wie ich / du / er / jr / wir / sie bericht worden / Quod cum ita factum sit, ut certior factus sum, es, est, ut certiores facti sumus, estis, sunt, subintelliguntur particulae bin / bist / ist / sind / seid.

IIII.

Infinitiuus aut tota oratio infinitiuua pro nominatiuo ponitur, vt: Borgen macht sorgen / aes alienum

---

3 kommen D-L. 7 wollen F-L. 8 wollet sollet sollen F-L. 12 Begehre F-L. 13 begehre F-L. 15 Bitte KL. 20 jhr CE-L Bericht I-L. 21 sie es G-L funden DF-L. 23 jhr CE-L. 26 seyd G-L. 29 Sorgen L.

(datum uel acceptum) curas parit. Alteri enim incumbit necessitas soluendi & reddendi, alter timet, ne suum perdat. Sorgen macht alt vnd vngestalt / Curae senium afferunt, & vultus mutant. Viel heuser bawen will geld haben / Ad aedificia extruenda requiruntur sumtus. Eim jeden trawen ist nicht gut / denn niemand weis eins andern mut / Cuiuis fidere non est tutum, propter occultas hominum naturas. [231]

Vocatiuus ante verbum.

Vocatiui imperatiuis secundae personae praeponuntur, vt: O Jesu Christ erbarm dich mein / Miserere mei Iesu Christe. Saepè vocatiui sine Imperatiuis, saepè Imperatiui sine vocatiuis in oratione ponuntur, vt: Herr Gott dich loben wir / Te ô Domine Deus laudibus extollimus. Juda / du bists / dich werden deine Brüder loben / Iuda te laudabunt fratres tui, Gen. 49. Thu das / Fac hoc. Gehe bald / Ito quam primum.

Nominatiuus post verbum.

I.

Verba substantiua praecedunt & sequuntur nominatiui, vt: Gott ist die liebe / Deus est caritas. Jch bin der Weg / die Warheit / vnd das Leben / Ego sum via, veritas & vita. Conuenit autem verbum in numero cum nominatiuo digniore, vt: Sie sind ein anfang dieses hadders / Illi sunt principium & fons huius controuersiae. Die Menschen sind [232] Gottes geschepff. Homines sunt creatura Dei. Dis sind die heiligen Zehengebot / Haec sunt decem praecepta. Das

---

4 Heuser C-E Häuser F-L. 5 bauen L wil B-L Geld CG-L. 6 trauen L. 7 weiß F-L muth C-E Muth I-L. 21 Liebe CE-L. 22 Weeg L. 25 haders DF Haders G-L. 27 geschöpff C-E Geschöpff F-L Diß CE-L. 28 zehen Gebot F-L.

sind die zwelff Stemme Israël / Hae sunt duodecim tribus Israël. Gen. 49. Dis sind die Namen der Kinder Israël Haec sunt nomina filiorum Israël. Gen. 46.

II.

Eadem est constructio verborum nuncupandi, & caeterorum, cum gestus aut status significatur, vt: Christus wird ein Samariter genennet / Christus nominatur Samarita. Er trinckt nüchtern / Bibit ieiunus. Er schlefft sicher / Dormit securus. Er leufft eilend / Currit festinans.

Genitiuus post verbum.

I.

Quae possessionem aut proprietatem significant, genitiuum requirunt, vt: Das haus ist meines Vaters / Hae aedes sunt patris mei. Dieser Spruch ist dieses oder jenes Apostels / Hoc dictum est Apostoli huius uel illius. [233]

II.

Genitiuo construuntur uerba fruendi, utendi, abstinendi, egendi, priuandi, admirandi, insimulandi, memoriae & obliuionis, vt: Ich geniesse des / Fruor hac re. Ich will deines raths gebrauchen / Vtar consilio tuo. Enthalt dich des / Abstine ab hoc. Der Herr bedarff jr / Dominus his opus habet. Ich muss des entberen / Cogor hoc carere. Einen seines guts be=

---

1 zwölff C-L Stämme CE-L. 2 Diß F-L. 8 genent F-L. 9 trinckt B-L. 10 schläfft L. 15 Haus CE Hauß F-L meins BC. 22 deß F. 23 wil BCE-L deins F-H rahts D Rahts G Raths H-L. 24 deß F-L. 25 jhr CE-L mus C-E muß F-L. 26 deß D das G entperen C-I entbehren KL Guts G-L.

rauben Spoliare aliquem bonis suis. Ich verwundere mich des / Miror hoc. Er wird eines diebſtals beſchúldiget Insimulatur furti. Gedencke mein / Memento mei. Vergiſs mein nicht Ne obliuiscaris mei. Sed uerbo utendi, memoriae & obliuionis additur etiam accusatiuus rei, vt: Ich habe das gebraucht / Vsus sum hoc. Ich will das mercken oder gedencken / Ero huius memor. Ich habe das vergeſſen / Oblitus sum hoc. Additur etiam uerbo memoriae praepositio an cum accusatiuo, vt: Gedenck an mich / Recordare mei. Ich gedencke an jn / Recordor eius: Et ver[234]bo abstinendi praepositio von cum ablatiuo, vt: Ich will mich von dem dinge enthalten / Abstinebo ab hac re: Et verbis admirandi praepositio vber cum ablatiuo, vt: Ich verwundere mich vber dem / Miror super hoc. Sie entſatzten ſich vber ſeiner rede / Obstupescebant super sermonibus eius.

Datiuus post verbum.

Datiuum requirunt verba dandi, adimendi, attribuendi, remittendi, sequendi, imitandi, resistendi, auxiliandi, optandi, imperandi, parendi, obsequendi, cedendi, seruiendi, narrandi, assimilandi, vt: Ich gebe dir / Do tibi. Vergib mir / Remitte mihi. Folge mir / Sequere me. Ich wúndſche dir glúck / Gratulor tibi. Gott widerſtehet den Hoffertigen / Deus superbis resistit. Hilff mir / Iuua me. Ich befehle vnd gebiete dir / Mando & impero tibi. Er gehorcht mir / Obtemperat mihi. Ich will dir dienen vnd zu willen ſein /

2 deß DF-L Diebſtals CEG diebſtahls H-K Diebſtahls L beſchuldiget I-L. 4 Vergiß C-G nicht mein DFG *der Satz fehlt* H-L. 7 wil B-I. 11 jhn E-L. 12 wil CE-K. 13 den Dingen I-L. 15 f. über H-L Rede CEL. 23 Vergieb I-L. 24 wúnſche CE wúnſch DF-L gelúck F Gelúck G Glúck H-L. 25 wiederſtehet E-L hoffertigen F-I hoffártigen K Hoffártigen L. 27 gehorchet DF-L. 28 wil BCE-H ſeyn E-L.

Morem tibi geram. Jch ſage dir / Dico tibi. Weiche [235] dieſem / Cede huic. Jch vergleiche dich einem Hunde / Assimilo te cani.

Accusatiuus post verbum.

I.

Actiua verba omnia accusatiuum asciscunt, vt: Lobet den Herrn / Laudate Dominum. Jch ſchreibe einen Brieff / Scribo literas uel Epistolam. Similiter & Neutra, sed accusatiuum cognatae significationis, vt: Jch gehe einen fernen weg / Iter longinquum suscipio.

II.

Transitiuis adduntur duo accusatiui, vt: Jch lere dich die kunſt / Doceo te hanc artem. Jch will dich etwas fragen / Interrogabo te aliquid. Das bitte ich dich / Oro te hoc. Sed alter accusatiuus saepè in infinitiuum mutatur, vt: Jch lere dich leſen / Doceo te legere. Jch lere dich deutſch reden uel die deutſche ſprache / Doceo te Germanicè loqui, uel linguam Germanicam.

III.

Nomina mensurae, spacij & tempo[236]ris continui, in accusatiuo subijciuntur verbis, vt: Jch habe drey tage gereiſet / Triduum uel tridui iter feci. Hirtzberg ligt drey meilen von Torgaw / Hirtzberga distat Torgauia milliaria tria, uel milliaribus tribus. Dis Faſs helt ſechſs Eimer / Dolium hoc capit sex amphoras.

---

8 Brief L. 10 Weg EFI-L. 14 lehre E-L Kunſt CE-L wil CE-K. 17 lehre E-L. 18 lehre CE-L deudſch F teutſch L Deudſche F teutſche L Sprache G-L. 23 Tage GHKL Hertzberg DF-L liegt DFKL Meilen G-L Torgau L. 25 Diſs B Diß F-L. 26 Fas CD Faß E-L hält L ſechs C-L.

IIII.

Verba emendi & uendendi praeter accusatiuum rei construuntur cum accusatiuo precij, intercedente praepositione vmb uel für vt: Ich habs vmb drey pfenning gekaufft / Emi tribus nummis. Keuffe für drey pfenning semmel / vnd für drey pfenning brot / Eme tribus nummis similam, & totidem nummis panem. Man gibt einen scheffel rocken vmb neun groschen / Modius olyrae uenditur nouem duodenarijs. Verbum ualere seu licere praepositione non indiget, vt: Ein scheffel haber gilt vier groschen Modius auenae uenditur quatuor duodenarijs. Was gilt ein scheffel? Quanti uenditur modius? [237]

Ablatiuus post verbum.

I.

Passiuorum proprius casus est ablatiuus cum praepositione von uel aus / vt: Ich werde von jm gehasset / Odio habeor ab illo. Ich bin voñ jm geschlagen worden / Caesus sum ab illo. Ich werde von jm geliebet / Amor ab illo. Ich werde von jm verfolget / verachtet ꝛc.

II.

Ablatiuo casu verbis subijciuntur, quae causam, instrumentum, materiam, vel modum actionis significant, sed intercedente praepositione mit / an / aus / von / für / vt: Er zittert für furcht / Tremit metu. Er schlug jhn mit der hand / Manu illum verberabat seu pulsabat. Er schnitzt aus holtz allerley / Ex ligno fa-

4 ff. um L *(wie gewöhnlich)*. 5 f. Pfenning G-L Käuffe KL Semmel CE-L Brot E brod GH Brod I-L. 8 giebt DF Scheffel EI-K *(so auch Z.* 10. 12*)* Rocken CE-L Groschen G-L. 11 Haber CE-L Groschen H-L. 17 ff. jhm F-L (CE jm *und* jhm). 25 Furcht G-L. 26 Hand CEG-L. 27 Holtz CEG-L.

bricat uaria. Er ligt am Fiber / Laborat febri. Er hat mit betrug gehandelt Dolo egit.

III.

Nomina temporis non continui efferuntur in ablatiuo cum praepositione, vt: Er kömpt bey nacht / uel, in der nacht / [238] Noctu uenit. Es iſt am tage geſchehen / Interdiu factum est. Auff den montag will ich dirs geben / Ad diem lunae dabo tibi. Jm ſechſten monden / Mense sexto. Item cum particula bis / vt: Bis montag wird er komen / Ad diem lunae uenturus est. Interdum & Genitiuus vsurpatur, vt: Des nachts / Noctu. Des tags / Interdiu. Des jars dreymal / Ter quotannis uel singulis annis.

Locorum nomina.

I.

Ad locum significantes utimur accusatiuo, cum praepositionibus gen / in / auff / zu. 1. Cum nomen est proprium urbis, oppidi, aut pagi, utimur gen / vt: Jch zihe gen Leipzig / Proficiscor Lipsiam. Quam constructionem imitatur appellatiuum himel / vt: Gen himel faren / Conscendere coelum. 2. Cum nomen est appellatiuum, utimur in uel auff / vt: Jn die Kirche gehen / Ire in templum. Jns holtz / In syluam. Jn die ſtube / In hypocaustum seu uaporarium. Auffs feld / Rus. Auffs dach ſteigen / [239] Conscendere tectum. Auff die Cantzel / Suggestum. 3. Cum nomen

---

1 liegt B-DFL Fieber CF-L. 2 Betrug GKL. 5 kömbt F kömmt L bey Nacht L. 6 in der Nacht G-L Tage G-L. 7 Montag CE-L wil CE-K. 9 Monden CE-L biß F-L. 10 Biß F-L Montag CE-L kommen C-L. 11 Deß DF Nachts G-L. 12 Deß D Tages G-L Jars F Jahrs G-L. 19 ziehe B-L. 20 Himel C Himmel D-L. 21 fahren C-L. 22 Kirchen H. 23 Holtz CE-L. 24 Stube EG-L. 25 Feld G-L Dach G-L.

est personae, vtimur zu vt: Ich gehe zum Vater Eo ad patrem. Ich will zu jr gehen / Ibo ad illam. quam constructionem imitantur & ea, quae congregationem hominum significant, aut sine praesentia & frequentia hominum non fiunt, vt sunt: Kirche / Predigt / Hochzeit Kirchweihe / Kindteuffen / Wolleben / Nachtmal / Jarmarckt / Messe / Zeche / Malzeit / Essen Tisch ꝛc. Zur Predigt gehen / Ire in concionem, &c.

II.

In loco significantes vtimur ablatiuo cum praepositionibus in / zu / auff. Nominibus vrbium & pagorum additur praepositio zu / vt: Er ist zu Leipzig / Est Lipsiae. Er wohnet zu Bendeleben / Bendelebij habitat. Es ist zu Northausen geschehen / Northusae factum est. Caeteris appellatiuis adduntur in uel auff / vt: Im hause / In aedibus. In der Kamer / In cubiculo. In der Schüssel / In patina. Im Becher / In calice. Im [240] felde / In agro. Auffm felde / Ruri. Auff der banck / In scamno. Auff der erden / Humi.

III.

De loco significantes utimur ablatiuo cum praepositione von uel aus / vt: Er kömpt von Leipzig / Venit Lipsia. Er ist von Leipzig / Lipsiensis est. Er kömpt vom felde / Venit rure uel ex agro. Aus der Stad / Ex urbe, ex oppido. Aus der Stuben / aus der Kamer. Nominibus regionum additur aus / vt: Er kömpt aus der Schlesig / Venit ex Silesia. Sie ist aus Morenland / Ex Aethiopia vsque est.

---

2 wil CE-L jhr CE-L. 6 Kindtäuffen L. 7 Nachtmahl G-L Jahrmarckt (Jahrmarck H) F-L Mahlzeit G-L. 14 Nordhausen L. 16ff. L *ausnahmsweise* auff Hause CE-GKL Kammer CE-L. 18 Felde CE-L. 19 Banck CE-L Erden CE-L. 23 kömbt F. 25 kömbt F vom Felde CE von Felde F-L. 26 Stadt BG-L. 27 Kammer D-L. 28 kömbt F.

IIII.

Per locum significantes vtimur Accusatiuo cum praepositione durch / vt: Durch Leipzig Durch die Stad / Durch die Schleſig / Durch das Land Meiſſen / ꝛc.

Infinitiuus post verbum.

I.

Infinitiui adduntur verbis signifi[241]cantibus sensum, aut uoluntatem, aut facultatem, vt: Jch höre ſingen / Audio cani. Jch ſehe ſie komen / Video illos uenire uel uenientes. Jch will gehen / Ibo. Jch ſoll vnd muſs die warheit ſagen / Cogor uerum dicere. Jch kan vnd mag nicht zancken / Nec possum nec uolo rixari. Jch thar nicht ſagen / Non ausim dicere.

II.

Caeteris uerbis adduntur infinitiui cum particula zu / & fiunt gerundia & supina, vt: Jch kome zu ſehen / Venio uisum uel ad uidendum. Jch gehe hin zu ſchawen / Eo spectatum uel ad spectandum. In compositis praepositio auellitur à uerbo intercedente particula zu / vt: Jch kome jn anzuſprechen / Venio ipsum compellatum, uel ad compellandum ipsum. Auff zumachen / Ad aperiendum. Abzuſchreiben / Ad describendum, &c. Excipiuntur composita cum be / ver / zer / in quibus uerbum non praepositio sustinet accentum, quae integra manent, vt: Jch gehe hin zu be[242]reiten / Eo ad parandum. Zu verſtoſſen / Ad repudiandum. Zu zerſtören / Ad destruendum. Zu vberleſen / Ad perlegendum. Zu widerlegen / Ad refutandum, &c.

---

3 Stadt BCEG-L. 4 Durch die Schleſig] *fehlt* H-L. 9 kommen CE-L. 10 wil CE-K ſol B-K. 11 mus B-E muß F-L Warheit CEG-L. 13 darff KL. 16 komme C-L. 17 ſchauen L. 20 komme D-L jhn E-L. 27 überleſen H-L. 28 wiederlegen EFKL.

DE SYNTAXI IMPERSONALIVM.

I.

IMpersonalia, quibus man praeponitur, ante se casum non habent, post se uerò plerumque eos, quos recipit uerbum personale, unde formantur, vt: Man iſſet / Editur. Man trinckt / Bibitur. Man ſagt / Dicitur. Man ſchlegt jn / Verberatur. Man ſeufft eitel Wein / Bibitur merum uinum. In contextu orationis, cum casus, aduerbia, aut praepositiones, quae alias uerbis subijciuntur, impersonalibus praeponuntur, tunc particula man ipsis postponitur, vt: Tag vnd nacht ſeufft man / Dies noctesque potatur, pro man ſeufft tag vnd nacht. Zum Wein geht man lieber denn zur Kirchen / Ad tabernam uinariam [243] concursus est frequentior, quam ad templum, pro, Man geht lieber zum Wein denn zur Kirche. Idem fit in interrogationibus, vt: Leut man? Pulsatur? Singt man? Canitur? Iſſet man? Editur?

II.

Quibus particula es praeponitur, eorum alia cum datiuo, alia cum accusatiuo construuntur, alia casum habent nullum.

1. Pathetica & desideratiua construuntur cum accusatiuo, vt: Es rewet mich / uel, Mich rewet / Poenitet. Mich gelüſt / verdreuſt / jamert / verlangt / hüngert / dürſtet / ſchleffert / wundert / ꝛc.

2. Caeteris ferè additur Datiuus, vt: Mir hat getrewmet / Somniaui. Mir gebürt / gezimet / gefelt /

6 iſſet EFH-L trincket I-L. 7 jhn CE-L. 12 Nacht G-L. 13 Tag Nacht G-L gehet DF-L. 16 gehet BCE-L Kirch CE-H Kirchen I-L. 24 reuet L. 25 jammert C-L hungert KL. 26 ſchläffert C-L. 28 getreumet F-I geträumet KL geziemet B-L.

behagt / schadt / begegnet widerferet ꝛc. In his quoque cum obliquus praeponitur, particula es omittitur, vt: Es trewmet mir / uel, Mir trewmet. Es hat mir getrewmet / uel, Mir hat getrewmet: Sic in superio-[244]ribus, Es rewet mich / uel, Mich rewet / ꝛc.

3. Impersonalia exemtae actionis casu non indigent, vt: Es regnet / es schneiet / es schlosset / es hagelt es donnert / es blitzt / Pluit, Ningit, Grandinat, Tonat, Fulgurat.

DE SYNTAXI PARTICIPIORVM.

I.

PArticipia cum suis substantiuis eodem genere, & casu cohaerent, vt: Ein brüllender Lewe / Leo rugiens. Reissende Wolffe / Lupi rapaces.

II.

Participia uerbis subiecta gestum aut statum indicant, perinde ut adiectiua, vt: Er kömpt reitend uel geritten / Venit equitans seu equo. Er sitzt angebunden / Sedet uinctus aut constrictus. Er hats wissend gethan / Fecit sciens.

III.

Participia regunt casum uerborum [245] suorum, sed rarissimè usurpantur in lingua Germanica: Aduerbia uerò & praepositiones cum suis casibus saepius regunt, vt: Vnfleissig geschrieben / Negligenter scriptus, a, um. Von Leipzig gebracht / Lipsia allatus.

---

1 widerfehret D wiederfehret E-I wiederfähret KL. 3 f. treu=(äu KL)met getreu(äu KL)met F-L. 5 reuet L. 7 schneyet G-L. 12 genere & casu] g., numero & c. B-L. 13 Löwe C-G Löw H-L. 14 Wölffe G-L. 17 indicant] significant F-L kömbt F kömmt L.

Zu Franckfurt gekaufft Francofurti emtus. Aus dem hause gestolen vnd enttragen / Ex aedibus furtim ablatum & asportatum. Von jederman geliebet / gehasset / Ab omnibus amatus, odio habitus.

DE SYNTAXI ADVERBIORVM.

I.

ADuerbia subijciuntur uerbis, & eorum participijs, ad explicandas actionum & passionum circumstantias, vt: Gehe bald / Ito statim. Kom morgen wider / Cras redi. Eilends gethan / darnach betracht / hat manchen in gros schaden bracht / Praepropere facta ante considerationem maximo nonnullis fuerunt damno & nocumento. [246]

II.

Adijciuntur & nominibus adiectiuis aduerbia, & inter se coniunguntur, intendendi uel minuendi gratia, vt: Sehr zornig / Valde iratus. Gar bald / Quamprimum. Fein höfflich / Egregiè ciuiliter. Nur einmal / Semel tantum. Je eher / je besser / Quò citius, eò melius, Quantò ocyus, tantò gratius.

III.

Cum genitiuo construuntur aduerbia loci cis & vltra significantia, vt: Jenseit des Jordans / Trans Iordanem, Iohan. 1. Disseit des wassers / Cis flumen. Inuenitur tamen & jenseit dem Jordan / Gen. 50.

---

2 Hause CEFI-L gestohlen L entragen G-L. 3 Jederman G-H Jedermann I-L. 9 Komm L. 10 wieder E-L getan GH. 11 groß F-L Schaden I-L. 18 höflich FH-L einmahl L. 23 Jentseit G. 25 Jentseit G den DF.

IIII.

Affirmandi laut / krafft / vermöge / construuntur & ipsa cum genitiuo, vt: Laut ſeiner wort / Vt sonant uerba eius. Krafft ſeiner wort / Vi uerborum ipsius. Vermöge des befehls / Iuxta sententiam mandati.

V.

Aduerbium temporis ſint uel ſeit / [247] & aduerbium exclamandi weh / construuntur cum datiuo, vt: Sind der zeit / Ex illo tempore. Seid dem mal / Ex illo tempore. Weh dir / Vae tibi.

VI.

Aduerbio congregandi ſampt additur ablatiuus, perinde vt praepositioni mit / cuius significationem habet, vt: Sampt allen Creaturen / Vnâ cum omnibus creaturis.

VII.

Duae negationes Germanis perinde vt Graecis magis negant, Vt: Sags niemand nicht / Ne dixeris cuiquam. Kein Menſch nicht / Nemo hominum.

VIII.

Haec aduerbia mutuò se consequuntur in oratione, & cola efficiunt: Wenn / denn: So lang / bis: So weit / bis: Wie / alſo: Gleich wie / alſo: Et je je / quae comparatiuis adduntur, vt: Je eher / je beſſer / Quantò citius, tantò melius. [248]

---

3 f. Wort CEG-L. 5 Befehls L. 7 ſind DF-L ſeid D ſeyd F-L. 8 weh] *fehlt* H-L. 9 Seid] Sind DF-L mahl G-L. 12 ſambt F-L. 14 ſambt FIL. 22 f. biß F-L. 24 ehe H-L.

DE SYNTAXI CONIVNCTIONVM.

I.

COniunctiones aut orationem ordiuntur aut nouam orationem superiori annectunt, aut similia coniungunt, vt: Wiewol ich mich zu dir vnd den deinen alles gutes vnd aller freundschafft versehe Jedoch fellt jtzt eine solche gelegenheit für darbey ichs prüfen kan vnd erkennen / ꝛc. Etsi de te tuisque omnia bona & amica mihi promitto: tamen ea nunc offert se occasio, qua id experiundo cognoscere queam. In hac periodo orationem inchoat wiewol: nouam superiori annectit jedoch: vnd similes casus & modos coniungit.

II.

Hae coniunctiones sibi correspondent, & in oratione mutuò sese consequentes colon efficiunt: Wiewol / Etsi. Jedoch / Tamen. Ob schon / Quanquam. Doch vel dennoch / Tamen. Zwar / Quidem. Doch / Tamen. Nicht allein / [249] Non solum. Sondern auch / Sed etiam. Entweder / Aut. Oder / Aut. Weder / Noch / Neque neque. Nec nec, &c.

III.

Coniunctiones ratiocinatiuae, & ex aduersatiuis doch & aber indifferenter praeponi & postponi possunt, vt: Derhalben will ich / ꝛc. Igitur uolo, Vel, Ich will derhalben / Volo igitur. Completiuae ferè postponuntur: Caeterae praeponuntur omnes.

---

6 guts F-K vnnd C-E Freundschafft CE-L felt C-FHI fält K fällt L. 7 jetzt E-GL ietzt H-K Gelegenheit I-L dabey DF-L vnnd DE. 25 f. wil CE-K.

IIII.

Coniunctio halben / cum genitiuo construitur, vt apud Graecos ἕνεκα, vt: Deines Sons halben / Filij tui caussa, & semper casui postponitur, & pronominibus primitiuis addit t in fine, vt: Meinethalben / Mea caussa. Deinethalben / Tua caussa. Seinethalben / Eius caussa. Vnſerthalben / Nostra caussa, &c. Idem fit cum particulis wegen & willen / nisi quòd praepositiones adduntur, vt: Von ſeinet wegen / Ipsius nomine. Vmb meinet willen / Propter me, Mea caussa. [250]

V.

Vt coniunctio caussalis eandem ferè habet constructionem apud Germanos, quam apud Latinos, vt praesenti verbo praesens coniunctiui, & imperfecto imperfectum subijciatur, vt: Ich gebiete dir / das du ausfareſt / Impero tibi ut exeas. Ich gebot dir / du ſolteſt das thun / Mandabam tibi ut hoc faceres.

VI.

Coniunctioni So correspondet eadem repetita, vt: So du das thuſt / ſo wirſtu leben / Si feceris hoc, uiues. Interdum tamen prior, interdum posterior, interdum utraque omittitur per Eclipsin: Prior, vt: Haſtu geld / ſo biſtu ein Held / Si es diues, magni fies: Pro, So du geld haſt / ſo biſtu ein lieber Gaſt / Si habes pecuniam, optatus uenis. Posterior, vt: So du morgen zu mir kömpſt / will ich dirs geben / Si cras ad me uenies, dabo tibi: pro, ſo will ich dirs

---

3 Sohns D-L. 6 f. Seinethalben *bis* nostra caussa] *fehlt* F-L. 10 Umb (*ausn. mit* b) L. 17 außfahreſt CGH ausfahreſt D-FI-L. 21 wirſt du L. 24 f. Haſt du BCF-L Gelt E Geld CG-L biſt du L. 27 kömbſt F kömſt G-L wil CE-K. 28 wil CE-K.

geben. Vtraque, vt: Kömpt er / iſts gut Kömpt er nicht iſts gleich ſo viel / Si uenerit, benè est: Sin minus, idem est: Pro, So er kömpt [251] ſo iſt es gut / So er aber nicht kömpt / ſo iſt es gleich ſo viel.

DE SYNTAXI PRÆPOSITIONVM.

I.

ACcusatiuo construuntur praepositiones hae, Durch / on / vmb / wider vt: Alle ding ſind durch daſſelbige gemacht / vnd on daſſelbige iſt nichts gemacht / ꝛc. Omnia per ipsum facta sunt, & sine ipso factum est nihil. Vmb die Stad / Circum vrbem. Wider mich / Contra me. Sed ex his vmb cum causam significat, idem quod ἕνεκα, assumit particulam willen loco accusatiui intercedente genitiuo, vt: Vmb deines Sons willen Filij tui caussa. Vmb meinet willen / Mea caussa.

II.

Ablatiuo construuntur hae, Aus auſſer / bey mit / nach / ob / von / vor / zu / vt: Aus dem hauſe / Ex aedibus. Bey mir / Apud me. Mit mir / Mecum. Nach mir / Post me. Ob jm / Super uel pro [252] ipso. Ob allen / Supra omnes. Von jm / Ab ipso. Zu jm / Ad ipsum. Sed possit hîc aliquis suspicari hos esse Datiuos, cum in utroque numero omnium declinationum datiuus & ablatiuus apud Germanos sint similes, & Graeci etiam dicant παρ' ἐμοὶ, ξὺν ἐμοί. Huic ego opinioni cur non assentiar, facit pronomen reciprocum, quod ablatiuum accusatiuo praeter morem aliorum, non habet datiuo similem.

---

1 ff. kömbt F. 8 ohn C-L wieder E-L Ding I-L daſſelbig G-L. 9 ohn B-L. 11 Stadt BG-L. 14 Sohns C-L. 18 auß F-H. 19 Hauſe CE-L. 21 jhm E-L. 22 jhm CE-L. 23 jhm CE-L.

Inueniuntur autem hae praepositiones & aliae cum datiuo, Ergo & nomina his praepositionibus addita ablatiui non datiui casus esse necesse est. De similibus enim idem est iudicium, vt: Er hat jn von sich gestossen / Repulit illum à se, quia von jm significat repulsionem ab alio. Er lies sie von sich Dimisit illos à se. Marci 8. Er nam mit sich zween Knaben / Assumsit duos pueros. Gen. 22. Hatte mit sich allerley güter / ꝛc. Habebat secum omnia bona uel de omnibus bonis. Gen. 24. Die bracht er mit sich in Egypten / Gen. 46. Moses nam mit sich die ge-[253]beine Josephs / Tulit Moses ossa Iosephi secum. Exodi 13. Item, Bey sich / Apud se. Er nam zu sich die zwelffe / Assumsit duodecim. Lucae 18. Idem sentiendum de caeteris.

III.

Cum Accusatiuo & Ablatiuo construuntur hae, An / auff / für / gegen / hinder / in / neben / vber / vnter / zwischen. Cum Accusatiuo construuntur, cum motum ad rem, locum, uel personam significamus, vt: Hengs an die wand / Suspende ad parietem. An den hals / De collo. Auff das dach steigen / Conscendere tectum. Für mich / Pro me. Setze eins gegen das ander Alterum contra alterum opponas. Trit hinder mich / Sta post me. Ich gehe in die Kirche Eo in templum. Er setzte jn neben sich / Iuxta se collocabat ipsum. Vber das haus / Supra aedes. Legs vnter die banck / Colloca subter scamnum. Ich will mich zwischen sie nicht legen / Non interponam me inter illos. [254]

---

4 jhn CE-L. 5 jhm CE-L. 6 ließ E-L. 7 nahme L. 9 Güter CE-L. 11 f. nahme L Gebeine CE-L. 13 nahm L. 14 zwölffe B-L. 20 Hängs KL. 21 Wand E-L Hals CEG-IL Halß FK. 22 Tach D Dach CE-L. 24 Tritt DF-L. 25 Kirch L. 26 jhn E-L. 27 Haus E Hauß DF-L Banck CE-L. 28 wil CE-L.

Cum Ablatiuo construuntur, cum in loco seu re versari vel esse significamus, vt: Es hangt an der wand / Haeret in pariete. Auff einem grünen zweige / Fronde super viridi. Für mir / Coram me, ante me. Gegen mir / Erga me. Hinder der thür / Post ianuam. Ich bin in der Kirchen / Sum in templo. Er sas neben mir / Iuxta me sedebat. Vber dem kopffe / Supra caput. Vnter der banck / Sub scamno. Zwischen mir vnd dir / Inter me & te.

IIII.

Articuli cum praepositionibus coalescunt in vnam dictionem concisione literarum, vt: Auffs erste / pro, Auff das erste. Zum andern / pro, Zu dem andern. Im Tempel / pro, In dem Tempel. Ins Vaters namen / pro, In des Vaters namen. Vom ersten / pro, Von dem ersten. Am anfang / pro, An dem anfang / rc.

V.

Praepositio verbis per compositionem addita, in praesenti & imperfecto [255] auellitur, & postponitur, alijs interiectis, vt: Abschreiben / Describere. Ich schreibe jtzt dis Buch ab / & per paragogen abe / Describo iam librum hunc. Ich schreib gestern etliche bletter ab / Heri aliquot pagellas describebam. Schreib mir dis Gebetlein ab / Describe mihi hanc precatiunculam. In compositis cum be / ge / ver / zer / & in quibus verbum sustinet accentum non praepositio, hoc non fit, sed composita manent integra, vt: Ich beweise / du beweisest / Du verachtest / er zerstöret. Vberlis das / Perlege hoc.

---

2 hanget B-L. 3 Wand CEFI-L grünem I-L zweyge BCE Zweige F-L. 4 Für mich DF-L. 5 Thür F-L. 7 saß D-L Kopffe CE-L. 8 Banck CE-L. 12 f. Auffs Auff *(ausnahmsweise)* L. 14 f. Vatters L Namen F-L. 16 Anfang F-L. 21 jetzt CE-GL diß C-L. 22 schrieb DFGKL. 23 Bletter CE-H Blätter I-L. 24 diß CE das F-L. 28 f. Vberliß C-K überließe L.

Appendix.

CAsus qui à verbo reguntur, item aduerbia & praepositiones cum suis casibus, interijciuntur inter particulas Praeteriti & Futuri ac passiui Ich habe / Ich bin / Ich will / Ich werde / & inter participium ex quo formatur praeteritum, aut infinitiuum, ex quo formatur futurum, vt: Ich habe dir meine meinung im nechſten ſchreiben angezeigt Quid sentiam, proximis tibi literis in[256]dicaui uel exposui, cohaerent, Ich habe angezeigt. Ich bin neun jar zum Goldberge geweſen / Fui Goldbergae annos nouem, cohaerent, Ich bin geweſen. Ich will dir den gantzen handel nach der lenge erzelen / Totam caussam copiosè tibi exponam, cohaerent, Ich will erzelen. Idem fit cum uerbis sensum uoluntatem aut facultatem significantibus, quibus infinitiui subijciuntur, vt: Ich kan dir das nicht verhalten / Non possum te hoc caelare. Ich ſehe etliche dorther komen / Video aliquot aduenire uel aduenientes, &c. Sunt etiam quaedam peculiares phrases linguae Germanicae, quae non regulis Syntaxeos comprehendi possunt, sed usu discendae sunt. [257]

DE METAPLASMIS SEV FIGVRIS ORTHOGRAPHICIS.

HActenus communissima Grammatices praecepta persecuti, dicemus etiam de ratione carminum apud Germanos, praemissis primum obseruatiunculis de metaplasmis seu figuris orthographicis, quarum etiam suprà passim mentionem fecimus, quae sunt:

---

5 wil CE-K. 6 f. praeteritum, aut infinitiuum, ex quo formatur] *fehlt* H-L Meynung G-L. 8 Schreiben I-L angezeiget DL. 10 angezeiget CE-L Jahr C-EG-L Jar F. 12 wil CE-K Handel G-L. 13 der] aller F-L Länge KL erzehlen F-L. 14 wil CE-K erzehlen CE-L. 18 kommen C-L.

Prosthesis, Epenthesis, Paragoge, quae addunt: Aphaeresis, Syncope, Apocope, quae deterunt: Metathesis & Antithesis, quarum haec permutat literas, illa transponit.

πρόσθεσις:

Prosthesis est appositio syllabae in principio dictionis, vt: Gethun / pro, Thun / Facere.

ἀφαίρεσις.

Aphaeresis est ablatio syllabae ab ini[258]tio dictionis, quae accidit in praeteritis uerborum abiecto augmento, vt: Ich bin komen / Veni, pro gekomen: Et in compositis, vt: Ich will zalen / pro bezalen / Soluam.

ἐπένθεσις.

Epenthesis est interpositio uocalis facientis syllabam in medio dictionis, quae fit in genitiuis nominum, vt: Des Windes / Venti, pro winds. Des Buches / Libri, pro buchs.

συγκοπή.

Syncope est concisio uocalis constituentis syllabam è medio dictionis, quae fit in personis uerborum, vt: Du liebst / Amas, pro liebest. Er liebt / Amat, pro liebet. Ich liebte / Amabam, pro liebete. Ich habe geliebet / Amaui, pro geliebet: Et quae uocalem uel diphthongum puram habent, vt: Thun / pro thuen. Sic in nominibus Thewr / pro thewer. Fewr / pro fewer / & in pronomine Ewr / pro ewer. [259]

---

2 demunt BCE-L. 11 f. kommen D-L gekommen C-L wil C-K zahlen F-L. 13 bezahlen F-L. 17 Winds CE-L. 18 Buchs CE-L. 26 theur theuer Feur L. 27 feuer Eur euer L.

παραγωγή.

Paragoge est adiectio syllabae uel uocalis constituentis syllabam in fine dictionis, quae fit in datiuo singulari nominum, & quibusdam temporibus uerborum, vt: Dem Weibe pro Weib. Dem Manne / pro dem Man. Schreibe du / pro ſchreib.

ἀποκοπή.

Apocope est abiectio syllabae uel uocalis syllabam constituentis, à fine dictionis, quae accidit in nominibus in e desinentibus, vt: Der Rab / pro Rabe. Die Fraw / pro Frawe. Et in Imperfecto uerborum, & prima persona Praesentis, vt: Ich liebet / pro liebete. Ich geb / pro gebe. Ich hab / pro habe.

μετάθεσις.

Metathesis est transpositio literae alicuius de suo loco in alium, vt: Ewer / ewers / & per metathesin Ewres / Sic ewrem pro ewerm / ſammeln pro ſamlen / à themate ich ſamle. [260]

ἀντίθεσις.

Antithesis est literae permutatio, & alterius pro altera positio, propter cognationem, vt: Komen & kumen. Können & künnen. Mögen & mügen. Son & Sun. Sonne & Sunne. Sed uidendum utrum sit usitatius.

---

6 Mann E-L. 11 Frau Fraue L. 16 f. Euer *(usf.)* L. 18 ſammlen ſammle L. 21 Kommen EG-L. 22 Kummen EG-K kömmen L Sohn F-L. 23 Suhn F-L.

DE RATIONE CARMINVM VETERI APVD GERMANOS.

GErmani ut Ebraei carmina scribunt, obseruantes in fine rythmum, id est, ὁμοιοτέλευτον, vt:

Du Jesu Christ / Mein hoffnung bist.

Versus non quantitate sed numero syllabarum mensurantur, Sic tamen, vt ἄρσις & θέσις obseruetur, iuxta quam pedes censentur aut Iambi aut Trochaei, & carmen fit uel Iambicum uel Trochaicum. Syllabae enim, quae communi pronunciatione non eleuantur, sed raptim tanquam scheua apud Ebraeos pronunciantur, in compositione uer[261]sus nequaquam eleuandae sunt, sed deprimendae: Et contrà syllabae longae & accentum sustinentes, nequaquam deprimendae sed eleuandae sunt, vt:

–⏑ –⏑ –⏑ –⏑
Im Gesetze steht geschrieben /
Du solt Gott den Herren lieben.

Trochaici sunt. Nam si Iambici essent, syllabae deprimendae eleuarentur, & eleuandae deprimerentur.. Binis enim syllabis fit dimensio, quarum prior deprimitur, altera eleuatur, in carmine Iambico: In Trochaico uerò prior eleuatur, posterior deprimitur.

Versus alij sunt Monometri, alij Dimetri, alij Trimetri, &c. Et versus alij sunt Acatalecti, alij Catalecti, alij Brachycatalecti, alij Hypercatalecti.

Monometer est, qui unam habet dipodiam seu pedes duos, hoc est, syllabas quatuor, tàm in Iambicis, quàm Trochaicis.

Dimeter est, qui dipodias habet duas, seu pedes quatuor, hoc est, syllabas octo. [262]

Trimeter est, qui dipodias habet tres, seu pedes sex, hoc est, syllabas duodecim.

---

4 Hoffnung G-L. 24 versus] rursus CE-L.

Acatalectus est, qui vnam, uel duas, uel tres habet dipodias integras, nulla syllaba uel deficiente uel abundante, hoc est, qui syllabas habet aut quatuor, vt Monometer, aut octo vt Dimeter, aut duodecim vt Trimeter.

Catalectus est, cui ad perfectionem dipodiae syllaba vna deest, & est triplex: Monometer acatalectus, qui syllabas habet tres: Dimeter catalectus, qui syllabas habet septem: Trimeter catalectus, qui syllabas habet vndecim.

Brachycatalectus est, cui ad perfectionem dipodiae syllabae desunt duae, & est itidem triplex: Monometer brachycatalectus, qui syllabas habet duas: Dimeter brachycatalectus, qui syllabas habet sex: Trimeter brachycatalectus, qui syllabas habet decem.

Hypercatalectus est, qui ultra dipodiam syllabam habet unam superfluam, estque etiam triplex: Monometer hypercatalectus est, qui syllabas habet [263] quinque: Dimeter hypercatalectus, qui syllabas habet nouem: Trimeter hypercatalectus, qui syllabas habet tredecim. Habent itaque singuli acatalecti suos brachycatalectos, catalectos, & hypercatalectos, quorum exempla ex ordine collocabimus in Iambicis & Trochaicis.

Monometer brachycatalectus constans syllabis duabus.

Iambicus.	Trochaicus.
Hilff Gott /	Singet /
Aus not.	Springet.

Monometer catalectus constans syllabis tribus.

Herr hilff mir /	Ich bin dein /
Ich traw dir.	Du bist mein.

---

29 noth F Noht GH Noth I-L. 32 trau I-L.

Monometer acatalectus constans syllabis quatuor.

Herr Jesu Christ / Durch dein güte
Mein trost du bist. Mich behüte. [264]

Monometer hypercatalectus constans syllabis quinque.

Iambicus.

Die Menschen liegen /
Gott kan nicht triegen.

Trochaicus.

Gottes Wort ist war /
Lauter / rein / vnd klar.

Dimeter brachycatalectus constans syllabis sex.

Mein hoffnung steht zu Gott /
Der hilfft mir auch aus not /
Errettet mich vom tod.

Lobet Gott den Herren /
Der vns thut geweren /
Was wir nur begeren.

Dimeter catalectus constans syllabis septem. [265]

Ach Gott las dichs erbarmen /
Verlassen sind wir armen.

Herr erbarm dich vber mich /
Denn ich hoff allein auff dich.

---

2 deine L Güte G-L. 3 Trost F-L. 10 wahr F-L. 13 Hoffnung F-L. 14 Noth DFI-L Noht GH. 15 Tod CEF Todt G-L. 17 f. gewehren begehren DF-L. 20 laß D-L. 21 wir Armen G die Armen H-L.

Dimeter acatalectus constans syllabis octo.

⏑– ⏑– ⏑– ⏑–
Erhalt vns Herr bey deinem Wort /
Vnd stewr des Bapsts vnd Türcken mord.

–⏑ –⏑ –⏑ –⏑
Im Gesetze steht geschrieben /
Gott den Herren soltu lieben.

Dimeter hypercatalectus constans syllabis nouem.

⏑– ⏑– ⏑– ⏑– ⏑
Wer Gott allein mit ernst vertrawet /
Des haus steht fest vnd wol erbawet.

Himel / Erd / vnd alle ding vergehn /
Aber Gottes Wort bleibt ewig stehn. [266]

Trimeter brachicatalectus constans syllabis decem.

⏑– ⏑– ⏑– ⏑– ⏑–
Wer sich auff Gottes Wort getrost verlest /
Der wird nicht fallen / sondern stehet fest.

–⏑ –⏑ –⏑ –⏑ –⏑
Sich auff schöner Frawen wort verlassen /
Heist den wind mit henden wöllen fassen.

Trimeter catalectus constans syllabis vndecim.

⏑– ⏑– ⏑– ⏑– ⏑– ⏑
Man saget / Grossen Herrn vnd schönen Frawen
Den mag man dienen / aber wenig trawen.

–⏑ –⏑ –⏑ –⏑ –⏑ –
Einem jeden leichtlich trawen ist nicht gut /
Denn man kan nicht wissen eines andern mut.

---

3 Pabsts G-K Mord F-K. *Die Strophe fehlt* L; *dafür:* HErr GOtt von grosser Gnad und Treu / Erhör mich / wenn ich zu dir schrey. 7 Ernst L vertrauet I-L. 8 Deß DF Haus CE Hauß F-L erbauet KL. 9 Himmel D-L Ding I-L. 11 Dimeter F-L. 12 verläst L. 13 steht D-G. 14 Frauen L Wort G-L. 15 Wind CE-L händen EF Händen G-L wollen DF-L. 16 Dimeter CE-L. 17 grossen F-L Frauen L. 18 trauen I-L. 19 Einen H-L jedem F-L trauen L. 20 nit E-G muth DF-H Muth I-L.

Trimeter acatalectus constans syllabis duodecim.

Ach Herr vergib vns vnſer ſchuld vnd miſſethat /
Damit dich vnſer leben je erzürnet hat.

Lobet Gott den Herren / denn er iſt ſehr gütig /
Vnd vergibt vns vnſer ſchuld / vnd iſt langmütig. [267]

Trimeter hypercatalectus constans syllabis tredecim.

Nu lobet Gott / vnd preiſet ſeinen thewren namen /
Sprecht / heilig / heilig / heilig iſt Gott ewig / Amen.

Saget lob vnd danck der heiligen Dreyfaltigkeit /
Jtzt vnd jmerdar von ewigkeit zu ewigkeit.

Pro uarietate & mixtura specierum iam enumeratarum, carmen aliud dicitur monocolon, aliud dicolon, aliud tricolon, aliud tetracolon: Et rursus aliud monostrophon, aliud distrophon, aliud tristrophon, aliud tetrastrophon, &c.

Monocolon est, in quo omnes versus unius & eiusdem sunt generis & speciei, uidelicet omnes aut monometri aut dimetri aut trimetri, uel brachycatalecti, uel catalecti, uel hypercatalecti, vt:

Der Menſch bald felt /
Den Gott nicht helt.

Vterque est Iambicus monometer acatalectus. [268]

Dicolon est, in quo aut duorum generum uersus, aut eiusdem generis duae diuersae species contexuntur, vt:

---

2 vergieb FL Schuldt G-K Schuld L Miſſetaht F Miſſethat G-L. 3 Leben F-L erzörnet DF. 4 Lobt G-L HErrn KL. 5 Vergiebt I-L Schuld I-L. 7 Nun G-L preyſet DF theuren L Namen CE-L. 9 Sagt G-L Lob Danck I-L Heil. Dreyfaltigkeit G-L. 10 Jetzt B-L immerdar C-L. 20 fällt L. 21 hält L.

Wir gleuben all an einen Gott
Schepffer Himels vnd der Erden /
Der sich zum Vater geben hat /
Das wir seine Kinder werden / rc.

Primus & tertius est Iambicus dimeter acatalectus, secundus & quartus Trochaicus dimeter acatalectus. Aliud exemplum, in quo eiusdem generis diuersae species contexuntur:

Ach Gott von Himel sih darein /
Vnd las dich des erbarmen /
Wie wenig sind der heilgen dein /
Verlassen sind wir armen / rc.

Primus & tertius est Iambicus dimeter acatalectus, secundus & quartus Iambicus dimeter catalectus.

Tricolon est, cum aut vnius generis, aut duorum generum tres diuersae species coniunguntur, vt:

Verleih vns frieden gnediglich
Herr Gott zu vnsern zeiten /
Es ist doch je kein ander nicht / [269]
Der für vns köndte streiten /
Denn du vnser Gott alleine.

Primus & tertius est Iambicus dimeter acatalectus: Secundus & quartus Iambicus dimeter catalectus: Vltimus Trochaicus dimeter acatalectus.

Tetracolon est, in quo quatuor species diuersae, siue sint vnius & eiusdem generis, siue duorum, contexuntur, vt:

Ein feste burg ist vnser Gott /
Ein gute wehr vnd waffen.
Er hilfft vns frey aus aller not /
Die vns jtzt hat betroffen.
Der alt böse feind /
Mit ernst ers jtzt meint /

---

1 gläuben KL. 2 Schöpffer B-L Himmels D-L. 9 Himmel C-L sieh L. 10 lass B laß E-L deß EF. 11 Heilgen CG-I Heiligen D-FKL. 12 Armen G-L. 18 Verley C-H Frieden L gnädiglich KL. 19 Zeiten L. 20 ja G-L. 21 könte CE-L. 29 Burg F-L. 30 Wehr Waffen F-HKL. 31 noth F-H Noth I-L. 32 jetzt CE-HL ietzt IK. 33 alte BCE-L Feind F-L. 34 jetzt CE-GL ietzt H-K meynt H-L.

Gros macht vnd viel list
Sein grausam rústung ist /
Auff erd ist nicht seins gleichen.

Primus & tertius est Iambicus dimeter acatalectus: Secundus quartus, & ultimus, est Iambicus dimeter catalectus: Quintus, sextus, septimus, Trochaicus monometer hypercatalectus: [270] Octauus Iambicus dimeter brachycatalectus.

Monostrophon est, in quo uel omnes uersus sunt ὁμοιοτέλευτοι, uel bini continui ἰσόῤῥυθμοι. Huius usus est in narrationibus, sententijs, prouerbijs, & comoedijs.

Distrophon est, in quo post duos uersus diuersorum generum uel specierum subijciuntur alij duo prioribus similes. Huius usus, vt sequentium, est in canticis.

Tristrophon est, in quo post tres uersus fit replicatio, & tres prioribus similes ex ordine collocantur.

Tetrastrophon est, in quo post quatuor versus fit replicatio. Ita sentiendium de pentastropho, hexastropho & consequentibus.

Habere autem potest carmen uel canticum tot cola & strophas, quot [271] uisae fuerint scribenti, modò in illis perseueret oda ad finem usque. Exempla mutationis optima sunt in canticis Lutheri, quae nos idiomate Ebraeo expressimus, seruato rythmo & syllabarum numero, ut ad melodiam Germanicam cani possint, quae si studiosis grata futura sciremus, libenter in publicum ederemus. Atque hactenus de ratione carminum apud Germanos ueteri & usitata.

---

1 Groß F-L Macht H-L List G-L. 2 grawsam CE-K Rüstung G-L. 3 Erd CE-L. 12 comaedijs A-L. 20 est *fehlt* A-L. 26 mutationis] imitationis B-L.

DE RATIONE CARMINVM NOVA.

POssunt & ad Latinorum Graecorumque imitationem carmina scribi heroica & alia in lingua Germanica, quod Ebraeis est negatum, propter defectum Dactyli & anapesti, aliorumque pedum in quibus duae continuae breues syllabae consequuntur, quos Ebraei habere non possunt. In fine versus nihilominus seruari potest rythmus, & in He[272]roicis ac Pentametris etiam in medio. Quantitas uerò syllabarum censeri potest iuxta has regulas, partim à Latinis & Graecis, partim ex natura linguae Germanicae sumtas.

I.

Omnis positio longa est. Sed liquida post mutam uocalem breuem ancipitem facit.

II.

Diphthongus omnis longa est. Finalis ante uocalem Graecorum more corripi uel produci potest.

III.

Syllaba in qua circumflexus est, natura longa est. Circumflexum autem indicat pronunciatio.

IIII.

Vocalis ante uocalem corripitur, paucis exceptis quae circumflexo efferuntur.

V

ℌ aspiratio est, non consonans, ideó[273]que nec positionem adiuuat, nec uocalem ante uocalem impedit.

---

17 Finalis] Vocalis E-L.

VI.

m non eliditur sed corripitur, nisi praecedat diphthongus, aut uocalis circumflexa, tunc enim producitur.

VII.

Vocales in fine non eliduntur, sed per apocopen, si fieri potest, abijciuntur, aut corripiuntur.

VIII.

Praepositiones inseparabiles ab / er / ver vn / weg / zer / sequente uocali corripiuntur. Idem fit in separabilibus in compositione & extra compositionem, quae neque positione neque diphthongo producuntur.

IX.

Augmentum ge in praeteritis & uerbalibus & his similibus, & praepositio inseparabilis be / natura corripiuntur. Possunt tamen & produci, si sequantur duae consonantes. [274]

X.

Monosyllaba nomina ferè producuntur, nisi ratione terminationis aut deriuationis corripiantur, accentu acuto elata. Partes uerò indeclinabiles corripiuntur, nisi impediat aut positio aut diphthongus. Pronomina & articuli discernuntur accentibus, in quibus enim est circumflexus, producuntur, in quibus uerò acutus, corripiuntur, vt: Der demonstratiuum circumflectitur & producitur. Der articulus acuitur & corripitur jr / wir / mir / circumflectuntur, dich / sich / mich acuuntur.

---

27 ihr E-L.

XI.

Disyllaba nomina & uerba plaeraque habent priorem longam, nisi impediat uocalis ante uocalem, aut differentia, aut deriuatio. Contra partes indeclinabiles plaerunque corripiuntur, nisi impediat positio aut diphthongus.

XII.

Praeterita penultimam producunt omnia, vt: geliebet / geschlagen / geleget getragen. [275]

XIII.

In e desinentia corripiuntur: caeterae uocales ferè producuntur, excepto a in proprijs nominibus mulierum, vt: Anna / Martha Maria.

XIIII.

In b d l m n r t desinentia corripiuntur nisi praecedat aut consonans positionem faciens, aut diphthongus, aut uocalis circumflexa.

XV

In ig & lich desinentia corripiuntur. Similiter pronomina, ich / mich / dich / sich: Et omnia penè in ch desinentia, in quibus non praecedit diphthongus, aut consonans, aut uocalis circumflexa.

XVI.

In as / es / os / us desinentia ferè producuntur: in is corripiuntur.

15 t] e CF-L.

XVII.

Quantitas ultimae manet eadem, cum fit penultima, vt: Ewig ewiger / Freundlich / freundlicher Ich liebe / ich liebete Ander andere. [276]

XVIII.

Deriuatione syllaba aut breuis est aut longa. Est autem deriuatio uel Latina, uel Graeca, uel Ebraea, vt: Haben ab habere, Ewig ab *αἰὼν* aeuum, über ab ever uel *ὑπέρ*, Schawen à ša^a^ch respexit, Riechen à ri^a^ch odoratus est.

XIX.

Danda est opera, vt (quantum fieri potest) neque syllabae communi pronunciatione deprimendae in *ἄρσιν*, neque eleuandae in *θέσιν* incidant, praesertim si sint mediae. Deformatur enim hac collocatione dimensio.

Exemplum carminis Heroici.

Ænigma.

Ein Vogel hoch schwebet / der nicht als andere lebet /
Nach keim Thier strebet / sich in allen winden erhebet / [277]
Vnd wenn die wüten / muss er denn fleissiger hüten /
Wechst in fewrs glüten / darff nicht als andere brüten.

---

9 Schauen L. 10 B-L *fügt hinzu:* Vogel a volucri seu volando 19 alß F. 20 Winden CE-L. 21 mus C-F Muß G-L fleißiger L. 22 Fewers DF-K Feuers L Glüten G-L.

*

Er zeugt nicht jungen / der nie sein tage gesungen /
Wird doch gedrungen / das offt mit schalle geklungen.
Er braucht kein essen / wird von keim thiere gefressen /
Kanst jn nicht messen / weil er dir ferne gesessen.

Aliud.

Bitte den Herrn Herren / der wird dich gnedig erhören /
Vnd wird dir geben nach dem das ewige leben.

Exemplum carminis Elegiaci.

Gott sey mein beystand barmhertziger ewiger Heiland /
Denn ich bin dein Knecht / mache mich Herre gerecht. [278]

Aliud.

Wer Gott vertrawet / fein hat derselbe gebawet /
Sein haus nicht zergeht / dach fach on ende besteht.

Exemplum carminis Iambici dimetri.

Bewar mich Herr mein höchster Hort /
Auff das ich ewig lebe dort.

Exemplum carminis hendecasyllabi.

Nu sey Christe gelobet vnd gepreiset /
Hast mein seele getrencket vnd gespeiset.

1 Jungen F-L Tage G-L. 2 oft IK. 3 Essen L Thiere F-L. 4 jhn E-L. 6 gnädig L. 7 Leben CE-L. 9 Beystand F-L Heyland CDF-L. 12 vertrauet gebauet L. 13 Haus CE Hauß DF-L Dach Fach F-L ohn BCEG-L ohne DF Ende L. 15 Beware BCDF Bewahr G Bewahre H-L. 16 ewig] *fehlt* CE-L. 18 Nun H-L gepreyset F. 19 Seele CE Seel DF-L geträncket G-L.

Exemplum carminis Sapphici cum Adonico.

Lobe mit Cimbeln / der ob allen Himeln
Dich mit heil zieret / benedeit / regieret,
Noch gesund sparet / wider angst bewaret /
Lobe den Herren.

LIPSIÆ.

Iohannes Rhamba excudebat 1578. [279]

---

2 Cymbeln I-L Himmeln D-L. 3 Heil FI-L Heyl GH benedeyt G-L. 4 Angst bewahret G-L. 5 I-L *fügen* ENDE *hinzu*. 6 f.] *s. die Einleitung p. III ff.*

Kolibri 360 GmbH
Ferdinand-Jühlke-Straße 7
99095 Erfurt, Deutschland
produktsicherheit@kolibri360.de